아무도 죽지 않는 세상

BEYOND HUMAN
Copyright © 2016 by Eve Herold
Published by arrangement with St. Martins's Press.
All rights reserved.

Korean translation copyright © (2020) by
FREEDOM TO DREAM SEOUL MEDICAL BOOKS AND PUBLISHING
Korean translation rights arranged with St. Martin's Press through EYA (Eric Yang Agency)

이 책의 한국어판 저작권은 EYA (Eric Yang Agency)를 통해 St. Martins's Press와 독점계약한 '꿈꿀자유 서울의학서적'에 있습니다. 저작권법에 의하여 한국 내에서 보호를 받는 저작물이므로 무단전재 및 복제를 금합니다.

아무도 죽지 않는 세상

트랜스휴머니즘의 현재와 미래

이브 헤롤드 지음 강병철 옮김

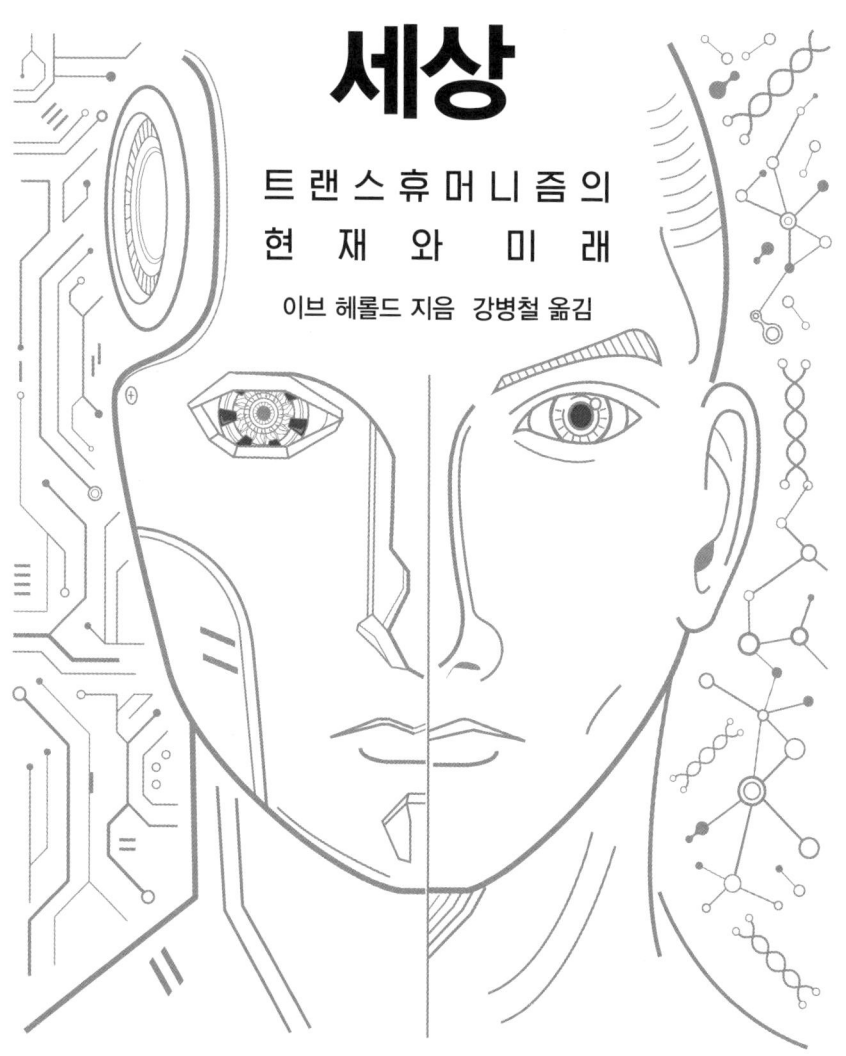

꿈꿀자유

옮긴이의 말

아이들의 키를 키우기 위해 몇 년씩 주사를 맞힌다거나, 강남의 성형외과에서 수술받은 사람의 턱뼈로 탑을 쌓았다는 보도를 보면 사람들은 눈살을 찌푸린다. 무분별한 연명치료로 고통만 받다가 죽어간 사람의 사연을 들으면 혀를 차며 '적당한 수명을 누리다 존엄하게 삶을 마감하리라' 다짐한다. 하지만 이런 상황은 어떤가. 심장이 조금씩 나빠진다. 좋아질 가능성은 전혀 없다. 몸이 붓고, 점차 쇠약해져 아무 일도 할 수 없다. 심지어 잘 때도 숨이 가빠 눕지 못하고 앉아서 자야 한다. 그때 첫 손주가 태어난다. 그 아이를 보는 것은 유일한 삶의 낙이다. 어느 날 의사가 놀라운 인공심장이 개발되었다는 소식을 전한다. 부작용이 전혀 없고, 거부반응도 일어나지 않으며, 한번 이식받으면 교체할 필요도 없다. "하늘이 허락한 삶을 열심히 살다가 떠날 때가 되면 순순히 운명을 받아들이라 평생 생각해 왔습니다만…" 그때 손주 녀석 얼굴이 아른거린다. 그 얼굴을 하루만 더 볼 수 있다면, 고사리손을 하루만 더 잡을 수 있다면, 천진난만한 재롱에 하루만 더 웃을 수 있다면… 당신은 인공심장을 이식받을 것인가, 아니면 '자연적' 죽음을 택할 것인가?

이 책은 이런 이야기로 시작한다. 그리고 놀라운 인공장기의 이야기로 이어진다. 타고난 것보다 더 튼튼한 심장, 완전 체내이식형 인공 폐, 인공 신장, 인공 간을 개발하려는 노력이 어디까지 와 있는지를 짚는다. 환상적이다. 우리는 정확한 현실을 알지 못한 채 그저 인상에 기대어 중요한 판단을 내리는 수가 많다. 막연히 자연스러운 죽음, 평화로운 죽음, 존엄한 죽음을 이상화한다. 그러나 첨단과학과 의학에 의해 하루가 다르게 발전하는 인공장기의 세계를 들여다본다면 모든 것을 원점에서 다시 생각해보게 될지도 모른다.

인공장기는 첨단기술이 집약된 분야다. 그러나 첨단기술의 유일한 결과물은 아니다. 나노기술, 로봇기술, 인공지능, 네트워크, 무선통신기술은 비약적으로 발전하며 서로 융합되어 인간의 모든 조건을 상상도 못했던 차원으로 끌고 간다. 인공장기는 하나의 예에 불과하다. 수많은 나노 로봇이 혈관 속을 돌아다니며 노쇠한 세포와 조직을 재생하여 암과 치매를 해결하고, 모든 사람의 뇌가 인터넷과 연결되어 엄청난 지식을 실시간으로 검색하고 멀리 떨어진 사람과 생각만으로 대화를 나누며, 로봇이 가사노동을 전담하고 아기와 노약자를 돌보는 미래는 이제 허황된 꿈이 아니다. 그러나 기술을 받아들이는 데 필요한 철학적, 윤리적 기반을 마련하고 사회적 합의에 이르려는 노력은 아직 초보적인 단계에 불과하다. 아니, 그런 것이 필요하다는 인식조차 부족한 실정이다. 지금대로라면 무한이윤을 추구하는 자본의 속성에 의해 인류의 미래가 결정될지도 모른다.

이 책은 성실하고 폭넓은 조사를 통해 현재 융합기술이 어느 단계까지 와 있는지 살피고, 거기에 따르는 문제들을 철학적, 종교적, 윤리적 차원에서 조망한다. 레이 커즈와일이 지적했듯이 융합기술의 발전이 어떤 한계점을 넘으면 기하급수적인 변화가 수반된다. 상상도 못했던 변화가 눈 앞에 펼쳐질 때는 이미 늦다. 그때 어떤 문제가 생길 수 있으며, 어떤 판단을 내려야 할지 예상하려면 현재 상황을 폭넓고 정확하게 파악한 뒤 일상적인 차원을 뛰어넘는 상상력을 발휘할 필요가 있다.

오랜 수명을 누린 후 우리는 스스로의 뜻에 따라 인공장기의 작동을 멈출 수 있을까? 인공장기를 통해 수집된 정보는 누가 관리해야 할까? 수명이 극적으로 늘어나고 육체적 고통에서 벗어난다면 인간은 더 행복해질까? 뇌를 복제할 수 있을까? 모든 기억을 데이터로 바꿀 수 있을까? 데이터를 몇 번이고 다운로드 받아 영생을 누릴 수도 있을까?

인간은 어디까지 강화될 수 있는가? 공정한 경쟁은 가능한가? 불평등은 없을까? 착취는 없을까? 강화기술이 악용되지는 않을까?

로봇이 노약자를 돕고 인간을 노동에서 해방시킨다면 물론 좋은 일이다. 그때 우리는 로봇과 어느 정도까지 친밀한 관계를 맺게 될까? 타인과 매사에 갈등을 겪으니 차라리 모든 말에 고분고분 순종하는 로봇이 더 낫지 않을까? 로봇에게 너무 의존하게 되지는 않을까? 로봇의 의무와 책임은 어디까지인가? 로봇에게 법적 지위를 부여해야 할까? 로봇은 우리를 더욱 강하게 만들까, 아니면 우리를 몰락시킬까?

이미 인류는 어느 정도 스스로 진화 방향을 결정하고 있지만, 트랜스휴머니즘의 시대가 본격적으로 도래한다면 스스로의 운명을 오롯이 손에 쥐게 될 것이다. 우리는 인간으로 남을까? 온갖 다른 생명체의 유전자를 이식받아 혼종 생물체가 될까? 뇌와 기억만 로봇의 몸체에 이식하여 불멸의 존재가 될까? 그때 우리는 어떤 방식으로 사랑을 나누고, 아이들을 키우며, 어떻게 환경을 지키고, 어디서 행복을 찾을까?

하나같이 만만치 않은 질문이다. 저자는 하나하나의 질문에 답하고자 했던 중요한 인물들의 사상을 빠짐없이 요약하고 비판하면서 모든 질문을 끈질기게 파고든다. 이 모든 의문의 근본에는 궁극의 질문이 자리잡고 있다. **결국 인간이란 무엇인가?** 여기에 답하기가 그토록 어려운 이유는 우리가 끊임없이 변한다는 데 있다. 그리고 이제는 점점 근본적인 변화가, 점점 빨리 일어난다. 저자의 말대로, "결국 우리는 어떻게 살아왔는지보다 앞으로 무엇이 되기를 원하느냐에 의해 규정될지도 모른다… 어쩌면 우리는 훨씬 앞선 존재가 된 후에야 백미러를 통해 지금의 모습을 볼 수 있는 존재인지도 모른다."

2020년 7월
우려와 기대 속에서 트랜스휴먼의 시대를 맞으며
강병철

| 목차 |

옮긴이의 말 4

1장 인간과 기술이 합쳐질 때 11

2장 원래 심장보다 더 좋아요 47

3장 콩팥, 폐, 간 질환을 정복하라 77

4장 당뇨병이라고요? 여기 앱이 있습니다 113

5장 미군을 주목하라 127

6장 보다 나은 뇌를 만들기 위해 161

7장 늙지 않는 사회 213

8장 사회적 로봇의 시대 267

9장 트랜스휴머니즘을 넘어 305

참고문헌 339
색인 352

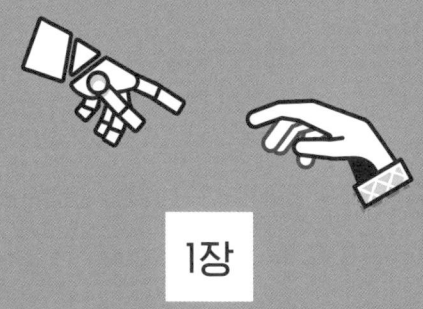

1장

| 인간과 기술이 |
| 합쳐질 때 |

　미래의 인간 빅터Victor를 만나보자. 30대로 보이고 스스로도 그렇게 느끼지만 사실 그는 250살이다. 50대와 60대에는 심장병을 심하게 앓았다. 이제는 마라톤을 뛸 수 있을 정도로 힘과 활기가 넘친다. 인공심장 덕분이다. 제2형 당뇨병에도 걸렸지만, 100년쯤 전에 인공췌장을 이식받아 완치되었다. 사고로 한쪽 팔을 잃기도 했다. 하지만 마음먹은 대로 움직이는 것은 물론, 힘도 훨씬 더 세진 그의 팔을 인공물이라고 생각하는 사람은 아무도 없다. 그는 한쪽 눈에 낀 콘택트렌즈를 통해 자기 몸과 주변 환경에 대한 정보를 전송받는다. 수명이 다한 망막 세포를 컴퓨터 칩으로 교체하지 않았다면 벌써 오래 전에 앞을 볼 수 없었을 것이다. 원할 때는 언제라도 음성 명령을 내려 인터넷에 접속한다. 빅터는 젊을 때보다 더 건강하고 몸매도 좋을 뿐 아니라, 선대의 누구보다도 영리하다. 뇌 속에 신경을 이식받아 뇌 기능을 강화했기 때문이다. 이 기술을 통해 기억을 확장하고, 언제라도 지식을 다운로드받는다. 심지어 판단을 내릴 때도 도움을 얻는다. 250살이라면 살 만큼 살았다고 생각할 수도 있지만, 빅터는 죽음을 거의 걱정하지 않는다. 수십억 개의 나노로봇이 몸속 구석구석을 돌아다니며 질병이나 노화로 손상된 세포를 수리하고, DNA 복제 오류를 복구하며, 암세포는 눈에 띄는 즉시 없애버리기 때문이다.

모든 첨단의학기술에도 불구하고 삶이 아무런 근심 걱정 없이 안락하기만 한 것은 아니다. 가족 중에도 많은 사람이 첨단 수명연장술의 혜택을 받지 못했거나, 스스로 거부하여 세상을 떠났다. 기술의 발전으로 인해 사회에서 어떤 기능이 더이상 필요 없어질 때마다 그는 직업을 바꿔야 했다. 몇 번의 결혼 또한 모두 이혼으로 막을 내렸다. 40년쯤 살고 나면 자연스레 사이가 멀어졌다.

첫 번째 아내였던 일레인Elaine이 살아 있다면 일생의 동반자가 되었을 것이다. 그들은 대학에서 만났다. 두 사람은 모든 '인공적' 생의학기술을 거부하고 자연스럽게 살다가 늙고 죽을 권리를 옹호하는 운동에 참여했다. 수십 년간 그들은 '자연스러운' 삶이라는 명분에 헌신하며 결속을 다졌고, 두 자녀에게도 그런 가치를 가르쳤다. 어느 날 빅터는 예기치 않게 심한 심장발작을 일으켰다. 거의 죽을 뻔했던 경험은 그의 존재를 송두리째 뒤흔들었다. 그와 일레인은 심장병을 이겨내기 위해 모든 자연적 방법을 동원했다. 규칙적으로 운동을 하고, 심장 건강에 도움이 되는 음식만 먹었으며, 콜레스테롤 저하제를 복용했다. 하지만 한번 손상된 심장은 점점 나빠질 뿐이었다. 65세가 되자 말기 심부전 단계로 접어들었다. 심장이 점점 커지면서 날로 약해졌다. 그는 갈수록 쇠약해졌다. 항상 어지럽고 숨쉬기조차 힘들어졌다. 발과 다리가 어찌나 부었던지 걷지도 못할 정도였다. 조금 더 지나자 누워 잘 수도 없었다. 폐에 물이

차 바로 누우면 금방이라도 익사할 것 같은 기분이 들었다. 몸이 아픈 데다 잠도 제대로 잘 수 없으니 삶이 비참할 정도였다. 다행히 일레인은 건강이 훨씬 좋았으며, 그를 헌신적으로 보살펴주었다.

점차 빅터는 자신이 틀림없이 죽을 것이라고 생각하게 되었다. 그토록 오랫동안 앓고, 제대로 움직이지도 못했으니 어찌 보면 당연한 일이었지만, 그런 생각이 들 때마다 말할 수 없이 마음이 불편했다. 그와 일레인은 평생 행복한 결혼 생활을 누렸고, 이제 막 첫 손주를 본 터였다. 아이가 커가는 모습을 지켜보며 사랑과 기대에 마음이 부푸는 것은 평생 겪어본 어떤 감정보다도 강렬했다. 얼마 안 있어 곧 둘째 손주가 태어난다는 소식이 들려왔다. 이제 그는 절박했다. 살고 싶었다. 조금 더 살아서 그 아이가 태어나는 모습을 보고, 함께 놀아주고 싶었다. 그는 상황을 찬찬히 곱씹어보았다. 인공심장을 이식받아 심장병을 완치한 사람은 이미 헤아릴 수 없을 정도로 많았다. 너무 오래 살지는 않겠노라 평생 생각했지만, 점점 많은 사람이 혁신적인 수명연장술을 받아들여 젊었을 때보다 더 건강하고 활력있게 살아가고 있었다. 그도 심박동조율기나 이식형 제세동기를 거부하지 않았다면 병이 그토록 빨리 진행하지는 않았을 것이었다. 심장전문의는 기능을 잃은 심장을 버리지 않겠다고 계속 고집을 부리면 머지않아 방법이 없을 거라고 경고했다. 둘째 손주가 태어날 때까지만이라도 살 수 있겠느냐고 묻자 그는 이렇게 대답했다. "그러지 못할 가능성이 매우 높습니다."

심장전문의는 인공심장을 거부하는 빅터의 고집이 몹시 못마땅했다. 이미 인공심장이 생체심장 이식술을 완전히 대체한 뒤였다.

인공심장은 생체심장보다 훨씬 쉽게 구할 수 있고, 거부반응도 없으며, 내구성 또한 훨씬 뛰어났다. 최초에 이식된 심장도 80년 넘게 아무런 문제없이 작동하는 데다, 기술은 계속 발전했다. 그래도 빅터는 마음을 바꾸지 않았다. 심장을 제거하고 금속과 플라스틱으로 된 전자장비를 이식한다는 생각이 몹시 불편했다. 그러나 어느 날 밤, 그는 공포에 사로잡혀 일레인을 깨웠다. 흉통이 심해 숨을 쉴 수 없었다. 일레인은 즉시 구급차를 불렀지만 그 사이에 빅터는 숨을 멈추고 말았다.

다음 기억은 응급실이었다. 의사, 간호사, 응급구조요원들이 둘러싸고 있었다. 제세동기로 수차례 충격을 가한 끝에 그를 소생시켰던 것이다. 하지만 이내 심장이 심하게 덜그럭거리는 것을 느끼며 또 의식을 잃고 말았다. 다시 눈을 떴을 때 그는 아내와 아들과 딸을 보았다. 모두 너무 울어서 눈이 벌겋게 충혈되어 있었다. 심장전문의가 뭐라고 했지만 무슨 말인지 하나도 이해가 되지 않았다. 긴박한 어조 속에서 '말기'와 '수술'이라는 단어만 가까스로 알아들었다. 그는 이제 성인이 된 아들과 딸의 얼굴에 집중하려고 안간힘을 썼다. 침대 위로 몸을 기울인 자녀들의 얼굴은 슬픔과 두려움으로 말이 아니었다. 눈에는 눈물이 가득했다. 이 사랑스러운 얼굴들을 다시 볼 수 없다는 생각은 절대로 받아들일 수 없었다. 침묵 속에서 힘없이 고개를 끄덕이는 것으로 그는 영구적 인공심장 이식술에 동의했다. 일레인이 빅터를 대신해 수술 동의서에 서명하는 동안 마취전문의는 서둘러 마취제를 정맥주사했다. 그는 다시 정신을 잃었다.

수술 후 빅터의 삶은 180도 달라졌다. 갑자기 활력이 넘치고 정신이 또렷해졌다. 20년 전으로 돌아간 것 같았다. 그제서야 그간 얼마나 심하게 앓았는지 깨달았다. 폐를 물로 가득 채우고 사지를 퉁퉁 붓게 만들었던 부종은 씻은 듯 사라졌다. 완전히 새로운 사람이 된 기분이었다. 사람은 모름지기 '자연스럽게' 나이 들고 죽어야 한다는 오랜 신념은 터무니없이 고집스럽고 비합리적인 것이었다. 하지만 일레인은 남편이 살아 있다는 생각에 안도하고 감사하면서도, 극단적인 조치를 거부하고 노화와 죽음을 자연스럽게 받아들인다는 신념을 버리지 않았다. 그는 아내도 건강에 심각한 위기가 닥치면 마음을 바꿀 거라 믿었다. 스스로도 신경이식 같은 치료는 단호히 거부하겠노라 호언장담했다. 사람들은 신경이식술에 환호를 보내고 있었다. 노화에 의한 기억력 장애는 물론 알츠하이머병까지 기적적으로 완치시킨다고 했다. 그는 자신과 아내가 아이들과 함께 행복하게 지낼 시간이 앞으로 얼마든지 있다고 생각했다. 어느새 넷으로 불어난 손주들은 곧 10대로 접어들 것이었다. 녀석들이 금방 성인이 되고, 결혼을 하고, 자녀를 갖는다니 도저히 믿기지 않았다. 그러다 빅터는 문득 자신이 일레인보다 훨씬 활력에 넘친다는 사실을 깨달았다. 이제 아내는 몇 가지 만성적인 질병에 시달렸다. 하지만 그는 믿어 의심치 않았다. 건강상 위기를 맞아 '경고 메시지'를 받으면 그녀 또한 경이로운 의학기술의 힘을 빌려 젊음을 되찾고 수명을 크게 늘릴 것이다.

마침내 일레인에게 그날이 찾아왔다. 갑자기 아랫배에 날카로운 통증이 생기더니 늘 피곤하다고 했다. 빅터는 빨리 의사에게 가보라고 재촉했지만 그때마다 짜증을 내며 "그저 나이가 들어서 그런 것"이라고 고집을 부렸다. 체중이 불안할 정도로 줄고, 한시도 졸리지 않은 때가 없는 것 같았다. 빅터가 몇 개월을 닦달한 끝에 마침내 그녀는 산부인과를 찾았다. 몇 가지 검사를 하지도 않았는데 바로 결과가 나왔다. 가슴이 철렁 내려앉았다. 제4기 난소암이었다. 이미 복강은 물론 폐와 뇌까지 암세포가 퍼져 있었다. 수술은 불가능했다. 다른 치료도 별로 도움이 되지 않을 것이라 했다. 하지만 종양 전문의는 완치를 장담했다. 특수 제작된 나노입자를 주입하면 몸속 구석구석을 돌아다니며 모든 암세포를 찾아내 없애버린다는 것이었다. 빅터는 안도의 한숨을 내쉬었다. 하지만 다음 순간 아내의 말을 듣고 귀를 의심하지 않을 수 없었다. "저는 살 만큼 살았어요. 집에서 평화롭게 눈을 감고 싶어요. 당신이 원하면 호스피스에 가도 좋지만, 그 이상은 아무것도 하지 않을 거예요. 그저 평화롭게 죽을 수 있게 해주세요."

일레인의 죽음은 빅터가 250년을 살며 겪었던 가장 힘든 일이었다. 그녀는 몇 가지 완화요법만 받다가 3개월 만에 자녀와 손주들이 지켜보는 가운데 집에서 숨을 거두었다. 평화로운 죽음이었다. 그러나 빅터의 마음은 전혀 평화롭지 않았다. 일레인과 함께 했던 마지막 몇 달간 그는 슬픔과 함께 아내에 대한 걷잡을 수 없는 분노로 심경이 복잡했다. 이미 수백만의 생명을 구한 나노기술을 왜 받아들이지 않겠다는 것인지 이해할 수 없었다. 그들은 60년간 함께 행복했다. 아내가 없는 삶은 상상조차 할 수 없었다. 그는 깊은 우울증에 빠졌다. 비로소 죽고 싶다는 감정이 어떤 것인지 이해했다. 심지어 자신의 인공심장을 저주했다. 그 몹쓸 물건이 일레인 없는 삶을 오래 이어가라는 '천형을 내린 것처럼' 느껴졌다. 나이가 들어 '자연스럽게' 세상을 떠나겠다는 맹세를 저버린 데 대해 쓰디쓴 후회를 했다. 모든 일이 자연스럽게 펼쳐지도록 두었더라면 영혼의 짝을 잃고 그토록 오랜 세월을 견디는 고통도 없을 것 아닌가.

재혼 따위는 꿈도 꾸지 않았다. 모든 것을 자녀와 손주들에게 쏟았다. 이때 다시 큰 문제가 닥쳤다. 황반변성으로 시력을 잃을 위기에 처한 것이다. 망막에서 빛을 감지하는 세포가 손상되는 병이었다. 이제 외로움을 달래기 위해 책을 읽거나, 차를 몰거나, 심지어 영화를 볼 수도 없었다. 그리고 점점 더 딸에게 의존하게 되었다. 딸은 그렇게 생각하지 않았지만, 그는 죄책감을 느꼈다. 마침내 시력을 회복시켜줄 마이크로칩을 이식받기로 결심했다. 인공적으로 수명을 연장하는 것은 아니었다. 그저 딸의 부담을 덜어주려는 것뿐이었다. 마이크로칩은 기적이었다. 빅터는 20대의 시력을 되찾았다. 장님이나 다름없는 상태에서 다시 사물을 보고 마음대로 돌아다닐 수 있게 되자 새로 태어난 것 같았다. 그는 스쳐지나는 삶을 그저 바라볼 것이 아니라 그 속에 뛰어들기로 결심했다. 20년 전에 은퇴했지만 다시 직업을 갖고 일을 시작한다면 삶의 중심을 찾을 수 있을 것 같았다. 그는 새로운 기회를 간절히 원했다. 하지만 회복된 시력으로 들여다본 거울 속에는 추레하게 늙은 남자가 서 있었다. 심지어 새로운 배우자를 맞으면 어떨까도 생각하던 참이었다. 하지만 거울 속에 있는 저 쭈글쭈글하고 구부정한 영감탱이에게 어떤 고용주가, 그리고 어떤 여성이 관심을 가진단 말인가?

마침 새로운 항노화요법이 개발되어 전국적인 열광을 불러일으켰다. 엄청나게 '스마트한' 치료였다. 선전을 들으면 공상과학소설 같았다. 의사들이 개발한 나노입자를 몸속에 주입하면 모든 세포 속에 들어가 노화 관련 DNA의 문제를 빠짐없이 '교정'한다는 것이었다. 문자 그대로 모든 노화 징후를 없애준다고 했다. 시술 전후 사진을 보고도 믿을 수가 없었다. 일레인과 함께 자연스럽게 나이 들어 평화롭게 죽겠다고 맹세한 일이 떠올라 죄책감이 들었다. 하지만 그 맹세는 인공심장을 이식받은 그날 무효가 되지 않았던가? 앞으로 몇 십년을 더 살아야 한다면 몸속은 물론 외모 또한 젊고 활력있게 살지 못할 이유가 어디 있는가?

　100년이 지난 지금, 빅터는 자신을 젊고 건강하며 생산적으로 만들어준 다양한 첨단기술에 다시 양가감정을 느낀다. 그에게 가장 가까운 존재는 로봇이다. 로봇이 필요한 것들을 모두 해결해 준다. 하지만 그는 여전히 일레인이 그립고 진정한 관계를 열망한다. 근본적으로 불평등한 세상에서 그토록 오래 사는 데 대해 때때로 죄책감을 느낀다. 모든 사람이 수명 연장과 생물학적 강화의 혜택을 누리는 것은 아니다. 하지만 그는 심각한 사고를 당해도 인공 신체 부위 덕에 거의 틀림없이 살아남을 것이다. 죽기를 원한다고 해도 생명유지 장치를 꺼줄 의사는 없을 것이다. 그런 행위는 살인으로 간주되기 때문이다. 유일한 방법은 스스로 정기적 회춘 프로그램을 중단하고 생체공학적 이식물들이 서서히 고장 나기를 기다려 비참한 노화와 죽음을 맞는 것이다. 죽기까지는 수십 년이 걸리며 엄청난 고통을 겪을 것이다. 고비를 겪을 때마다 첨단기술의 도움을 받아 헤쳐 나온 것을 다행으로 여겼지만, 언제부턴가 그것이 하나의 덫처럼 느껴진다.

• • •

빅터의 이야기는 공상과학소설처럼 들릴지 모르지만, 그의 수명을 연장시키고 능력을 강화시킨 첨단기술은 모두 현재 개발 중이다. 인간을 대상으로 시험 중인 것도 있다. 이런 기술은 장차 근본적인 차원에서 건강을 개선하고, 상상을 초월할 정도로 수명을 연장시킬 것이다. 우리 중에도 컴퓨터 기술, 초소형 전자공학, 기계공학, 유전자치료, 인지과학, 나노기술, 세포치료, 로봇공학 등이 결합된 다양한 의학기술을 이용할 사람이 많을 것이다. 이런 첨단기술을 적절히 조합하는 분야는 아직 초기 단계지만 매우 빨리 발달하고 있다. 과학자들은 보통 융합기술converging technologies, CT이라고 한다. 오늘날 속속 개발되는 강력한 기술들을 결합한다면 의학과 인간의 삶은 완전히 새로운 차원에 들어설 것이다.

나노기술, 유전공학, 인지과학의 잠재력을 제대로 가늠하려면 효과를 따로따로 예측하기보다 결합된 효과를 생각해야 한다. 의학을 보자. 이미 다양한 분야의 전문가들이 협업을 통해 완전히 새로운 다학제적多學際的 방법론을 이끌어내고, 현재 첨단이라고 생각하는 수준을 훨씬 뛰어넘는 창의적인 치료들을 개발하고 있다. 조만간 수명연장 기술은 개인의 삶뿐만 아니라 사회의 모습을 완전히 바꿀 것이다. 동시에 우리가 전혀 대비하지 못한 윤리적 난제들을 불러올 것이다. 기술적 축복에 뒤따를 현실적, 윤리적 문제 중에는 예측 가능한 것도 있지만 현재로서는 예측조차 불가능한 것이 훨씬 많을 것이다. 인공장기와 주요 신체부위의 인공 대체물, 뇌 기능을 강화시키는 신경이식술, 질병을 치료하고 노화를 되돌리는 나노로봇, 인체와 기계의 직접적인 결합이 발달할수록 인간의 건강이 극적으로 향상되는 동시에 '인간'과 '기계' 사이의 경계는 점차 흐려질 것이다.

이 책에서는 새로운 기술을 개발하는 의사, 과학자, 공학자들이 어떤 생각을 하는지 알아보고, 현재 출시되어 있는 첨단제품을 직접 사용 중인 환자들의 이야기를 소개한다. 또한 역사상 그 어느 때보다 신체와 뇌를 인공적으로 변화시키려는 시대를 맞아 과학자와 생명윤리학자들에게 어려운 질문들을 던질 것이다. 그 질문은 이렇다.

> 우리는 인간성을 지킬 수 있을까요? 기적같은 기술의 혜택을 모든 사람이 공평하게 누릴 수 있을까요? 아니면 근본적으로 불평등한 세상에서 살게 될까요? 우리 후손들은 기술에 의해 해방된 세상에서 살 수 있을까요? 아니면 결국 우리를 더 건강하고, 더 똑똑하고, 더 젊고, 더 오래 살게 해주는 기계와 장치들에 봉사하는 존재로 전락하고 말까요?

기술이 근본적으로 다른 차원으로 발전하면 상상을 초월하는 질문들이 생겨난다. 오늘날 수많은 사람이 당뇨병이나 심장병 등 비만과 직접적으로 관련된 질병으로 고통받는다. 그러나 마음껏 먹어도 살이 찌지 않는 유전자치료가 나온다면 어떨까? 많은 연구자가 불가능한 것은 아니라고 예상한다. 몸에 과도한 칼로리가 축적되지 않게 해주는 약물이나 보충제가 나올 수도 있다는 뜻이다. 보스턴 조슬린 당뇨센터Joslin Diabetes Center의 론 칸Ron Kahn 박사는 한 발짝 더 나아갔다. 당분을 지방으로 전환시키는 '지방 인슐린 수용체' 유전자를 찾아낸 후, 마우스에서 이 유전자의 발현을 차단하는 방법을 개발한 것이다. 마우스들은 먹고 싶은 만큼 실컷 먹고도 마른 몸매와 건강을 유지했다. 살이 찌지 않을 뿐 아니라 대조군에 비해 18퍼센트나 수명이 늘어났다. 이런 발견을 인간에게 적용할 수 있을까? 귀가 솔깃할 것이다. 하지만 그와 함께 한 번도 생각해본 적 없는 질문에 답해야 한다. 자녀를 낳자마자 이 유전자를 비활성화시켜야 할까? 아예 생식세포(정자와 난자) 단계에서 비활성화시키면 어떨까? 살찌지 않고 장수하는 체질이 모든 자손에게 자동으로 유전되어 인간 진화 과정 자체를 바꿀 수 있지 않을까? 아니면 일정한 연령에 도달한 후에 이 유전자를 비활성화시킬지 각자 결정해야 할까? 이런 기술을 받아들이고 싶은 유혹은 어느 누구도 저항하기 힘들다. 하지만, 막상 그런 일이 실현되면 전혀 예상치 못한 결과가 초래될 수 있다. 지금까지 그런 가능성이 아예 존재하지 않았기 때문이다. 신이나 자연이 허용한 '자연적' 한계를 뛰어넘는다는 것이 모든 사람에게 편안하게 받아들여지지도 않을 것이다.

과학 저술가인 로널드 베일리Ronald Bailey에 따르면, "인간에게는 생물학적 한계를 벗어나려고 애쓰는 것보다 더 자연스러운 일은 없다."[1] 하지만 그런 노력은 우리의 가치와 믿음에 전례없이 큰 충격을 던진다. 이 또한 우리가 인간이기 때문이다. 향후 세대에 나쁜 영향을 미치지 않으면서 우리 세대가 누릴 수 있는 합리적인 수명은 얼마일까? 약물이나 신경이식을 통해 뇌를 강화시키는 것은 삶이라는 경기에서 '부정행위'가 아닐까? 인공장기나 나노의학적 치료에 엄청난 가격표가 붙는다면 누가 혜택을 누려야 할까? 상상할 수도 없을 만큼 수명이 늘어난 세계에서는 모든 사람이 평등할까? 기술의 발달에 의해 모든 것이 달라져도 편안히 살 수 있는 소수의 운좋은 사람과 그렇지 못한 사람 사이에 극심한 불평등이 생기지는 않을까?

생명윤리학자들은 현재 제시된 인간의 생물학적 강화 전망을 강한 어조로 비판한다. 좌파든 우파든 마찬가지다. 심지어 강화된 인간과 그렇지 않은 인간 사이에 대살육 전쟁 등 심각한 결과가 빚어질 것이라고 예측하는 사람도 있다. 과거를 돌아볼 때 아무리 새로운 기술이 출현해도 세상이 일시에 바뀌지는 않는다. 기술이 받아들여지는 과정은 파상적으로 진행된다. 먼저 부유층이 혜택을 누리고 차차 제조비용이 저렴해지면서 극빈층을 제외한 모든 사람이 기술을 이용한다. 하지만 이런 추세도 변하고 있다.

무선 컴퓨터 기술, 초소형 전자공학 기술, 약물, 세포 및 유전자 치료, 나노기술, 로봇공학 등은 이제 하나로 결합되어 혁명적인 치료와 전혀 새로운 형태의 기술로 진화하고 있다. 기술이 기술을 낳고, 극단적인 미소화가 가능해지고, 제조비용이 급락하면서 변화 속도는 산술적인 수준을 넘어 기하급수적인 수준에 이르렀다. 이런 과정이 계속된다면 인간 수명이 어디까지 늘어날지 예측하기 어렵다. 물론 그토록 긴 수명이 의미를 지니려면 자연적인 노화가 크게 지연되어 건강하고 활력이 넘치며 독립적인 삶을 살 수 있어야 할 것이다.

심장, 콩팥, 췌장, 폐, 망막, 심지어 뇌의 일부까지 다양한 인공장기가 이미 사용 중이거나 개발되고 있다. 많은 사람이 언젠가 그 혜택을 누릴 것이다. 사실 이런 '인간의 구성요소'들은 이미 생명을 구하고 수명을 늘리고 있다. 하지만 나노기술이나 원자 수준의 극소 기계 제작 기술이 실현된다면, 나노물질이 세포 속으로 들어가 노화와 질병과 유전자 돌연변이를 일으키는 모든 손상을 복구하는 시대가 온다면, 우리는 완전히 새로운 패러다임 속에 놓일 것이다.

최근 무선 컴퓨터 기술은 다양한 상품과 통합된다. 우리가 사용하는 편리한 도구, 다양한 의복, 우리가 사는 집은 물론, 이제 우리 몸 자체도 예외가 아니다. 컴퓨터 기술이 널리 보급되면서 삶은 어느 때보다 쉽고 편리하다. 그러나 이런 기술과 함께 우리 몸과 뇌에 대한 가장 은밀한 정보마저 인터넷에 대량 저장된다. 누가 그 데이터를 '소유'하며, 누가 접속할 것인가? 그 데이터를 보험회사, 고용주, 기타 우리에게 상당한 영향을 미칠 수 있는 제3자로부터 보호할 수 있을까? 자기 데이터를 더이상 어느 누구도 관리하지 않기를 바란다면 어떻게 될까? 예를 들어, 삶의 끝을 맞을 준비가 되었을 때 의사들은 기꺼이 인공장기의 스위치를 내려줄까? 아니면 그런 행위를 안락사나 살인으로 간주할까?

많은 사람이 여전히 '자연적인' 것에 더 높은 가치를 부여하므로 생물학적 첨단기술에 대한 대중의 반발이 일어날 가능성도 있다. 핵심적인 문제는 많은 신기술이 질병을 치료하는 데 그치지 않고 인간의 거의 모든 능력을 강화하는 데까지 나아갈 가능성이 있다는 점이다. 이런 기술이 현재 상상할 수 있는 수준을 넘어서는 순간, 삶의 변화를 받아들이기는 쉽지 않을 것이다. 물론 이렇게 강력한 기술을 좋은 방향으로만 활용해야 한다. 하지만 '좋은 방향'을 어떻게 정의해야 할까? 결코 쉽지 않을 것이다. '인간적'이라고 정의되는 모든 것을 다시 생각해야 하기 때문이다.

오늘날 일각에서는 인간 능력을 생물학적으로 강화시키는 데 확고하게 반대하지만 '완벽'을 추구하는 경향은 최소한 고대 그리스, 아마도 그보다 훨씬 전으로 거슬러 올라가는 인간의 특징이다. 인류는 역사를 통틀어 비단 의학뿐 아니라 미용면에서도 꾸준히 강화 기술을 추구했다. 문신, 피어싱, 화장품, 심지어 신체 훼손에 가까운 행위는 먼 옛날부터 결코 드물지 않았다.

인간의 신체와 정신을 극한까지 강화하려는 움직임을 흔히 트랜스휴머니즘이라고 한다. 인간과 기계가 통합된다는 개념을 받아들이자는 생각은 지난 수십 년간 과학계의 주변부를 맴돌았다. 하지만 융합기술이 쉴 새 없이 혁신되고, 특히 민간 분야에서 진행 중인 임상시험이 빠른 성과를 내면서 점차 중심을 차지하게 되었다. 우익(특히 종교적 보수주의 진영)이든 좌익(특히 환경주의자와 반세계화 진영)이든, 이런 개념에 반대하는 맥락은 역사적 뿌리가 매우 깊다. 특히 종교적 보수주의 진영에서는 인간의 오만이라고 비난한다. 이런 비난의 역사 또한 최소한 고대 그리스 시대까지 거슬러 올라간다.

고대 그리스 신화에서 프로메테우스는 진흙을 빚어 인간을 창조한 후 불 지피는 방법을 알려주는 실수를 저질렀다. 그 결과 인간은 어떤 의미에서 신과 비슷한 능력을 갖고 자신의 한계를 계속 확장하여 신들의 비위를 거슬렀다. 격노한 제우스는 프로메테우스를 바위에 묶고 매일 독수리를 보내 간을 쪼아 먹게 했다. 프로메테우스의 간은 밤 사이에 재생되므로 다음날도, 그 다음날도 똑같은 고통을 당할 뿐이다. 결국 그는 인류를 '자연적인' 상태에서 벗어나도록 한 탓에 영원한 고통이란 형벌을 받은 셈이다. 이 신화는 인간이 타고난 '자연적' 한계를 함부로 뛰어넘으려고 하면 엄청난 재앙과 형벌을 당하리라는 깊은 공포를 반영한다. 분수를 모르고 함부로 행동하면 무서운 형벌을 받는다는 주제는 서구 역사를 통해 끝없이 반복되어 나타나며, 현재도 수많은 사람의 지지를 얻는다. 생명보수주의자들은 의학과 생명공학의 모든 영역에서 '신의 흉내를 내는 것'을 비난하며, 인간이 오만함을 버리지 못하고 어떤 한계를 넘어 '신과 같은' 권능을 갖고자 한다면 의도치 않게 파국적인 재앙을 불러들일 것이라는 입장을 견지한다.

하지만 트랜스휴머니즘은 인류 역사 속에 너무나 깊숙이 뿌리를 내리고 발전해왔다. 원시적인 형태는 역사의 시작부터 나타난다. 트랜스휴머니즘의 경향은 합리적 인본주의와 계몽주의에도 깊이 관여하며, 과학적 혁신으로 말미암아 그 영향이 갈수록 커지고 있다. 그 기원이라 할 수 있는 '완벽을 향한 깊은 열망'은 플라톤의 대화편에서 중세 기독교를 거쳐 현대의 공상과학소설에 이르기까지 모든 곳에 나타난다. 그러나 융합기술의 개발과 규제 분야에서 활동하는 의사, 연구자, 기타 관계자들은 '트랜스휴먼'이라는 딱지를 단호하게 거부한다. 지나치게 급진적인 의미를 내포한다고 생각하기 때문이다.

'트랜스휴먼'이라는 단어를 처음 사용한 사람은 생물학자이자 작가였던 올더스 헉슬리Aldous Huxley의 형 줄리언 헉슬리Julian Huxley다. 1927년 헉슬리는 인간이라는 유기체가 전통적 '인간'에서 포스트휴먼이라는 다음 단계의 존재로 이행하는 과정을 나타내기 위해 이 말을 썼다. 이 책에서는 세계 트랜스휴먼협회World Transhumanist Association, WTA에서 정의한 엄밀한 의미에서뿐만 아니라, 단순히 근본적인 변화 과정에 있는 인류를 지칭할 때도 이 말을 사용할 것이다. WTA는 현재 진행 중인 트랜스휴먼 사회운동, 또는 트랜스휴머니즘을 대표하는 단체다. 1960년대에 시작된 이 운동은 특이한 사상가들의 작은 공동체로 그간 눈에 띄지 않았지만 놀라운 과학적 발견이 이어지면서 바야흐로 힘을 결집하고 있다. 이 책에서 트랜스휴머니즘이라고 할 때는 반드시 이들이 사용하는 정의를 의미하는 것이 아니라 오늘날 일어나는 구체적인 변화, 즉 인간 존재가 어느 때보다도 깊은 차원에서 기술과 결합되는 현상, 그리고 그런 변화를 보다 깊게 살펴봐야 할 필요성을 의미하는 것이다.

융합기술과 이를 둘러싼 문제가 국제적인 성격을 띤다는 점은 중요하다. 수많은 혁신이 각국 정부가 아니라 전 세계의 민간산업 부문에서 일어나고 있다. 새롭고 융합적인 성격을 띠는 기술은 주로 민간기업에 의해 상업화 및 보급되며, 그 기업들 자체가 글로벌한 주체다. 하지만 규제 정책과 윤리적 제약은 국가마다 다르다. 중국에서 쉽게 받아들이는 일이 미국이나 영국에서는 적절치 않다고 생각되거나, 그 반대인 경우는 셀 수 없이 많다. 모든 인류가 보편적으로 공유하는 가치를 반영하거나, 모든 인류가 동등하게 최선의 기술에 접근하도록 보장하는 포괄적인 규제 시스템은 존재하지 않는다.

프랜시스 후쿠야마Francis Fukuyama는 트랜스휴머니즘이 "세상에서 가장 위험한 생각"이라고 했다. 2004년에 발표한 유명한 에세이에서 그는 이렇게 주장한다. "사회가 어느 날 갑자기 트랜스휴머니즘이라는 세계관에 사로잡히는 일은 일어나기 어렵다. 하지만 끔찍한 도덕적 비용을 치르게 될 줄 모른 채, 생명공학이 제공하는 너무나 매혹적인 열매들을 조금씩 맛보게 될 가능성은 매우 높다. 어쩌면 트랜스휴머니즘의 첫 번째 희생양은 인간의 평등일지도 모른다."[2] 앞서 소개했던 가공의 인물 빅터처럼, 살면서 누구나 겪는 위기를 맞아 절박한 선택을 할 때마다 조금씩 기술을 받아들이게 될 가능성이 높다. 하지만 후쿠야마는 능력이 강화되지 않고 건강하지 못한 사람은 앞으로 근본적인 차원에서 불평등을 겪으리라 생각한다. 사회 일부가 더 힘이 세지고, 머리가 좋아지고, 건강해지고, 더 오래 산다면 인류가 평등하다는 생각이 점차 엷어지면서 강화되지 않은 사람의 권리가 약화되리라는 것이다. 그러나 사회가 모든 사람의 건강과 능력을 끌어올리는 것이 인간의 존엄성에 가장 중요한 요소라고 새롭게 인식된다면 어떨까? '인간'과 '존엄성'을 구성하는 깊은 특성들이 무엇인지 명확하게 정의하게 되지 않을까? 아무리 많은 기술적 강화를 받아들여도 어쨌든 우리를 인간으로 만들어주는 핵심적인 특성은 변하지 않는다. 아직 완벽하게 정의할 수 없다고 해도 마찬가지다.

이런 논의의 중심에는 인간이라는 정체성을 구성하는 것이 과연 무엇이냐는 질문이 자리잡고 있다. 신체 일부가 인공물로 대체된다면 우리의 정체성이 변하는가? 기억력과 계산능력을 증강하고, 기계와 직접 접속되어 다른 사람과 대화하지 않고도 의사 소통할 수 있는 방향으로 뇌가 강화된다면 어떨까? 먼 옛날부터 철학자들은 인간의 정체성을 어떻게 정의할 것인지 논쟁을 벌여왔지만, 융합 기술이 등장한 뒤로 이것은 더욱 절박한 문제가 되었다. 인간의 정체성이란 불변의 고정된 가치인가, 아니면 인류 전체와 각 개인에게 일어나는 변화를 반영하는 현상인가? 이상적으로는 먼저 이 문제에 대한 결론을 내리고 나서 인간의 신체와 뇌를 강화한다는 영역으로 더 깊이 발을 들여놓아야 할 것이다. 하지만 언제나 그렇듯 기술은 점점 빠른 속도로 철학적인 질문을 앞질러간다. 우리가 본질적으로 어떤 존재인지는 스스로 미리 정해 놓은 몇 가지 기준보다 기술적 강화에 의해 서서히 드러날 가능성이 훨씬 높다. 역설적이지만 신체와 뇌를 보다 높은 수준까지 인공적으로 강화한 후에야 우리 자신을 정의할 수 있을지도 모른다.

· · ·

인간의 능력을 강화하는 기술들이 개발되면서 로봇과 인공 뇌 개발 분야에서도 놀라운 혁신이 속속 등장한다. 앞으로 우리는 갈수록 똑똑해지고 더 많은 능력을 지닌 기계들과 운명을 공유하게 될 것이다. 심지어 기계들이 우리의 지능을 넘어설지도 모른다. 로봇과 광범위한 관계를 맺게 될 것은 의심의 여지가 없다. 지금도 로봇은 환자와 고령자에게 기본적인 의료 서비스를 제공하는 데서부터 인간의 감정을 파악하고 적절히 대처하는 방법을 배우는 데 이르기까지 모든 능력이 점점 인간에 가까워지고 있다. 고령자를 돌보는 로봇은 곧 실용 단계에 접어들 것이다. 현재 이 로봇들은 상호작용을 통해 '학습'하면서 소유주와 독특하고 섬세한 관계를 발전시키도록 설계된다. 우리는 일부 정서적인 기능을 포함하여 수많은 것을 로봇에게 의존하고, 이를 통해 로봇기술은 갈수록 발전하여 인간의 일을 점점 더 많이 떠맡게 될 것이다.

기술의 발전속도가 도덕적, 법적, 규제적 발전속도를 앞지른다는 사실은 융합기술을 윤리적으로 사용할 방안을 마련하려는 과학자, 철학자, 법률가, 의료인에게 엄청난 부담을 준다. 첨단기술을 분석하고 올바른 방향으로 이끌기 위해 미국과 유럽연합은 물론 수많은 국가에서 비상한 노력을 기울인다. 한 세대 전에는 존재하지도 않았던 생명윤리학은 미숙한 학문임에도 의학과 첨단기술 분야에 확실한 발판을 마련했으며, 각국 정부가 정책을 마련하고 조율하는 데 반드시 고려해야 할 주제가 되었다. 사실 생명윤리학이야말로 빠르게 성장하면서도 기계가 대체할 수 없는 분야다. 진정한 과제는 이런 논의를 주류 문화 속으로 끌고 들어가 사회의 모든 영역에서 더 많은 사람을 대화에 참여시키는 것이다. 올바른 방향으로 나아가려면 이렇게 모든 영역을 아울러야 하지만 현재로서는 가장 현명한 사람들조차 삶을 근본적으로 변화시키는 기술들이 본격적으로 퍼져나가면 어떤 결과와 부작용이 뒤따를지 예측할 수 없다.

의학기술의 발달에 생명윤리학적 탐구가 통합되어야 한다는 데 반대하는 사람은 거의 없지만, 반과학기술주의의 핵심에는 깊이 생각해볼 또 하나의 가정이 자리잡고 있다. 신이 창조했든, 진화에 의해 형성되었든 인간의 본성은 고정된 불변의 존재로 과거의 실수에서 배울 수 없다는 생각이다. 반과학기술주의 사상가들은 (1) 인류는 완성된 존재이며(물론 진화생물학자들은 이의를 제기한다), (2) 오늘날 우리의 판단 수준은 미래의 수준과 같다고, 즉 인류가 아무리 지식과 능력을 확장해도 의사결정 과정을 획기적으로 향상시킬 정도로 깊고 넓은 이해력을 갖추지 못할 것이라고 믿는 경향이 있다. 그러나 수백 년 후 후손들이 어떤 결정을 내릴지는 알 수 없으며, 그들의 판단이 우리가 먼 옛날에 내렸던 수많은 판단들처럼 서투르고 문제가 많을 것이라고 예단할 수도 없다. 우리는 인류가 과거에 저지른 실수에서 배울 수 있는 능력이 있으며, 문명과 사회가 그 어느 때보다 인간의 다양성을 인정하고 포용하면서 지적이고 민주적인 방향으로 나아갈 능력이 있다는 증거들을 고려해야 한다.

미래의 의사결정에 깊은 영향을 미치게 될 한 가지 변수가 있다. 신체적으로 젊고 건강하면서도 현재 인류가 누리는 수명보다 훨씬 오래 살았기 때문에 지혜를 겸비한 수많은 사람이 존재할 것이라는 점이다. 인류 역사상 어떤 사회든 삶을 통해서만 얻을 수 있는 지혜, 오랜 세월에 걸쳐 서서히 축적되는 지혜를 지닌 사람은 턱없이 부족했다. 대부분 그렇게 오래 살지 못했기 때문이다. 1900년 미국인의 평균수명은 47세였다. 더욱이 고령자는 심부전이나 알츠하이머병 등 노화 관련 질병들로 수많은 장애를 안고 사는 것이 보통이었다. 지금 미국인의 평균수명은 80세에 육박한다.

전혀 다른 차원으로 수명을 연장하는 문제에 관해 아직 해결되지 않은, 그러나 매우 중요한 질문이 하나 있다. 지금도 60세가 넘으면 노화 관련 질병이 생기기 시작하여 삶의 질이 떨어지고 때로는 극심한 장애를 겪는다. 앞으로 이런 질병을 예방하거나 완치시킬 수 있을까? 나이가 들수록 신체와 정신건강이 나빠지는데 수명만 연장한다는 것은 누구도 동의하기 어려울 것이다.

썬 마이크로시스템즈Sun Microsystems의 공동 창업자인 빌 조이Bill Joy는 로봇공학, 나노로봇, 그리고 자가복제 능력을 지닌 유전자 변형 생물체 등 몇몇 첨단기술에 내재된 고유한 위험을 지적한 바 있다. 자가복제가 가능한 기계가 일단 작동을 시작한다면 모든 천연자원을 고갈시키고 인간의 수를 압도할 때까지 복제를 계속하지 않을까? 앞으로 인류의 숫자가 너무 많아지고 너무 오래 사는 바람에 더이상 지구의 자원으로 버틸 수 없어 인간 생식을 통제해야 할 때가 온다면 기계들의 자가복제 또한 통제해야 할 것이다. 조이가 지적한 또 다른 위험은 모든 지식을 어디서나 얻을 수 있는 인터넷의 속성상 엄청나게 강력한 기술이 사악한 세력의 손에 들어가 인류에게 막대한 피해를 주는 것이다.

조이는 2030년쯤에는 자가복제 로봇이 나올 것으로 예상한다.

사악한 목적이 프로그램된 로봇이 무수히 복제되고, 그것들이 모두 네트워크로 연결되어 인류를 멸절시키려고 공격해오는 모습을 상상해보라. 인류는 그간 극복해온 동물 포식자보다 훨씬 위험하고 강력한 기계 포식자를 상대해야 할 것이다. 특히 조이는 자가복제 나노로봇을 심각하게 우려한다. 분자 크기에 불과한 이 기계는 인류의 건강을 개선하고 노화를 방지할 수도 있지만, 통제를 벗어난다면 걷잡을 수 없이 환경을 오염시키고 지구의 모든 자원이 고갈될 때까지 자가복제를 계속할 수도 있다. 과학자들과 생명윤리학자들은 이런 시나리오를 '그레이 구(gray goo, 회색으로 진득거리는 형체 없는 물질이라는 뜻-역주) 문제'라고 한다. 나노기술이 빠른 속도로 발전하고 있으므로 이 문제는 매우 시급하다. 사실 해결책이 없는 것은 아니다. 예를 들어, 나노로봇이 암세포를 파괴하는 등의 임무를 완수하면 자동으로 꺼지게 설계한다든지, 현재 널리 사용되는 녹아 흡수되는 봉합사와 동일한 재질로 만든다든지 하는 방법이다. 이렇게 제한된 시간 동안만 존재하도록 한다면 인간의 몸이나 환경에 축적될 가능성을 미연에 방지할 수 있다. 어쨌든 나노로봇을 설계할 때는 항상 그레이 구 문제를 고려해야 한다.

조이가 강조하는 문제 중 실로 두려운 것은 융합기술이 대부분 기업에 의해 개발되며, 그들의 목표는 새로운 기술을 최대한 빨리 상업화하는 것이란 점이다. 최근 들어 생명윤리학자가 감독위원회에 참여하는 것이 표준으로 자리잡았지만, 민간 기업을 미국 식품의약국FDA 등 정부 규제기관이 완벽하게 통제한다는 것은 사실상 불가능하다. 새로운 기술에 대한 특허를 내고 상업화하는 경우 기업은 엄청난 이익을 얻는다. 이 말은 곧 데이터 공유를 매우 꺼린다는 뜻이다. 그렇다면 영리를 추구하는 기업에서 근본적으로 세상을 바꾸는 기술을 개발하는 것이 과연 적절한 모델일까? 합리적이고 분별있는 규제가 무엇보다 중요하며, 전 세계 어디서든 동등한 규제 원칙이 적용되어야 한다. 글로벌한 차원에서 안전 정책과 절차들이 제대로 지켜지려면 국제적인 규칙과 규정이 경제 논리와 균형을 이루어야 한다.

많은 사람이 좋은 쪽이든 나쁜 쪽이든 언젠가는 융합기술을 직접 사용하게 될 것이다. 예를 들어, 최근 뇌에서 발생하는 전류를 포착하여 컴퓨터가 읽을 수 있는 신호로 전환시키는 방법을 이용하여 인간의 뇌와 컴퓨터를 직접 연결하는 기술이 개발되었다. 피험자는 생각만으로 '오른손 검지를 움직여라'는 간단한 메시지를 인터넷을 통해 다른 사람에게 연결된 컴퓨터로 전송하는 데 성공했다. 메시지를 받은 사람은 지시대로 오른손 검지를 움직였다. 매우 초보적인 실험이지만 인간의 뇌를 컴퓨터에 연결하고 네트워크를 통해 다른 사람의 뇌와 연결할 수 있다는 개념을 입증하는 데는 충분하다. 이런 기술은 멀리 떨어진 사람과 직접 의사소통을 할 수 있다는 엄청난 잠재력을 갖고 있지만, 잘못 사용될 가능성 또한 매우 크다. 고용주가 뇌와 네트워크를 직접 연결하는 기술을 통해 모든 피고용자에게 '회사 네트워크'에 연결하라고 지시한 후, 회사에서 전달하려는 메시지를 '사용자'의 마음속에 억지로 집어넣는 한편 사용자의 생각을 읽을 수 있다면 어떻게 될까? 사고의 본질과 관련하여 필수적으로 누려야 할 사생활 보호권은 어떻게 될까? 기술이 점점 정교해진다면 마음속으로만 어떤 생각을 한다는 것이 불가능해지지 않을까? 정부나 강력한 기업이 어떤 생각을 우리 머릿속에 '심는 것'도 가능하지 않을까?

 생명 자체나 생명을 유지하는 데 필수적인 기능을 완전히 인공적인 기술에 의존한다는 생각이 불편하다고 느끼는 사람도 많다. 인공장기나 신경이식 등 인공적인 신체부위가 장차 신체의 일부로 간주될지, 그저 필요에 의해 신체에 이식한 이물질로 간주될지는 알 수 없다. 발전속도로 볼 때 이것들이 신체에 점점 완벽하게 통합되면서 문제가 무척 복잡해질 것만은 확실하다. 무엇이 '우리'이며, 무엇이 '우리가 아닌가'라는 질문이 대두된다는 뜻이다. 특히 삶을 마감하는 시점에 이 문제가 매우 중요해질 것이다. 예를 들어 보자. 몸속에서 줄기세포를 끊임없이 생산하도록 자극하는 기술이 있다. 이 기술을 이용하면 다양한 질병을 완치하거나, 최소한 오랫동안 진행을 막을 수 있다. 하지만 언젠가는 질병에 의해 삶의 질이 바람직하지 않은 수준, 더이상 견딜 수 없는 수준으로 떨어지는 날이 반드시 찾아온다. 그때 사람들은 줄기세포가 더이상 만들어지지 않기를 바랄 것이다. 하지만 언제, 어떻게, 누가 그 과정을 중단시킬 것인가? 치료를 중단하는 일을 어떻게 받아들일 것인가? 그것은 살인일까, 자살일까, 안락사일까, 아니면 아직까지 이름이 붙지 않은 무엇일까? 자기 삶의 끝을 생각하고 싶은 사람이 없듯, 아직까지 죽음을 피한 사람도 없다. 레이 커즈와일Ray Kurzweil 같은 사상가는 생각을 기계에 업로드하는 데 성공하는 순간 영원히 죽음과 결별하게 될 것이라고 예측하지만, 적어도 아직까지 우리가 불멸의 존재가 될 가능성은 까마득히 멀다. 건강하고 활발하게 산다는 전제하에 수십 년의 수명이 늘어난다면 대부분 고맙게 받아들이겠지만, 생물학적 불멸성이라는 희망은 결국 헛된 것으로 판명될 가능성이 높다. 따라서 존엄한 죽음을 맞으려면 몸속에 이식된 것들을 포함해 첨단기술의 작동을 중단시키는 규칙을 반드시 마련해야 한다.

현재의 기술 수준에서 대답할 수 없는 질문도 있다. 과학자와 엔지니어들이 고안할 수 있는 모든 종류, 모든 방식, 모든 형태의 인간강화를 받아들인 뒤에도 수명과 기억력과 신체적인 힘의 한계가 존재할까? 아니면 수확체감의 법칙에 따라 더이상 사용할 수 없을 정도로 병들고 닳아 빠진 부위를 여기저기 때워가며 비참한 모습으로 살게 될까? 깊은 차원에서 신체에 완벽하게 통합된 어떤 기술을 비활성화해야만 죽음을 맞을 수 있다면, 그때도 어떤 시점에 죽을 권리가 존재할까? 죽음 이후에도 이어진다고 인정되는 비생물학적 단계가 존재할까? 그렇다면 그것은 어떤 모습일까?

흥미로운 질문은 기술을 통해 강화할 수 없고, 오로지 삶이라는 경험을 통해서만 획득할 수 있는 부분이 있느냐는 것이다. 정신적, 정서적, 영적 현상들이 떠오른다. 어쩌면 그것들은 기술로는 영원히 바꿀 수 없는 영역으로 남을지 모른다. 그렇다면 미숙한 존재를 온갖 첨단기술로 강화한들 삶의 질이나 경험의 깊이는 거의 변하지 않는 것일까? 이런 질문은 모든 차원의 인간강화기술을 받아들인 후 인간이 어떤 모습으로 존재할 것인지 확실히 알 때까지는 대답할 수 없을 것이다.

트랜스휴먼 철학자인 안데르스 산드베리Anders Sandberg는 이렇게 썼다. "인간으로서 우리는 현재 존재에 불만족스럽기 때문이 아니라 더 나아지기를 바라기 때문에 변화한다. 자신을 완전히 변화시킨다는 것은 상상 속에 그려진 완벽이라는 상태를 추구하는 것이 아니라 모든 가능성에 대해 열려 있는 과정이다. 우리가 인간으로서 성장할 때 우리의 이상과 가치 또한 함께 성장하며 변화한다."[3] 인간이 더 나은 존재가 되기 위한 길을 꾸준히 찾는 것이 본질적으로 모든 가능성에 대해 열려 있기 때문에 인류의 모습이 1천 년 후, 5백 년 후, 심지어 1, 2백 년 후에 어떻게 될 것인지 예측하기란 어렵다. 오늘날 소중하게 여기는 가치들이 우리와 전혀 다른 경험을 기반으로 살아가는 미래의 인류에게는 거의 중요하지 않을 수도 있다. 반면, 앞으로 다가올 기술적 진보의 시대에도 여전히 살아남는 가치들은 지금보다 훨씬 큰 인정을 받게 될 것이다. 예컨대 유전공학을 통해 모든 사람이 키가 크고 날씬하며 아름답게 변한다면 아름답다는 것의 가치는 지금처럼 대단하게 여겨지지 않을 것이다. 미의 기준이 전혀 달라지거나, 아름다운 것과 무관한 어떤 것에 가치를 두게 될지도 모른다. 반면, 훨씬 애매한 개념이지만 오늘날 내면의 아름다움이라고 부르는 것의 가치는 여전하거나 훨씬 높아질지도 모른다. 중요한 질문은 이렇다. 융합기술은 인간이라는 존재와 인간의 삶을 질적인 측면에서 근본적으로 변혁시키는가, 아니면 우리가 이미 가진 것을 양적으로 늘리는 데서 그치는가?

· · ·

    기술적 진보에 대해 생각하고 글을 쓰는 거의 모든 생명윤리학자는 장기적인(조금씩 변할 수는 있지만) 가치들을 위협하는 변화를 받아들이기 전에 먼저 가치들을 더 확고하게 해두라고 권고한다. 이 책에서 소개하는 기술은 하나같이 인간의 존엄성, 자유, 평등, 개성, 민주주의, 자율성 등 우리가 가장 소중하게 여기는 가치를 위협할 가능성이 있다. 일부 기술은 어떤 방법으로 세상을 떠날 것인지 등 매우 사적이고 민감한 문제에 관한 판단능력에 영향을 미칠 수도 있다. 자신의 몸과 뇌에 가해지는 깊은 차원의 변화를 받아들이거나, 거부하거나, 제한할 권리를 어디까지 확보할 수 있는지에 대해서도 많은 질문이 생겨나고 있다. 대다수가 매우 긴 수명을 누리며, 기술의 힘을 빌려 능력을 강화하는 것이 당연시되는 세상에서 한 개인은 얼마나 자유롭게 그런 강화를 받아들이지 않겠다고 선택할 수 있을까? 다수는 아니라도 상당수의 사람이 기술적 강화를 거부하거나, 비용을 지불할 형편이 못 된다면 어떨까? 사회적으로 혜택받지 못한 최하층 계급이 될까? 다수의 사회 구성원은 이들을 어떻게 취급할까?

    빅터의 이야기에서 보았듯 우리가 직면한 문제는 휴대폰을 점점 많이 사용하는 것처럼 기계와의 상호작용이 늘어난다는 것뿐만 아니라 기계와 우리가 실제로 통합되어 우리 자신의 정체성을 어떻게 해석해야 할지 모호해지는 상황을 포함한다. 2007년 코트니 캠벨Courtney Campbell을 비롯한 생명윤리학자들은 《케임브리지 보건윤리 계간지 Cambridge Quarterly of Healthcare Ethics》에 이렇게 썼다. "아마도 언젠가는 '타자'에 불과한 기계들과 그 기계들을 포함하여 체화된 '자기'를 구분하기가 점점 어려워질 것이다." 매사추세츠 공과대학 MIT 인공지능 연구소 Artificial Intelligence Laboratory 소장인 로드니 브룩스 Rodney Brooks는 이렇게 말한다. "지난 50년간 우리가 기계에 점점 더 의존하게 되었다면, 새천년을 맞아 우리는 바야흐로 **기계 자체가 되려는** 순간을 맞고 있다."[4] 시력과 청력과 움직임과 기억력 장애를 겪는 사람에게 컴퓨터 칩과 전자 회로를 이식하여 기능을 회복시키려는 시도는 틀림없이 '정상적인' 능력을 훨씬 넘는 수준까지 감각을 확장하고 기억력과 학습능력을 향상시키는 기술로 발전할 것이다. 이런 추세가 불가피하다고 생각하는 이유는 '정상'이란 것이 확실히 정의하기 어려운 개념이기 때문이다.[5]

과학자와 철학자들은 '정상'을 어떻게 정의할 것인지를 두고 계속 논쟁을 벌이지만, 기능 강화 기술이 널리 받아들여진다면 정상에 관한 인식 또한 거기에 맞춰 확장될 가능성이 높다. 지난 수십 년간 그랬던 것처럼 장차 생의학적 진보가 삶에 깊숙이 침투하여 받아들여지고 통합된다면 대부분의 사람이 망막 이식, 마비된 근육의 기능적 전기자극, 인공장기(해마를 비롯한 인공 뇌 구조 포함), 인공와우(달팽이관), 그리고 뇌와 컴퓨터의 직접 접촉을 통해 얻어지는 새로운 능력을 적극적으로 받아들일 것이다. 이런 기술이 생명을 살리고 수명을 연장시키는 기능 회복술로 도입되기 때문이다. 앞을 못 보는 사람이 시력을 회복하거나 알츠하이머병 환자가 기억을 회복하는 경우를 생각해보면 유한성을 자각하는 것, 그리고 죽음과 장애에 대한 공포야말로 가장 큰 동기를 부여한다는 점을 쉽게 이해할 수 있다. 맹인이 시력을 회복하는 것이 좋은 일이라면, 시각 능력을 확장하여 적외선 영역까지 보는 것은 훨씬 좋은 일이 아닐까? 역사적으로 전쟁을 수행하기 위해 개발된 첨단기술들이 얼마나 쉽게 민간 영역에 파고들었는지 생각해보라(예를 들어 수혈법은 전쟁터에서 개발되었다). 전쟁이라는 상황에서 우리 편 병사가 고글 따위를 쓰지 않고 적외선을 투시하는 능력과 초인적인 청력, 엄청나게 향상된 기억력과 집중력을 갖는다는 데 반대하거나 망설일 사람이 있을까? 일단 이런 기술이 군사적으로 폭넓게 사용된다면 민간 영역으로 넘어오는 것을 막을 방법이 있을까?

이렇게 보건의료 영역에서 용인된 것들이 기능 강화 영역으로 확장될 것은 거의 확실하다. 자녀의 노화 유전자를 일부 억제하여 수명을 늘리고 건강을 개선하는 유전자치료가 개발된다면 어떤 부모가 마다하겠는가? 이런 식으로 '정상'과 '정상보다 좋은 것'의 경계는 이미 흐릿하다. 우리의 조직과 세포를 생명공학적으로 점점 쉽게 조작하게 된다면 '자연적인 것'과 '인공적인 것'을 어떻게 구분할 수 있을까?

나아가 신체와 뇌를 점점 더 쉽게 조작하게 된다면 장차 우리는 무선 컴퓨터 기술, GPS, 기타 첨단기술을 거의 모든 소비제품에 통합시켜 '살아 숨쉬는 것들'과 '지능적인 것들'로 구성된 환경과 점점 더 접촉면을 넓혀갈 것이다. 아무런 노력을 기울이지 않고도 '스마트 홈'과 정보를 주고받으며 자율주행차, 수도나 전기, 생활 환경 속의 안전 장치들이 몸속에 이식된 생물학적 센서와 컴퓨터 칩들을 인식하여 필요에 맞게 자동 조절되고, 웨어러블 컴퓨터가 활력징후는 물론 기분까지 지속적으로 모니터링할 것이다. 이런 기술이 망막 스캔이나 체내이식형 신분확인 칩 등 생물학적 신원확인 기술과 결합하면 환경이 지금보다 훨씬 '더 친절'해지고, 일상생활은 훨씬 단순해질 것이다. 우리는 스마트한 생활 환경에 금방 의존하게 되어 도대체 옛날에는 이런 것들 없이 어떻게 살았는지 의아해할 것이다. 오늘날 이메일과 스마트폰이 없었던 시절을 신기하게 생각하는 것과 마찬가지다.

그러나 이렇게 신체와 뇌를 포함하여 모든 것을 컴퓨터화하는 데는 위험이 따른다. 사실 그것은 사생활과 자율성에 대한 전례없는 위험이 될 것이다. 우리 자신과 행동, 습관, 그리고 아마도 생각에 대한 모든 정보가 디지털화되어 어딘가 저장될 것이기 때문이다. '똑똑한' 기기들이 우리의 활력징후를 의사들에게 지속적으로 알린다면, 그 정보는 반드시 어딘가 저장된다. 당연히 해킹당할 수 있다. 시장경제에서는 이런 정보가 보험회사나 기타 기업, 심지어 잠재적 고용주에게 팔릴 수도 있다. 개인정보 열람 범위를 세심하게 규제하고 제한하지 않으면 정부에서 마음대로 사용할 수도 있다. 머지않아 우리에 관한 극히 사소하고 세세한 정보들이 모여 엄청난 데이터로 존재하겠지만, 그 정보를 완벽하게 통제할 수 있으리라는 보장은 없다. 실제로 이런 이유 때문에 새로운 기술을 의도적으로, 최대한 거부하는 사람도 있다. 그러나 수많은 모니터링 기술을 받아들이는 것은 가장 저항이 적으며, 때로는 불가피하다. 예를 들어, 비행기를 타기 위해 공항 보안 시스템을 이용할 때 머지않아 모든 사람에게 체내이식형 '신분확인 칩'을 요구하게 될 수도 있다. 정상적인 생활을 위해 일부 기술을 불가피하게 받아들이게 될 수 있다는 뜻이다.

융합기술은 인류의 고통을 크게 덜어주는 방향으로 나아가지만, 모든 사람이 이를 환영하는 것은 아니다. 생명보수주의자들은 신체와 정신 양쪽에서 고통이 완전히 없어진 세상이 올 수도 있다는 점을 크게 우려한다. 타인에 대한 공감과 연민을 비롯해 고결한 품성을 함양하는 데 고난과 역경이 중요한 역할을 한다는 사실은 인류 역사상 끊임없이 강조되었다. 영국의 생명윤리학자 Y. J. 어든Y. J. Erden은 예민한 자각 능력을 갖고 진리를 추구하는 사람에게는 심지어 우울증조차 초월적인 경험이 될 수 있다고 지적한다. "우리의 정체성은 우울이나 사별 등 고통스러운 경험과 감정에 의해 형성된다."[6] 특히 가톨릭 윤리학자들은 고난 속에 구원이 존재한다고 믿는 경향이 있다. 이들의 대척점에는 어든이 극단적 '기술 낙관론자'라고 부르는 과학자들이 있다. 과학계는 인간의 경험을 환원주의적 용어로 생각하는 뚜렷한 경향이 있다. 모든 경험은 물리적인 뇌 속에서 일어나는 화학적 및 전기적 과정의 합에 의해 결정되며, 따라서 인간이 겪는 대부분의 고난은 완화시킬 수 있고, 나아가 완전히 없어져야 한다고 믿는 것이다.

그런 주장을 반박하기는 쉽지 않다. 하지만, 질병을 완전히 없애고 인간의 능력을 강화하면 우리가 끊임없이 찾아 헤매는 행복이라는 상태에 이를 수 있을까? 뭔가 개선된다고 해도, 그것이 삶에 완전히 동화되어 '뉴 노멀'이 되고 나면 행복의 기준은 다시 높아진다.

과학적으로 입증된 사실이다. 질병이 완전히 없어지고 모든 사람이 영생을 누린다고 해도 절망과 외로움, 실망 등 삶의 모든 고난과 의미 추구 과정이 없어지리라 생각하는 것은 비현실적이다.

이 책에 소개하는 혁신적인 기술은 대부분 인간을 대상으로 임상시험 중이거나, 동물실험을 통해 원리가 입증되었거나, 이미 개발이 끝나 상업화를 기다리고 있다. 규제기관과 학계 및 민간 윤리위원회들은 기술 자체와 그것이 개인과 사회에 미치는 영향을 따라잡기 위해 안간힘을 쓰고 있다. 이 기술들은 하나같이 엄청난 상업적 잠재력을 갖고 있기 때문에 도입 속도는 매우 빠를 것이다. 미국과 유럽, 몇몇 아시아 국가가 최초로 특허를 내어 시장을 선점하려고 경쟁하고 있기 때문이다. 그러나 기술의 개발 속도에 비해 FDA 등 규제기관의 움직임은 달팽이 걸음이다. 환자들이 기술을 하루 빨리 이용해야 한다는 인도주의적 호소는 각국 정부에 엄청난 압력이다. 결국 인간능력 강화라는 문제는 논의 대상에도 못 끼는 경우가 많다.

철학자 닉 보스트롬Nick Bostrom은 "그런 조건을 갖지 못한 사람들에게 오직 위치와 관련된 이점만 제공하는 강화(키의 성장 등)와 신체 내부의 이익이나 전체적으로 긍정적인 외부 효과를 제공하는 강화(면역기능이나 인지기능 향상 등) 사이의 구분"에 주목할 것을 촉구한다. "후자의 강화를 촉진하면서 단지 위치상의 강화를 배제해야 한다."[7] 그러나 젊음과 아름다움에 강박적으로 매달리는 우리가 스스로 두 번째 강화만을 추구할 가능성은 거의 없어 보인다.

인공장기 등 근본적으로 새로운 발명품들은 현재 인간을 대상으로 시험 중이지만, 인공지능AI은 인간과 상호반응하는 로봇의 형태로 이미 상당히 발전했다. 머지않아 산업화된 사회 어디나 존재하는 단계에 이를 것 같다. 어쩌면 우리는 예측 가능한 장래에 엄청난 숫자의 똑똑하고 자율적으로 움직이는 인공적 존재들과 이 혹성을 공유하게 될지도 모른다. 이들의 지능은 최소한 계산능력에서는 우리보다 월등할 것이다. 그렇다면 민주적 사회에서 이 존재들은 어떤 권리와 의무를 누리고, 어떤 면에서 우리와 비슷하며, 어떤 면에서 다를 것인가?

현재 우리는 부지불식간에 거의 이해하지도 못하는 기술의 바다 속에 빠른 속도로 빠져들고 있다. 우리보다 훨씬 똑똑한 기계가 대부분의 노동을 떠맡고, 수명이 극적으로 연장되어 엄청난 여가시간을 누린다면 우리는 너무 게을러져서 제대로 이해하지도 못하는 기계에게 모든 것을 의존하게 되지 않을까? AI가 고도로 발달한 뒤에도 여전히 인류에게 봉사하리라고 어떻게 장담할 수 있을까? 일부 극단주의자들은 결국 인간이란 존재가 불필요하고 쓸모없는 미래가 올 것이므로 AI, 나노기술, 유전학을 더이상 발달시켜서는 안 된다고 생각한다. 이런 네오러다이트족이 혁신을 어느 정도 늦출 수 있을지는 몰라도, 기업과 군사 부문 양쪽에서 첨단기술을 더욱 발전시키려는 전 세계적 경쟁이 벌어지고 있기 때문에 절대로 승리를 거둘 수 없다. 다가오는 융합기술 혁명을 거부하는 국가들은 경제적으로 불리할 뿐 아니라 군사적으로도 매우 취약해질 것이다.

보스트롬은 트랜스휴머니즘이 빠른 속도로 현실이 되는 세상을 상상하며 이렇게 썼다. "가상현실, 착상 전 유전진단, 기억력, 집중력, 각성 상태, 기분을 개선시키는 약물, 기능 강화 약물, 성형수술, 성전환 수술, 인공장기, 항노화의학, 인간-컴퓨터 인터페이스 같은 기술은 이미 우리 곁에 있거나 적어도 수십 년 내에 실현될 것이다. 이런 기술적 능력이 서로 결합하고 더욱 성숙해지면 결국 인간 조건이 근본적인 차원에서 달라질 수 있다."[8] 그가 이 글을 쓴 것이 2005년이다. 이후 그 기술들은 모두 현실이 되었거나 상업화를 기다리고 있다. 머지않아 일상적인 존재가 될 것이다.

안데르스 산드베리는 우리의 신체를 변화시키고 강화하는 능력은 흔히 공상과학소설에서 보듯 천편일률적으로 '완벽한' 휴머노이드 군단을 만드는 것이 아니라, 극히 개인적인 방식으로 실현될 가능성이 높다고 지적했다. 새로운 기술과 개인 차원에서 어떤 기술을 사용할 것인지 선택할 자유가 주어진다면 전례없는 수준의 자아실현이 가능할 것이다. 어떻게든 순응하지 않으려고 저항하는 데서 벗어난다면 인간적 다양성에 대해 상상을 초월할 정도로 열린 사회를 만들 수 있을지 모른다. 모든 것은 현재의 우리뿐 아니라 기술의 사다리를 빠른 속도로 올라간 인류 1.0 세대, 즉 미래의 우리에게 달려 있다. 그들을 트랜스휴먼 종족이라 부르자.

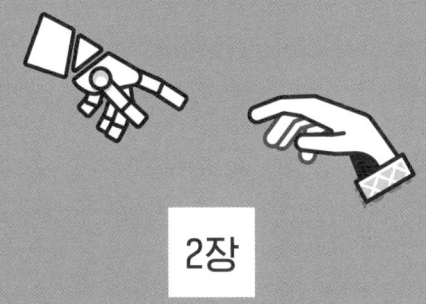

2장

원래 심장보다 더 좋아요

　40세의 나이로 살 날이 얼마 안 남았다는 말을 들었을 때, 스테이시 수만딕Stacie Sumandig의 머릿속에는 한 가지 생각밖에 없었다. 너무 쇠약해져 울 힘도 없었지만 그 생각만은 또렷했다. "돌봐야 할 애들이 넷이나 있는데 절대로 죽을 순 없어!" 의사는 바이러스가 심장을 침범하는 바람에 양쪽 심실이 크게 손상되어 심부전 말기에 이르렀다고 했다. 너무 충격을 받은 나머지 무슨 말인지 멍하기만 했다. 몇 개월간 몸이 좋지 않았지만 활발하게 지냈다. 병원을 찾기 2주 전만 해도 일주일에 세 번 운동을 했다. 직업인 조경 일을 하는 데도 아무런 문제가 없었다. 사실 체력이 필요한 직업과 돌봐야 할 아이들 때문에 "앉아서 쉴 참이 거의 없기도 했다."

　스테이시의 이야기는 의사들이 뭐라고 하든 자기 몸에 스스로 주의를 기울이는 것이 가장 중요하다는 사실을 일깨워준다. 처음에 그녀는 가정의를 찾아갔다. 7월이었지만 독감 비슷한 증상이 있었다. 밤에는 식은땀을 흘렸고 점점 숨도 가빴다. 그녀는 기관지염에 자주 걸리는 편이었다. 아니나다를까, 그날 만난 의사 역시 기관지염이라는 진단을 내렸다. 처방받은 항생제를 먹고 조금 낫는가 싶었지만, 똑같은 증상이 다시 시작되었다. 7월에서 9월 사이에 몇 번 더 의사를 찾았다. 처음엔 기관지염이라더니 나중에는 폐렴이라고 했다. 숨이 가쁜 것은 어쩌면 천식 때문일 것이라 했다. 증상은 항생제를 바꿀 때마다 일시적으로 좋아졌다가 재발했다. 9월이 되어서야 의사는 흉부 X선 촬영을 지시했다. 이른 아침이었지만 판독 결과를 본 의사는 즉시 전화했다. 그녀는 지금까지, 아니 앞으로도 영원히 그 순간을 잊지 못할 것이다.

"심장이 굉장히 커졌습니다. 주변에 물도 차 있어요. 즉시 큰 병원으로 가야 합니다." 엄청난 용기와 인내심을 필요로 하는 기나긴 여행은 이렇게 시작되었다. 병원에서는 주말을 넘기기 어렵다고 했다. 가족들에게 알리고, 주변을 정리하고, 최악의 상황에 대비하라고 했다. 그런 조언을 이성적으로 받아들일 사람이 있을까? 오로지 아이들 생각뿐이었다. 여덟 살, 아홉 살, 열세 살…맏이가 겨우 열넷이었다. *아이들은 누가 돌보나? 남편 혼자 뭘 할 수 있을까?* "몸이 너무 아파 울 기운도 없었어요. 하지만 의사들에게 호소했죠. '그래도 뭔가 해줄 게 있을 거 아닌가요?'"

그녀를 살리려면 심장 이식수술을 해야 했지만, 이식할 심장을 당장 구할 수는 없었다. 의사들은 그녀를 시애틀에 있는 워싱턴 대학병원으로 보냈다. 퓨앨럽Puyallup의 지방 병원보다는 모든 면에서 더 나을 것이었다. 다행히 그녀는 나후쉬 모카댐Nahush Mokadam이라는 심장전문의를 만났다. 그는 최후이자 유일한 방법을 제안했다. 투손Tucson에 있는 신카디아SynCardia라는 회사에서 개발한 완전인공심장Total Artificial Heart, TAH이었다. 그때까지 이식받은 사람은 몇백 명뿐이지만, 최근 FDA에서 기술을 승인했으며 워싱턴 대학병원에서 시술할 수 있다고 했다.

TAH는 가교기술bridge technology이다. 영구적인 해결책이 아니라 적합한 생체심장을 이식할 때까지 생명을 연장시켜 주는 방법이란 뜻이다. 또 한 가지 복잡한 문제가 있었다. 원래 심장을 제거한 후 (당연히 일단 제거하면 다시 되돌릴 수 없다), TAH를 대동맥에 연결할 수 있을 가능성이 반밖에 안 되었던 것이다. 대동맥은 심장에 바로 연결되는 혈관으로, 혈액을 온몸에 공급하는 동맥 중 가장 크다. 그런데 스테이시는 날 때부터 대동맥이 좁았다. 일종의 기형이었다. 네 살 때 대동맥 재건술을 받았으며, 서른한 살에는 대동맥 판막치환술을 받았다. 이제 바이러스에 의해 심하게 손상된 대동맥을 지탱하는 것은 대동맥 판막에 연결된 근육뿐이었다. 그나마 감염 때문에 매우 약해져 있었다(의사들은 바이러스 감염이 2년 정도 지속되었다고 추정했다). 작은 근육 조각을 잘라내면 인공심장을 대동맥에 연결할 방법이 전혀 없을지도 몰랐다. 마취 후 다시 깨어날 가능성이 50퍼센트밖에 안 된다는 말을 듣자 엄청난 두려움이 밀려왔다. 하지만 성공하기를 기도하는 것 말고는 방법이 없었다. 불과 며칠 사이에 차분히 따져보기엔 너무 많은 정보를 접한 터였다. 완전히 인공적으로 만든 심장을 이식받는다는 생각 자체도 상당히 불편했다. 하지만…아이들을 생각하며 그녀는 수술 동의서에 서명했다.

나중에 밝혀진 사실이지만, 오래도록 심부전 상태였기 때문에 오히려 수술에는 도움이 되었다. 모카댐 박사에 따르면 스테이시의 심장 근육은 건강한 심장처럼 단단하고 탄력있는 것이 아니라 부드럽고 푸석푸석했다. 손으로 잡기가 어려울 정도였다. 게다가 엄청나게 커져 있었기 때문에 이차적으로 흉곽 자체도 늘어나 있었다. 그렇지 않았다면 남성이나 몸집이 아주 큰 여성에게 맞는 신카디아 70cc형 인공심장을 보통 체구의 여성에게 이식할 수 없었을 것이다. 다행히 대동맥 연결은 큰 무리없이 진행되었다. 원래 심장의 임무를 이어받은 인공심장은 힘차게 박동하기 시작했다. 하지만 그간 혈액 공급을 제대로 받지 못한 주요 장기들이 이미 기능 부전에 빠진 데다, 수술 중에 양쪽 폐가 허탈(폐에서 공기가 완전히 빠져나가 짜부라진 상태-역주)을 일으켰다. 의사들은 약물로 혼수 상태를 유도했다. 그 상태로 그녀는 주요 장기와 폐가 회복될 때까지 체외막산소공급장치extracorporeal membrane oxygenation, ECMO에 매달려 생명을 유지했다.

2주 반이 지난 뒤, 스테이시는 눈을 떴다. 혈액 공급이 늘어나자 장기들은 꾸준히 기능이 향상되었다. TAH는 '원래 심장보다 더 좋았다.' 두 개의 튜브가 배를 뚫고 나와 있었지만, 그녀는 집으로 돌아가 적합한 심장 기증자가 나타날 때까지 비교적 정상적인 생활을 누렸다. 배를 뚫고 나온 튜브는 6킬로그램 정도 되는 프리덤 휴대용 구동기Freedom portable driver에 연결되었다. 구동기는 백팩에 넣어 항상 지고 다녀야 했다. 처음에는 무겁고 거추장스러웠지만 이내 적응했다. 심장의 박동이 멎지 않도록 구동기 속의 배터리를 매일 전원에 꽂아 충전해야 했다. 배터리가 여덟 시간밖에 버티지 못했으므로 주변에 전원이 있는지도 항상 신경을 써야 했다. 성가시고 불안했지만, 다행히 자는 동안에는 드라이버를 전원에 연결해

둘 수 있었다.

인공심장의 좋은 점은 분당 9.5리터의 혈액을 안정적으로 박출한다는 점이다. 콩팥은 기능을 회복했고, 그녀 역시 활력을 되찾았다. 얼굴에 화색이 돌았다. 온몸에 생명이 넘쳤다. 개를 데리고 산책을 나가고, 아이들을 보살폈으며, 필요한 것들을 사러 다녔다. 모든 게 기적 같았다.

그러나 사람들은 무거운 백팩을 지고, 튜브가 배로 들어간 채 돌아다니는 그녀를 빤히 쳐다보기 일쑤였다. 심지어 '무례하고 기분 나쁜 질문'을 던지기도 했다. 인공심장에서는 정상 심박동을 증폭시킨 것 같은 소리가 났다. 스테이시는 곧 익숙해졌지만 모두가 모른 체하고 참아주지는 않았다. 몸이 좋아지자 그녀는 가족과 함께 다녔던 교회를 찾았다. 교회 밖에는 "이제 네 모습 그대로 내가 만나기를 원하노라Come as you are"고 씌어 있었다. 예배를 마치자 목사가 다가왔다. 그는 심장 소리가 너무 커서 다른 신도들에게 방해가 되니 교회에 나오지 말아 달라고 했다. 스테이시와 남편은 귀를 의심했다. 그 교회에는 다시 가지 않았다.

인공심장을 지니고 산 지 196일째, 기다리던 전화를 받았다. 심장 기증자가 나타난 것이다. 믿어지지 않는 행운에 기쁘고 마음이 설렜지만, 막상 닥치고 보니 복잡한 감정이 들었다. 사실상 정상적인 생활을 누릴 정도로 완벽하게 작동하는 인공심장을 제거한다니 걱정도 되었다. 생체심장에 거부반응이 일어나면 어떻게 할 것인가? TAH는 거부반응이 문제가 되지 않는다. 혈전 방지제만 꼬박꼬박 복용하면 아무 문제가 없다. 다른 사람의 심장을 이식받으면 평생 면역억제제를 복용해야 한다. 면역억제에는 상당히 심각한 위험이 따른다. 사소한 감염으로도 생명이 위험해질 수 있다. 어쨌든 그녀는 생체심장을 이식받았고, 현재 건강하게 살고 있다. 하지만 정기적으로 거부반응을 모니터링하기 위해 심장 생검을 받아야 한다. 최근에는 실제로 가벼운 거부반응이 있었다는 사실을 알고 깜짝 놀랐다. 몸 상태가 너무 좋아 전혀 느끼지 못하고 지나간 것이다. 심장전문의는 이식 후 얼마 안 되어 가벼운 거부반응을 겪은 사람이 장기적으로 경과가 더 좋다고 일러주었다. 하지만 그녀는 이제 어떤 것도 당연하다고 생각하지 않는다. 우선순위는 명백하다. "저는 원하던 것을 얻었습니다. 바로 여기서 가족과 함께 사는 거죠."

신카디아의 70cc 인공심장을 이식받은 사람은 약 1천 2백 명이다. 생체심장 이식 시까지 가교치료로 FDA의 승인을 받은 것은 70cc 모델이다. 이후 신카디아 사는 여성이나 청소년에 맞는 50cc 모델도 개발했으며, 이렇게 작은 모델을 가교치료가 아니라 최종치료로 사용하는 데 대해서도 FDA 승인을 받았다. TAH의 수명이 얼마나 되는지는 아직 모르지만, 기술은 놀라운 속도로 발전하고 있다. 소형화 추세도 계속되어 더 큰 인공심장과 똑같은 성능을 발휘하는 30cc 모델을 개발 중이다. 인공심장은 엄청난 성공을 거두었지만 몇 가지 단점도 있다. 작은 정원 호스 만한 크기의 튜브 2개를 구동기에 연결해야 하므로 복부에 개방된 상처를 지니고 살아야 한다. 구동기를 매일 충전하고, 항상 백팩을 지고 다녀야 하는 불편도 만만치 않다. 물론 유일한 대안이 죽음뿐이라면 사소한 문제일 수도 있지만, 기술이 날로 발전하고 있기 때문에 개선된 제품이 나오는 것은 시간 문제다. 현재 목표는 더 작고 완전히 몸속에 집어넣을 수 있는 인공심장을 만드는 것이다. 수명이 아주 긴 배터리를 피부 밑에 이식하여 인공심장에 연결하면 절개 부위를 개방한 채 지내야 한다거나 항상 구동기를 갖고 다니는 문제를 해결할 수 있을 것이다.

인공심장의 잠재적 시장 규모는 엄청나다. 심장질환은 남녀를 불문하고 가장 흔한 사망원인이며, 생물학적으로 적합한 생체심장을 구하기란 하늘에 별따기다. 지금 이 순간에도 다른 건강 문제 없이 오로지 심장 때문에 죽는 사람이 부지기수다. 내구성과 신뢰성이 뛰어난 인공심장이 개발된다면 이들의 수명이 얼마나 늘어날지 누가 알겠는가?

・・・

의사들은 인공심장을 어떻게 생각할까? 심폐 이식 분야의 선구자인 외과의사 마크 플런킷Mark Plunkett을 만나보았다. 그는 켄터키 의과대학 흉부외과 과장으로 재직할 때 세 명의 환자에게 TAH를 이식한 경험이 있다. 얘기를 나누면서 적합한 기증자가 나서기를 기다리며 죽어가는 '아픈 사람 중에서 가장 심한 사람들'의 생명을 구하는 놀라운 치료와 인공심장에 대한 열정을 생생하게 느낄 수 있었다. 플런킷 박사는 켄터키 대학병원을 설득하여 TAH 시술 장비를 갖추는 데 거의 1백만 달러를 투자했다. 이후 플로리다 대학의 제안을 받아 현재 게인스빌에 있는 샨스 어린이병원Shands Children's

Hospital 심기형 센터에서 어린이 이식전문의로 일하고 있다.

플런킷 박사는 아주 어렸을 때 진로를 결정했다. 메릴랜드 주 동해안의 작은 소도시에서 자란 그는 일고여덟 살 때부터 외과의사가 되겠다고 주변에 말하기 시작했다. 그는 불과 일곱 살 때였던 1967년 남아프리카 공화국의 크리스티안 바나드 Christiaan Barnard라는 의사가 세계 최초로 인간 대 인간 심장 이식수술을 시도한 일을 생생하게 기억한다. 심장을 이식받은 53세의 남성 루이스 와시칸스키 Louis Washkansky는 합병증 때문에 18일밖에 살지 못했지만, 이식수술 자체는 성공이었다. 그 순간 플런킷은 이식전문의가 되겠다고 마음을 굳혔다. 의학이라는 학문에 푹 빠져 있었고, 어디선가 이식의학이야말로 '최고 중의 최고'란 말을 들은 터였다. 그는 의학에 관한 정보를 접할 때마다 세심하게 기억했고, 외과 의사가 되기 위해 온 힘을 다했다. 공부를 하면 할수록 자신의 선택이 옳다고 느꼈다. 듀크 대학병원에서 인턴을, UCLA 병원에서 펠로 과정을 마친 후 그는 어린이를 포함한 모든 연령의 환자에게 심폐 이식술을 시행하기 시작했다.

플런킷은 인공장기이식술에 마음이 끌렸다. 생체장기가 턱없이 부족하기 때문이다. 이 문제는 아직도 말기 환자에게 가장 큰 걸림돌이다. 현재 대기 명단에 이름을 올려 놓고 적합한 장기가 나타나기를 애타게 기다리는 사람은 미국에서만 11만 9천 명에 이른다. 매년 7천 명이 기다리다 사망한다.[1] 가장 큰 문제는 장기기증자가 턱없이 적다는 점이다. 반면 사회 전체적으로 고령화가 진행되면서 장기이식 수요는 끊임없이 늘고 있다. 한편 이식심장의 수명은 평균 12~15년에 불과하다. 거부반응이 일어나거나 심부전이 재발하기 때문이다. 그러면 다시 이식수술을 받아야 한다. 이식심장의 수명이 다하기 전에 다른 이유로 세상을 떠나는 고령자라면 몰라도, 어린이는 사정이 다르다. 평생 여러 차례 심장 이식을 받아야 하며, 그때마다 적합한 기증자를 절박하게 기다려야 한다.

현재 몇 가지 인공장기가 개발을 마치고 시험 중이지만, 인공심장의 기초 기술은 오래 전에 개발되었다. 1963년 폴 윈첼Paul Winchell이 최초의 인공심장을 제작했다. 이를 원형으로 삼아 1983년에는 자빅Jarvik이 개발한 인공심장이 최초로 인간에게 이식되었다. 이후 인공심장은 점점 정교해졌으며, 이식받은 환자들 역시 점점 오래 살게 되었다. 플런킷 박사의 말을 빌리자면 생명공학 분야에서 바야흐로 "신기한 장치들이 폭발적으로 쏟아지고" 있으므로 의사들은 안전성과 유효성이 입증된 장치를 신중히 선택해야 한다. 그는 신카디아의 완전인공심장에 열광했다. 더 작고 완벽하게 몸속에 집어넣을 수 있는 제품이 개발된다면 심부전을 완치할 수 있을 것이라며 흥분을 감추지 못했다. 면역억제제가 필요없다는 점이 가장 좋다고 했다. 생체장기를 이식하면 항상 면역억제제가 필요하다. 효과가 언제까지나 지속되는 것도 아니다. 언젠가는 거부반응이 생긴다. 인공심장의 궁극적 목표는 소형화다. 현재 신카디아 인공심장과 박출량이 같으면서 무거운 백팩을 매고 다닐 필요 없이 가벼운 벨트형 배터리 팩만 착용하면 충전되는 형태가 우선 목표다. 그 다음 버전은 피부 밑에 배터리를 이식하는 완전 체내형 심장이다. 그는 모든 것이 시간 문제일 뿐이라고 전망한다.

심장 이식은 여러 가지 측면에서 아주 복잡한 일이다. 플런킷 박사는 인공심장 이식 과정에 참여하는 모든 전문 의료인을 어떻게 하나의 팀으로 묶어내고 조율하는지 설명한 후, 심하게 아프고 죽어가는 환자가 진료실에서 수술대에 오르기까지 거치는 과정을 하나하나 자세히 일러주었다. 우선 환자는 생체이식수술을 받는 데 필요한 모든 조건을 충족해야 한다. 간단히 말해 다른 이식형 장치나 약물에 반응하지 않는 말기 심부전으로 양쪽 심실이 모두 기능을 제대로 수행하지 못하는 상태라야 한다. 환자는 보통 심장전문의, 특히 심부전 전문의를 거쳐 이식전문의에게 의뢰된다. 관상동맥질환, 심장발작, 고혈압, 바이러스성 심근염, 심장판막질환 등 심부전에 이른 원인은 다양하지만 하나같이 심각하고, 심장 이식을 받지 않으면 얼마 버티지 못할 상태다. 심장은 육안으로 보아도 알 수 있을 정도로 커져 있다. 심근이 오래도록 조금씩 약화되면서 점점 더 힘겹게 일했기 때문이다. 심근 역시 근육이므로 일을 하면 할수록 크기가 커진다. 이렇게 되면 일시적으로 심박출량이 늘어나지만 장기적으로는 갈수록 효율이 떨어지고 결국 기능을 제대로 수행할 수 없다. 새로운 심장을 이식받지 못하면 죽음만이 기다릴 뿐이다.

심장 기능이 약해져 주요 장기에 적절히 혈액을 공급하지 못하면 심부전 증상이 점점 심해지고 마침내 주요 장기의 기능이 떨어지기 시작한다. 휴식을 취할 때조차 심한 피로감을 느끼고, 양쪽 폐에 혈액과 체액이 저류되면서 숨이 가빠진다. 체액 저류는 다른 신체부위에서도 일어나 다리를 비롯해 여기저기가 붓는다. 심장은 조금이라도 많은 혈액을 몸에 보내려고 점점 빨리 뛰기 때문에 항상 가슴이 두근거린다. 혈액이 제대로 공급되지 않으므로 항상 몸이 아프다는 기분에 시달린다. 입맛이 떨어지고 속이 메슥거려 음식을 먹기도 힘들다. 이 정도로 나빠지면 조금만 몸을 움직여도 참을 수 없을 정도로 불편하고 괴롭다. 폐에 더 많은 체액이 저류되면 숨쉬기가 어렵고 물에 빠진 듯한 기분이 든다. 눕지 못하고 앉은 채로만 잠들 수 있는데, 이로 인해 극심한 피로가 가중된다. 이식전문의에게 의뢰되는 환자는 대부분 이런 상태다.

인공심장을 이식받기에 적합하다고 판단되면 챙겨야 할 것이 한두 가지가 아니다. 모든 일이 순조롭게 진행되려면 심장전문의, 간호사, 이식 코디네이터, 사회사업가, 심리학자, 영양사, 감염전문의, 때로는 윤리학자에 이르기까지 수많은 전문가의 팀워크가 중요하다. 이들은 정기적으로 회의를 열어 환자의 모든 문제를 해결하려고 노력한다. 때로는 경제적인 어려움이나 주변에 도와줄 사람이 없다는 문제가 끼어든다. 심리상담도 필수다. 심장을 완전히 제거한다는 생각은 상당히 큰 충격을 동반하는 수가 많다. 자칫하면 수술 중에 사망할 수도 있다는 불안과 걱정, 기타 복잡한 감정에 혼자 힘으로 적절히 대처하란 결코 쉽지 않다.

플런킷 박사는 완전인공심장에 대해 설명하고 짧은 영상을 보여주지만 모든 환자가 선선히 동의하지는 않는다고 했다. "사실 굉장히 급진적인 생각이죠. 특히 나이 드신 분들은 받아들이기 어려워합니다." 복잡한 감정이 드는 것도 당연하다. 심장은 인류 문화에서 생물학적 기능을 훨씬 넘어서는 중요한 역할을 해왔다. 어떤 문화권에서든 심박동이 멈춘다는 것은 곧 죽음을 의미한다. 하물며 심장 자체를 완전히 제거한다면? 수천 년간 심장은 감정이 생겨나는 곳이자 사랑의 원천으로 인간의 가장 깊은 내면을 상징해왔다. 가장 진실한 감정을 느낄 때 우리는 '마음 깊은 곳에서'란 표현을 쓴다. 타고난 심장을 몸에서 제거한다면 모든 면에서 정말로 '살아있다'고 할 수 있을까? 심장이 없다면 더이상 살아있다고 여길 수 없다는, 평생 간직해온 숙명적 사고와 통념을 어떻게 다루어야 할까? 종교적인 사람은 심장이 멈추는 바로 그 순간 죽는 것이 신의 섭리이며, 이런 '운명을 속이는 것'은 필연적으로 어떤 형벌을 동반할 것이라고 믿는다. 플런킷 박사는 인공심장을 시술받은 환자들에게서 온갖 질문을 받았다. 이렇게 묻는 사람도 있었다. "심장이 없어도 누군가를 사랑할 수 있나요?" 자연적인 심장을 떼어내고 외부에서 동력을 공급받는 일종의 인공펌프를 이식받는다는 생각이 섬뜩하다는 환자도 많았다. 아무리 환상적인 기술이 나온다 해도 아직 우리 사회는 가장 중요한 신체기능을 기계에 의존할 때 '인간성'을 어떻게 규정해야 할지 완전한 합의에 이르지 못했다.

하지만 죽음이 임박했다는 사실보다 더 중요한 것은 없다. 대개 인공심장을 제안받은 환자는 시술만 가능하다면 고마운 마음으로 수락한다. 젊은 환자일수록 더 쉽게 받아들인다. 플런킷 박사에 따르면 유럽에는 인공심장에 크게 만족하여 적합한 생체심장을 이식받을 수 있는데도 인공심장을 고수하는 환자가 상당히 많다. 스테이시 수만딕에게도 물어보았다. 전혀 망설이지 않고 영구 인공심장을 선택하겠노라 했다. 심장을 이식받지 못하면 죽음을 택할 수밖에 없는 환자에게 완전인공심장은 양적으로나 질적으로 생명을 보장해주는 선물이며 점점 성능이 향상될 것이다. 인공심장을 이식받은 사람이 훨씬 오랫동안 건강하게 살 수 있을 것이란 뜻이다.

하지만 해결되지 않은 문제가 있다. 언제 이 장치를 끌 것인지 어떻게 결정해야 할까? 플런킷 박사는 이 문제가 왜 중요한지 가상적인 시나리오를 들어 설명했다. 인공심장을 이식받은 환자가 심한 뇌졸중을 겪고 뇌사 상태에 빠졌다고 해보자. 현재 사용되는 인공심폐장치와 마찬가지로 인공심장은 계속 온몸으로 혈액을 순환시킬 것이다. 환자는 의식이 없지만 혈색은 건강했을 때와 조금도 다름이 없다. 그저 평화롭게 잠든 것처럼 보인다. 하지만 의사는 뇌의 모든 활동이 정지했으므로 더이상 인공심장으로 혈액순환을 유지한다는 것은 의미가 없으며, 가족들이 기억하는 그 사람은 아무리 기다려도 돌아오지 않는다고 말한다. 심장이 뛴다는 점만 빼고 사실상 모든 면에서 죽은 것이다. 의료진은 인공심장의 스위치를 내리자고 권고할 가능성이 높다. 뇌사 상태인 환자에게 인공호흡기 치료를 중단할 때와 비슷하다. 하지만 이런 결정을 내리는 데는 가혹한 고통이 따를 것이다.

인공호흡기에 의존하던 환자도 기계를 껐을 때 바로 사망하는 경우는 별로 없다. 신체기능이 서서히 떨어지면서 보통 몇 시간, 심지어 며칠간 생명을 유지한다. 그러나 인공심장을 정지시킨다는 것은 즉각적인 죽음을 의미한다. 사전에 적절한 약물을 투여하지 않으면 신체가 급작스러운 산소 공급 중단에 반응하여 경련을 일으키거나, 가쁜 숨을 헐떡거릴 수도 있다. 이런 현상은 뇌간에서 일어나는 반사작용일 뿐 생명의 회복과는 아무런 관련이 없지만, 지켜보는 가족은 그렇게 생각하지 않을 수 있다. 인공심장의 작동을 중단하는 것이 아무리 적절한 판단이었다고 해도 사랑하는 부모나 형제가 꺼져가는 삶을 움켜잡으려 안간힘을 썼다고 생각하며 크나큰 죄책감에 사로잡힐 수 있다. 가족을 떠나보낸 마지막 순간이 평생 지워지지 않는 끔찍한 기억으로 남는 것이다. 스위치를 내리는 행위를 살인이라고 생각해 절대 동의하지 않는 경우도 있을 것이다. 인공심장을 이식받은 뇌사 환자가 얼마나 오래 생물학적 기능을 유지하고, 살아있는 것처럼 보일 것인지는 아무도 모른다. 그러나 머지않아 캐런 앤 퀸란Karen Ann Quinlan*이나 테리 샤이보Terri Schiavo** 같은 증례가 생길 것은 확실하다. 아직 이런 윤리적 질문에 답할 만큼 많은 연구 결과가 축적되지는 않았지만 기존 심장 기능 보조장치들을 통해 연명치료 중단 문제가 어떤 식으로 펼쳐질지 대략 개념을 잡을 수는 있다.

심장병 환자가 선택할 수 있는 이식형 장치는 점점 늘고 있다. 가장 오래되었고 잘 알려진 것은 심박동조율기다. 하지만 현재 개발 중인 장치들은 단순히 심박동을 조절하는 데 그치지 않고 양쪽 심실이 모두 기능을 상실한 말기 심부전 환자의 다양한 문제를 해결

---

* 신경안정제와 술을 함께 섭취한 후 호흡부전으로 식물인간 상태가 된 여성. 법원에서 존엄사 허용 판결을 받았으나 인공호흡기를 뗀 후에도 10년간 생존했다. -역주
** 심장발작으로 식물인간 상태가 된 후 15년간 연명치료를 받았던 여성. 존엄사를 허용할 것인지를 두고 미국에서 큰 논란을 불러일으켰다. -역주

해준다. 그리고 점점 많은 사람이 이런 장치를 이식받는다. 때로는 심장 이식 시까지 버티기 위한 가교치료 역할을 하지만 영구적인 치료로 사용하기도 한다. 심실 기능을 보조하는 양심실 보조장치 biventricular assist device, 위급한 상태를 벗어날 때까지 심장과 폐의 기능을 대신해주는 체외막산소공급장치 ECMO, 심장의 작업부하를 최대 20퍼센트까지 대신해주는 대동맥 내 풍선펌프 intraortic balloon pump, 좌심실 보조장치, 우심실 보조장치, 기계적 순환보조장치 mechanical circulatory support*, 인공판막, 비정상적인 심박동이 감지되면 강력한 전기 충격을 가해 심장을 '재설정'하는 이식형 심박동회복 제세동기 implantable cardioverter defibrillator, ICD 등을 예로 들 수 있다. 미국 부통령을 지냈던 딕 체니 Dick Cheney가 ICD를 시술받고 심장을 이식받을 때까지 버틴 일은 유명하다.

· · ·

생명윤리학자 린 잰슨 Lynn A. Jansen은 죽어가는 환자에서 심박동조율기를 끄는 문제에 대해 썼다. 심박동조율기는 전류를 통해 심장을 규칙적으로 박동시키는 장치다. 심장의 전기적 신호가 크게 불규칙해지면 매우 위험하다. 언제라도 심정지가 일어나 급사할 수 있다. 이런 환자에게 심박동조율기는 축복이다. 수명을 연장시킬

---

* 혈액을 억지로 밀어내는 것이 아니라 안정적인 흐름을 유지하는 방식으로 전신 순환시키는 기계식 펌프.

뿐 아니라 삶의 질을 크게 향상시킨다. 하지만 환자는 대개 삶을 마감할 시점에 가까운 고령인데다 심장 말고도 다른 건강 문제를 안고 있는 경우가 많다. 심박동조율기가 자연적으로 죽음을 맞을 시점을 훨씬 지나서까지 죽음이라는 과정과 거기 따르는 고통을 연장시킬 수도 있다. 따라서 가족이 어려운 결정을 내려야 하는 일이 점점 자주 벌어진다. *심박동조율기를 계속 작동하도록 두어야 할까? 아니면 조율기를 끄고 자연적인 죽음이 진행되도록 해야 할까? 끈다면 언제 꺼야 할까?* 이식받은 환자의 심리 역시 매우 복잡하다. 죽음을 막아주는 마지막 방어벽으로 생각하고 고마움을 느끼는 동시에 장치에 의존한다. 심지어 심박동조율기를 몸의 일부로 생각하는 사람도 있다. 하지만 인공장치를 몸의 일부로 생각할 수 있는지 그렇지 않은지를 둘러싼 생물학적 논쟁은 갈수록 격렬해진다.

 신체는 우리의 전부라고 할 수는 없지만 빼놓을 수 없는 부분이다. 잰슨은 심박동조율기를 꺼야 할지, 끈다면 언제 꺼야 할지를 결정하기에 앞서 그것이 우리 몸에 완전히 통합된 일부인지 아닌지, 즉 우리 자신의 일부인지 아닌지를 결정해야 한다고 썼다.[2] 심박동조율기는 세포와 조직으로 이루어진 것이 아니고 우리 몸의 외부에서 만들어졌지만, 일단 이식 후에는 몸이라는 시스템의 일부가 되어 생명을 유지하는 중요한 역할을 맡는다. 잰슨은 오래도록 식물인간 상태로 지내며 심박동조율기가 멈춘다면 더이상 살아 있을 수 없는 환자를 예로 들었다. 심박동조율기가 몸의 일부라면 그것을 끈다는 행위는 살인과 비슷해지는 반면, 몸의 일부가 아니라 외적인 어떤 것이라면 윤리적인 차원에서 생명을 빼앗는 행위와 무관하게 작동을 중단시킬 수 있다. 잰슨의 입장은 심박동조율기가 자체로서 기능을 수행하는 것이 아니라 오직 살아 있는 시스템의 일부로서만 작동하도록 설계되었다는 것이다. 시스템이 기능을 중단한다면 심박동조율기 또한 의미와 용도를 잃는다. 뇌사 상태인 환자의 몸속에서 혈액이 순환을 계속한다는 사실만으로 그것을 생명이라고 규정할 수는 없다는 것이다.

이식형 심박동회복 제세동기ICD를 시술받은 환자 중 죽음을 맞는 사람이 점점 늘면서 이 문제를 둘러싼 생명윤리학적 논쟁에도 불이 붙었다. ICD는 다양한 치료적 작용을 할 수 있지만, 무엇보다 부정맥을 감지하는 즉시 강력한 전기 충격을 가해 심장을 '재설정'하고 생명을 유지하는 것으로 유명하다. 몸속에 있을 뿐 그 원리는 흔히 영화에서 외부 전기충격을 가하는 것과 동일하다. 전기충격을 경험한 환자들은 마치 '말이 가슴을 걷어찬 것처럼' 강력하고 불쾌한 느낌이라고 묘사한다. 물론 살기 위해 ICD에 의존하지만 언제 고통스러운 전기충격을 받게 될지 모른다는 데 불안감을 느끼며, 실제로 경험한 후에는 얼마나 죽음에 가까이 다가갔는지 깨닫고 정신적 외상을 입는다. 인공장치에 의존과 애착을 갖는 동시에 두려움을 느끼는 것이다.

ICD는 심박동이 지나치게 빠르거나 불규칙할 때는 효과적이지만, 심부전 악화에 의한 사망을 예방하지는 못한다. 결국 급성 심장사를 예방하자고 개발된 장치에 의해 훨씬 고통스러운 죽음을 맞을 수도 있다. 죽음에 가까워져 심박동이 점점 느려지거나 불규칙해지면 계속 충격을 가하기 때문이다. 죽어가는 환자에게 극심한 고통을 안기고, 지켜보는 가족들에게도 정신적 상처를 남긴다. 평화롭게 죽음을 맞아야 할 환자가 전기충격을 받을 때마다 온몸이 뒤틀리며 심한 경련을 일으킨다고 생각해보라. 실제로 죽기 직전 환자가 서른 번 넘게 전기충격을 받으며 극심한 고통에 시달리는 모습을 무력하게 지켜봐야 했던 가족의 사례도 보고되었다.

점점 많은 사람이 이토록 고통스러운 죽음을 맞는 이유는 인간의 본성과 죽음에 대한 전통적인 태도가 기술의 발달을 따라잡지 못하기 때문이다. 살 날이 불과 며칠 또는 몇 주밖에 남지 않았을 때 가장 좋은 방법은 ICD의 제세동 기능을 비활성화하는 것이다. ICD를 끈다고 즉시 급사하지는 않는다. 심장은 자연적인 죽음이 찾아올 때까지 박동을 계속한다. 하지만 ICD 비활성화 문제에 대해서는 의사와 환자와 가족 사이에 침묵의 공모共謀가 이루어지는 것 같다. 이 문제에 관해 터놓고 토론하는 일은 거의 없다.

연구에 따르면 환자들은 이런 논의를 매우 꺼린다. 복잡한 감정에 휩싸이는 데다 장치를 끄는 것이 자살과 다름없다고 여기기 때문이다. 거의 모든 환자가 언제 비활성화할지 결정하고 싶어하지 않으며, 의사가 대신 판단해주기를 바란다. 하지만 그리 많지 않은 연구를 통해 밝혀진 바로는 의사들 역시 이런 책임을 지고 싶어하지 않는다. 환자와 상의하는 경우도 거의 없다. 환자가 먼저 말을 꺼내기를 기다릴 뿐이다. 또한 의사 중 1/3 정도는 절대 자기 손으로 ICD를 비활성화하지 않겠다고 생각한다. 일종의 의사조력자살 physician-assisted suicide로 보기 때문이다. ICD 제조사에서 기사를 보내 무선으로 기기를 끌 수는 있다. 하지만 현재 미국의 ICD 제조사

세 곳 중 한 곳에서는 자신들이 개입할 문제가 아니라고 단언한다. 그런 결정은 환자와 의사가 내려야 한다는 것이다. 2006년 《워싱턴 포스트》와의 인터뷰에서 업계 관계자는 이렇게 말했다. "의술을 펼치는 것이 우리 일이라고 생각하지는 않습니다."[3] 이리하여 아무런 결정도 내려지지 않은 채 시간이 흐른다. 평화롭게 죽음을 맞을 수 있었던 환자가 자신은 물론 모든 사람에게 지울 수 없는 고통을 남긴 채 세상을 떠나는 일이 반복되는 이유다.

1980년대에 처음 선보인 ICD는 그간 미국에서만 50만 건 넘게 시술되었다. 베이비부머 세대와 그 부모들이 삶을 마감할 시점에 가까워지면서 이제 매년 15만 명이 장치를 이식받는다. 의사와 오랫동안 연락을 주고받지 않는 환자도 많다. 곁에서 보살피는 사람들은 장치 비활성화에 대해 말도 꺼내지 않는다. 환자는 물론 의사나 간호사, 심지어 호스피스 관계자들조차 이 문제에 관해 상당히 강한 편향을 지니고 있는 것이다. 하버드 의과대학 연구에서는 대부분의 호스피스에 ICD가 더이상 전기충격을 가하지 않도록 할 수 있는 강력한 자석 장치가 갖추어져 있지만, 명확한 작동 원칙을 정해 놓은 곳은 10퍼센트밖에 안 된다고 보고했다.[4]

2011년 제임스 루소James Russo가 《미국간호학저널American Journal of Nursing》에 발표한 논문은 생명이 다했을 때 ICD 사용 현황에 관해 가장 자주 인용되는 문헌이다. 루소는 1999년 1월부터 2010년 10월 31일까지 환자, 의사, 업계 관계자, 호스피스 담당자를 대상으로 이 문제를 조사했다. 논문에 따르면 절대 다수의 환자에서 죽음이 임박했을 때 아무도 ICD를 비활성화하지 않는 이유는 명백하다. 제세동기는 심실이 너무 빠르거나 불규칙하게 박동하는 증상을 치료하는 데 주로 사용된다. 죽음이 임박한 시점보다 훨씬 먼저 이식되는 것이다. 따라서 이식 당시 의사들은 비활성화에 대해 상의하는 것이 급한 문제가 아니라고 생각한다. 문제를 더욱 복잡하게 만드는 것은 환자와 ICD 간의 심리학적 관계다. 시간이 지나면서 ICD는 차차 신체의 일부로 인식된다. 인공호흡기나 혈액투석 장치 등 체외 생명유지 장치와 전혀 다른, 독특한 위치를 차지하는 것이다. 환자들은 종종 ICD의 생명유지 기능을 과대평가하며, 심지어 장치를 '믿을 수 있는 친구'로 간주했다.[5] 환자들은 심부전이 매우 진행된 상태에서도 ICD가 죽음을 막아줄 것이라 생각하는데, 사실은 전혀 다르다. 또한 ICD의 전기충격을 경험한 환자는 전기충격과 죽음에 대한 이중적 공포에 시달리며 만성적으로 불안감을 느끼고 심지어 우울증이 생긴다. 이제 환자는 일종의 딜레마에 빠져 장치의 비활성화에 대해 의사와 상의하기를 더욱 꺼리게 된다.

2008년 네이션 골드스타인Nathan Goldstein 연구팀은 《일반내과학 저널Journal of General Internal Medicine》에 발표한 논문에서 15명의 환자를 대상으로 일종의 포커스 그룹*을 구성하여 장치 비활성화에 대한 태도를 조사했다. 환자들은 죽음이 임박한 상태가 아니었으므로 비활성화라는 생각은 급박한 것이 아니라 가정에 불과했다는 사실을 먼저 알아둘 필요가 있다. 놀랍게도 환자들은 하나같이 ICD

---

* 시장조사나 여론조사를 위해 각 계층을 대표하는 소수의 사람들로 구성한 집단.—역주

에 의한 전기충격을 몹시 두려워했지만, 비활성화 문제를 의사와 상의한 사람은 아무도 없었으며 언급조차 꺼렸다. 또한 ICD로 인한 이익과 장치를 비활성화했을 때 즉시 사망할 위험을 과대평가했다. 재프로그래밍, 즉 심박조율 기능은 유지하면서 제세동 기능만 끌 수 있다는 사실도 몰랐다.[6] 한 환자는 ICD 비활성화는 곧 '자살 행위'라고 생각했다.

결국 환자들은 ICD가 건강에 어떤 역할을 하는지, 왜 장치를 이식받았는지 제대로 이해하지 못했다. 그런 일을 겪은 적이 있든 없든 전기충격에 대해서는 매우 큰 불안을 느꼈다. 하지만 나중에라도 비활성화에 관해 의사와 상의하고 싶다는 사람은 한 명도 없었다. ICD 비활성화는 곧 심정지라는 그릇된 관념은 모든 환자가 굳게 믿는 신념이었다. 반면 환자들은 ICD가 심부전 악화나 다른 질병으로 인한 죽음을 막아줄 수 없음을 이해하지 못했다. 대부분 '사망할 가능성이 높은 상황을 상상하지 못했으며', 몇몇은 때가 되면 의사가 비활성화를 권고하는 것 아니냐고 반문했다. 이처럼 결정적인 판단을 의사에게 의존하는 경향은 심각한 문제다. 저자들이 수행한 다른 연구에서 의사들 역시 비활성화에 대해 상의하기를 꺼렸기 때문이다.

의사들의 관점을 알아보기 위해 골드스타인 연구팀은 네 명의 전기생리학자, 네 명의 심장전문의, 네 명의 가정의를 대상으로 심층 면담을 수행했다. 결과는 약간 편향되었을 가능성이 높다. 한 번이라도 환자와 비활성화에 대해 상의해본 적이 있는 의사만 참여했기 때문이다(두말할 것도 없이 전체 의사 중 소수집단에 해당한다). 이들조차 이 문제에 관해 환자와 대화를 나누는 경우는 극히 드물며, 대부분 그런 대화를 시작하는 데 몇 가지 장애가 있다고 대답했다. 가장 큰 이유는 환자 스스로 죽어간다고 생각할지도 모른다는 불안과 '희망의 끈을 잘라버리는 것' 같은 인상을 줄 수 있다는 것이었다.[7] 또한 의사들은 생을 마감하는 시점에 어떤 결정을 내린다고 해도, ICD는 다른 생명유지 장치에 비해 비활성화하기 훨씬 어려운 특성이 있다고 보았다. 몸속에 이식하기 때문에 의식하지 못하는 경우가 많으며, 의사가 환자에게 그런 이야기를 꺼내기가 불편하다는 것이었다. 모든 의사가 언젠가는 **반드시 상의해야 한다**고 생각했지만, 언제 말을 꺼내야 할지 확신하지 못했으며, 환자에게 죽음이 임박했다고 말하기를 꺼리는 마음이 강하게 작용했다.

저자들은 명시하지 않았지만 이 논문에는 의학 전반을 지배하는 경향이 흐르고 있다. 바로 죽음의 불가피성을 인정하지 않는 태도다. 언젠가는 어떤 방법으로도 죽음을 막을 수 없는 순간이 찾아온다는 사실을 환자도 의사도 절대 받아들이려고 하지 않는 것이다. 의사들은 이 문제를 상의하는 것은 물론, 실제로 장치를 비활성화하는 것도 매우 꺼린다. 루소는 전기생리학자들과 제조사 관계자들(결국 이들이 비활성화를 맡는 수가 많다)을 조사한 결과, 환자가 요청한다면 편한 마음으로 ICD를 끌 수 있다고 답한 사람이 57퍼센트에 불과했다는 연구를 인용한다.[8] 환자는 의사가 결정해주기를 바라고, 의사는 책임을 환자에게 돌리며, 업계 관계자는 환자가 요청해도 막상 ICD를 비활성화하려면 찜찜한 기분을 느낀다. 난제가 아닐 수 없다. 결국 죽음이 목전에 다가와도 ICD를 끄는 경우는 매우 드물며, 점점 많은 사람이 '나쁜 죽음'을 맞는다. 의사와 환자 모두 장치 비활성화를 안락사와 동일시하는 경향이 있고, 윤리적 또는 정신과적 평가를 핑계로 결정을 미루며, 환자는 아무 도움이 되지 않는 전기충격에 시달릴 가능성이 점점 커진다.

앞으로 더 많은 첨단의학기술이 개발될 것이므로 ICD처럼 의도치 않은 결과를 낳는 일도 많아질 것이다. ICD의 경우 이식 당시에 비활성화 문제를 논의했다고 해도, 그때 내린 결정이 먼 훗날 삶이 얼마 남지 않았을 때 환자가 느끼는 감정을 반영한다고 볼 수 없다. 혼수나 뇌사 상태에서 가족이 상황에 떠밀려 결정을 내려야 하는 경우라면 말할 것도 없다. 아주 작고, 몸속에 이식되어 보이지 않으며, 신체의 자연적 기능과 구별할 수 없을 정도로 조화롭게 작동하는 전자장치에 대해 의사들조차 다른 태도를 취한다는 사실은 환자와 기술 간의 경계가 이미 흐릿해지고 있다는 뜻이다. 죽음과 우리 사이에 놓인 것이 기계장치뿐이라고 믿는 순간 우리는 그 장치에 정서적으로 깊은 애착을 갖게 되며, 그 장치를 우리에게서 분리시킨다는 생각에 반사적으로 저항한다.

• • •

일이십 년 후에는 완전 독립형 인공심장조차 쓸모없을지 모른다. 인공심장과 심장보조장치 관련 과학이 급속하게 발전하면서 훨씬 급진적인 해결책이 연구되고 있기 때문이다. 가능성 있는 시나리오 중 하나는 수백만 개의 나노봇을 프로그래밍하여 기능을 상실한 심장을 대신하는 것이다. 나노봇은 온몸을 돌아다니며 적혈구를 산소화하고 이산화탄소와 노폐물을 제거한다. 자체 추진 기능을 갖춰 스스로 혈관 속을 돌아다닌다면 아예 심장 자체가 필요없다. 이런 기적의 치료가 가능해진다면 인간의 수명이 어디까지 늘어날지 예측할 수 없지만, 그것 역시 언젠가는 궁극적인 한계에 부딪힐 것이다. 300살, 400살이 된다면 심장이 아니라도 다른 장기가 반드시 심각한 문제를 일으키게 되어 있다. 그때도 여전히 나노봇이 생명을 연장한다면 환자는 말할 수 없이 큰 고통을 겪을 것이다. 물론 비활성할 수 있다. 다시 친숙한 도덕적 딜레마가 등장한다. 언제 나노봇들을 '끌 것인가'?

이런 시나리오가 너무 멀게 느껴진다면 미구에 닥칠 가능성이 높은 예를 떠올려보자. 많은 사람이 언젠가는 중요한 신체기능을 대신하는 이식형 장치를 시술받게 될 것이다. 인공장기일 수도 있고, 수많은 심장보조장치 중 하나일 수도 있으며, 심지어 신경이식일 수도 있다. 이런 장치가 점차 익숙해져 '뉴 노멀'로 인식되고, 결국 인간의 정체성 자체가 확장되어 장치를 우리의 일부로 인식하게 될 수 있다. 이제 뉴 노멀은 이식장치의 도움을 받아 오래도록 삶을 누리는 것이다. 하지만 우리는 뇌사 상태에서 외부에 존재하는 생명유지 장치를 끈다는 개념조차 이제 겨우 익숙해지는 참이다. 하물며 몸속에 있는 '신체의 일부'를 비활성화하거나 남에게 꺼달라고 부탁하는 것은 자살이나 살인에 훨씬 가깝다고 느끼는 것이 당연하다. 우리는 허둥지둥 인공적 이식장치가 생명을 지키고 수명을 늘려준다는 생각을 받아들이려고 애쓰지만, 결국 머지않은 장래에 매우 낯선 결정을 내려야 할 것이다.

최근 비활성화 문제를 정리하고, 말기 환자의 요청을 받는 의사를 위해 몇 가지 지침을 마련하려는 움직임이 일고 있다. 2008년 미국 심장협회American Heart Association는 미국 심장학회American College of Cardiology 및 미국 심박동학회Heart Rhythm Society와 공동으로 〈심박동 이상에 대한 인공장치기반치료 가이드라인Guidelines for Device-Based Therapy of Cardiac Rhythm Abnormalities〉을 발표했다. 2009년 리처드 젤너Richard Zellner 연구팀은 가이드라인을 검토한 결과를《순환: 부정맥 및 전기생리학Circulation: Arrhythmia and Electrophysiology》이라는 저널에 요약했다. 그들은 연명치료를 중단하는 것이 의사들이 받은 교육과 의사들이 수호하는 가치에 비추어 "순리에 어긋나"지만, 죽어가는 환자의 심박동조율기나 ICD 비활성화를 "의사조력자살이나 안락사로 간주해서는 안 된다"고 명시했다.[9] 가이드라인은 현대 의료 윤리학의 중심개념인 환자 자율성 원칙을 강조한다. 의사는 무엇보다 환자의 의향을 존중해야 하며, 도덕적인 근거에 따라 어떤 행동에 반대하는 경우 반드시 그렇게 해줄 수 있는 다른 의사에게 환자를 의뢰해야 한다. 저자들은 의사이자 프란체스코회 수사로 〈당신의 안/당신의 밖: 생명공학, 존재론, 그리고 윤리학Within You/Without You: Biotechnology, Ontology, and Ethics〉이라는 매우 영향력 있는 논문을 발표한 다니엘 설마시Daniel Sulmasy의 글을 인용했다.

설마시는 의학기술을 '대체' 요법(타고난 심장의 기능을 완전히 대신하는 **생물학적** 이식심장 등)과 '보충' 요법(원인 질환의 완치와 아무 관계가 없으며 작동하는 동안 인공적 기능을 제공하는 심박동조율기 등)으로 구분하고, 두 가지 기술 사이에 윤리적으로 뚜렷한 차이가 있다고 주장했다. 또한 보충 요법에 해당하는 인공 이식장치를 명시하며, 이런 장치들은 죽어가는 환자가 요청할 경우 윤리적으로 비활성화할 수 있다고 주장했다. 그는 의사나 환자들과 달리 이식형 장치처럼 신체 내부에 존재하는 기술과 투석기처럼 신체 외부에 존재하는 기술을 구분하지 않는다. 설마시의 개념에 따르면 보충 요법이란 원인 질환을 완치하지 않는 모든 인공적 치료를 말한다. 죽어가는 환자에서 인공적 생명보조치료를 중단하는 데 관련된 규칙 또한 인공호흡기든 이식형 전자장치든 항상 같다.[10] 그는 죽어가는 환자가 요청했을 경우, 또는 환자의 고통이나 불편이 기술이 제공하는 이익을 상회하는 경우 생명보조장치를 중단시키는 것이 허용될 수 있느냐는 문제는 이미 확립되었음을 강조한다. 문제는 현실 속에서 환자는 물론 의사들조차 설마시의 논문을 읽거나, 그가 설명하는 미묘한 의미를 음미해볼 가능성이 별로 없다는 점이다. 골드스타인 등과 마찬가지로 그도 이렇게 인정한다. "윤리학적 논리에 따르면 동등하다고 생각되는 것도 여전히 환자와 일선 의사들은 심리학적으로 다르다고 느낀다."[11]

설마시의 견해는 인공 이식장치와 생물학적 이식물을 뚜렷하게 구분한다는 점에서 매우 합리적이다. 인공 이식장치는 특정 조건에서 윤리적으로 작동을 중단시킬 수 있지만, 생물학적 이식물의 작동을 방해하는 것은 비윤리적이다. 하지만 왜 생물학적 이식물은 인공기술이 아니며, 전자식 이식장치는 인공기술인지가 모든 사람에게 명확하지는 않을 수 있다. 또한 그는 당장 죽어간다고 볼 수 없는 고령이나 영구적 장애를 지닌 환자가 단지 죽고 싶다는 이유로 이식장치의 비활성화를 요청했을 때 어떻게 할 것인지라는 문제를 다루지 않는다. 마지막으로 그가 논문을 발표한 지 오랜 시간이 지나지도 않았지만 의학기술은 또 성큼 발달하여 설마시가 제시한 유기물/무기물이라는 구분의 경계를 희미하게 만들 기세다.

생물학적/인공적이라는 구분을 더욱 어렵게 만드는 일은 또 있다. 다음 장에 소개하겠지만 현재 과학자들은 인공부품과 인간세포를 하나로 통합하는 생체공학 장기들을 개발하고 있다. 이런 이식형 장치는 우리 몸에 훨씬 고도로 통합되어 유기물/무기물의 구분이 점점 어려워질 것이다. 나아가 모든 사람이 생명윤리학자처럼 이식형 장치를 감정에 치우치지 않고 냉정하게 바라볼 수 있는 것도 아니다. 사람은 보통 자신과 다른 사람의 몸에 깊은 애착을 느끼고, 죽음을 두려워하며, 혼자 힘으로는 생명을 유지할 수 없는 가족의 생명유지 장치를 끈다는 결정을 쉽게 내리지 못한다. 높은 수준의 교육을 받은 의사도 죽어가는 환자를 '포기'하고, '실패'를 받아들여야 하는 순간을 맞으면 복잡한 감정에 휩싸인다. 이렇듯 심리와 문화 속에 깊게 뿌리내린 현상이 과학의 발전속도에 맞춰 변할 가능성은 거의 없다.

사실상 죽음이 우리 손에 달린 시대가 오리라는 것은 불가피하다. 그때 이식형 장치는 죽음의 과정을 매우 복잡하게 만들 것이다. 언제 비활성화할 것인지에 관한 결정이 가까운 미래에 더 쉬워질 것 같지는 않다. 심지어 현재도 의사들은 중한 병에 걸린 사람의 생명이 얼마나 남았는지 예측하는 데 어려움을 느낀다. 환자가 먼저 비활성화에 대한 말을 꺼내지 않는다면, 그런 대화를 나눌 기회는 영원히 오지 않을 것이다. 하지만 더 중요한 대화, 어떻게 우리 '자신'을 일부는 생물학적이고, 일부는 인공적인 존재로 이해할 것인지에 대한 대화는 아직 시작되지도 않았다.

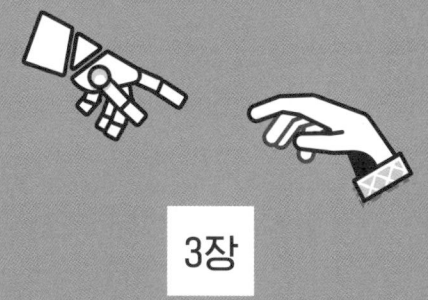

3장

콩팥, 폐, 간 질환을 정복하라

프랭크 바우어스Frank Bowers를 보면 그가 신장질환으로 얼마나 고생했는지 짐작조차 못 할 것이다. 그는 64세로 세 자녀가 모두 장성했지만 나이보다 훨씬 젊어 보인다. 하지만 프랭크는 일주일에 세 번씩 꼬박꼬박 혈액투석을 받는다. 한 번 시작하면 세 시간 반이 걸린다. 콩팥 기능이 5퍼센트밖에 남지 않아 몸속에 축적되는 독소들을 처리할 수 없기 때문이다. 이런 상태를 말기신장질환end-stage renal disease, ESRD이라 한다. 그와 같은 아프리카계 미국인은 일반 인구에 비해 말기신장질환이 생길 가능성이 4배 더 높다. 그의 가족 중에도 형제 두 명과 사촌 하나가 신장질환으로 삶이 완전히 망가졌다. 세 자녀와 열두 명이나 되는 손주들을 생각하면 그는 걱정에 휩싸인다. 유전학과 신장질환에 관한 글로벌 연구에 참여한 것도 아이들 때문이었다.

프랭크는 평생 건강하고 활발하게 살았다. 그런데도 48세가 되자 콩팥이 나빠지기 시작했다. 통증은 없었지만, 마음이 어지럽고 혼란스러웠으며 안절부절못했다. 소변에서 단백질이 검출되었다. 콩팥에 문제가 있다는 신호였다. 하지만 수많은 검사와 함께 조직

생검을 세 번이나 받았는데도 원인을 알 수 없었다. 특수식을 처방받고, 수분 섭취를 늘리고, 스테로이드를 복용했다. 몇 년은 도움이 되었지만 1996년이 되자 콩팥 기능이 완전히 나빠지고 말았다. 프랭크는 이식 대기자 명단에 이름을 올리고 투석을 받기 시작했다.

 적합한 신장이 나타나기를 기다린 37개월간은 끔찍했다. 거의 소변을 보지 못해 놀랄 정도로 많은 물이 몸속에 축적되었다. 의사는 새로운 신장을 이식받기만 하면 완전히 다시 태어난 기분일 거라고 안심시켰다. 하지만 유전적으로 적합한 신장은 좀처럼 나타나지 않았다. 기다리다 죽는 사람만 매년 수천 명에 이른다고 했다. 운 좋게도 프랭크는 늦지 않게 이식수술을 받았다. 수술이 채 끝나기도 전에 새로운 신장의 효과가 나타났다. 마지막 혈관을 연결하자마자 소변이 나왔던 것이다. 마취에서 깨어났을 때는, "20년쯤 젊어진 것 같았어요. 다시 일을 시작하고, 휴가를 즐기고, 하이킹을 다니고, 운동을 했죠. 기적같더군요." 이후 13년간 프랭크는 매순간 삶을 음미했다. 하지만 결국 이식장기의 한계에 부딪혔다. 새로운 콩팥 역시 기능을 잃었고, 그는 다시 위중한 상태가 되고 말았다.

 2013년에는 체내에 너무 많은 수분이 축적되어 체중이 200킬로그램을 넘었다. 그야말로 '비참한' 느낌이었다. 콩팥에서 물을 배출하지 못해 몸무게가 두 배가 되다니! 병원에서는 마지막을 준비하라고 했다. 가족과 친척들이 작별인사를 하러 찾아왔다. 하지만 의사들은 포기하지 않았다. 예후가 좋지 않으리라 예상하면서도 허벅지에 카테터를 삽입하여 더 강력한 투석을 시도했다. 반응은 기대 이상이었다. 상태가 호전되면서 차차 몸무게가 돌아왔다. 지금까지 일주일에 세 번씩 혈액투석을 받는다. 투석을 마치면 힘이 쏙 빠진 채 가까스로 집에 돌아와 침대 속을 파고든다. 좋은 날도 있고 나쁜 날도 있다. 무력한 기분이 들 때마다 덤으로 누리는 삶이라고 생각하며 마음을 다잡는다. 합병증 또한 중요한 문제다. 투석을 하려면 인공혈관을 이식해야 한다. 그래야 굵은 튜브를 통해 많은 양의 혈액이 투석기로 원활하게 흘러들어가 독소와 수분을 충분히 제거할 수 있다. 하지만 인공혈관은 어느 정도 지나면 손상되거나 혈전이 생겨 못 쓰게 된다. 몇 차례 인공혈관 이식술을 받았지만, 투석 기간이 점점 길어지면서 이제 쓸 수 있는 혈관이 거의 남지 않았다. 언젠가는 투석 카테터를 삽입할 만한 혈관이 하나도 남지 않을 것이다.

프랭크의 타운하우스를 찾은 것은 11월의 어느 추운 날이었다. 아름답게 장식된 집은 아늑했다. 그토록 생명력이 넘치는 사람이 끔찍한 곤경에 처했다는 사실이 안타까웠다. 그가 자녀와 손주들을 얼마나 소중하게 여기는지 아는 데는 그리 오랜 시간이 걸리지 않았다. 그는 아이들도 콩팥이 나빠지면 어쩌나 걱정에 사로잡혀 있다. 조금 망설여졌지만 다음 계획을 묻지 않을 수 없었다. 다시 신장이식을 받는다면 10년 정도 새로운 삶을 누리겠지만 수술과 면역억제, 기타 의학적 조치에 따르는 고통과 번잡스러움을 그 자신은 어떻게 생각할까? "두 번째 이식에 관해서는 아직 의사와 상의하지 않았습니다." 그는 선선히 인정했다. 울혈성 심부전도 앓고 있어 수술을 견딜 수 없을지도 모른다. 나이 들어 면역억제 치료를 받으면 어떤 문제가 생길지도 걱정이다. 어떤 결정을 내리든 생명이 위험하거나, 삶의 질이 조금도 나아지지 않을 수 있었다. "인공신장은 어때요? 시도해보실 생각이 있나요?" 그는 잠시 생각했다. "좋지요. 기회가 주어진다면 아이들을 위해 기꺼이 기니피그 노릇을 할 겁니다."

앞서 말했듯 아프리카계 미국인은 다른 민족에 비해 말기신장질환이 생길 가능성이 훨씬 높다. 이 병이 유전은 물론 당뇨병 등의 위험인자와 연관이 있다는 사실은 분명하다.[1] 투석을 받는 환자는 대부분 오래도록 신장질환을 앓고 콩팥 기능이 10~15퍼센트밖에 남지 않은 상태다. 물론 생명을 연장할 수 있지만 시간이 많이 들고, 끔찍한 부작용이 생길 수도 있다. 특히 혈관이식 부위를 못 쓰게 되어 계속 새로운 시술을 받아야 하는 문제는 피할 수 없다. 투석으로 어느 정도 시간을 번다고 해도 신장질환은 계속 진행한다. 결국 신장이식을 받지 못하면 언젠가는 생명이 위험해진다. 신장이식을 받는다고 문제가 완전히 해결되는 것은 아니다. 대개 어떤 이식장기도 환자가 타고난 수명을 누릴 때까지 버티지는 못한다. 원래 장기를 손상시켰던 질병이 재발할 수 있으며, 언젠가는 거부반응이 일어나게 마련이다. 물론 면역을 억제한다. 그러나 아무리 적합한 장기를 이식해도 면역계의 끈질긴 공격 앞에 언젠가는 무릎을 꿇게 되어 있다.

인구가 고령화되면서 장기이식 대기자가 급속히 늘고 있어 생체장기의 공급은 턱없이 부족한 실정이다. 미국 보건복지부와 공동으로 장기 조달 및 이식 네트워크Organ Procurement and Transplantation

Network를 운영하는 미국 장기기증 연합네트워크United Network for Organ Sharing, UNOS에 따르면 유전적으로 적합한 장기를 기다리다 사망하는 미국인이 매년 수천 명에 이른다. 대기 명단에 이름을 올려놓고 기다리는 환자만 12만 명이다.[2] 그중 9만 명이 신장이식 대기자인데, 실제 신장이식 건수는 연간 1만 8천 건에 불과하다.[3] 장기를 기증하겠다고 나서는 사람이 턱없이 부족하다는 점이 문제다. 왜 그럴까? 과학적인 정보가 충분히 전달되지 않은 데다 근거없는 믿음이 만연해 있기 때문이다.

가장 흔한 것이 장기기증 서약자가 응급실에 가면 생명을 구하려고 애쓰지 않는다는 믿음이다. 생명을 구하는 일을 최우선순위에 두는 의료인들에게 이런 생각은 어처구니없는 것이다. 의사와 간호사는 어떤 상황에서든 환자가 사망하는 것을 실패로 받아들인다. 감정적 트라우마를 입는 경우도 많다. 환자의 사망은 심지어 전문인들 사이에서 하나의 낙인이 되기도 한다. 장기기증 서약을 했다고 해서 죽음이 임박했을 때 반드시 장기를 기증할 수 있는 것도 아니다. 대개 가장 가까운 가족이 기증에 동의해야 한다. 환자가 적절한 치료를 받지 못했다고 생각하면 즉시 동의를 철회할 수 있다. 연명치료에 대한 의사들의 태도를 조사한 몇몇 연구에서 의사들은 환자가 명시적으로 죽기를 원해도 영웅적인 노력에 의해 생명을 살릴 수만 있다면 최대한 생명을 연장하는 쪽으로 편향되는 경향이 있다. 적어도 미국에서는 아무 의미가 없다고 생각되는 시점보다 훨씬 길게 생명을 연장하는 일이 흔하다.

사람들이 선뜻 장기를 기증하지 않는 또 다른 이유는 종교적 금기, 장기를 기증하기에는 나이가 너무 많다는 생각(장기기증에 연령제한은 없다. 아주 고령자도 가능하다.), 시신이 훼손되어 오픈 캐스킷open-casket* 장례식에 적합하지 않으리라는 우려 등이다. 우선 외과적 절제술로 장기를 수확하는 것은 시신의 모습에 아무런 영향을 미치지 않는다. 장례식에 부적절할 이유는 전혀 없다. 물론 논리적으로는 그렇다고 해도 신체의 완전성을 침해한다는 생각은 매우 불편할 수 있기 때문에 한사코 허용하지 않으려는 가족도 많다. 20대 초반에 나는 오빠가 운전면허증을 갱신하면서 장기기증 서약을 했음을 알게 되었다. 너무 충격을 받은 나머지 눈물을 흘리며 결정을 번복하라고 설득했다. 장기를 기증하는 것은 누군가의 생명을 구하는 고귀한 결정이지만, 아직도 나는 가족이 장기기증자가 되는 것보다 내 장기를 기증한다는 생각이 훨씬 편하다.

세계보건기구에 따르면 장기 부족은 전 세계적인 문제다. 이에 따라 사람들의 장기를 착취하여 불법거래하는 암시장이 크게 성행한다.[4] 미국 등 부유한 국가의 넘치는 수요와 저개발국가의 가난한 사람들이 겪는 절박한 사정이 맞아떨어진 결과다. 2004년에는 남미의 기증자에게 신장을 구매하여 이스라엘, 미국, 유럽 등지의 이식 희망자들에게 팔아 넘긴 대규모 장기밀매 조직이 검거되기도 했다. 근거지는 유대교에서 금지한다는 오해로 인해 전 세계에서 장기기증률이 가장 낮은 이스라엘이었다.

---

* 관을 열어놓고 조문객들에게 마지막 작별인사를 할 기회를 주는 형식의 장례식. —역주

장기밀매는 수지 맞는 장사다. 2004년 《뉴욕타임스》에 따르면 브라질에서 살아 있는 기증자가 콩팥을 파는 경우 6천~1만 달러를 받는다. 최저임금이 월 80달러에 불과한 나라에서는 엄청난 돈이다.[5] 사업 과정은 정교하다. 일단 기증자를 모집해서 남아프리카공화국으로 데려간 후, 거기서 신장을 적출하고 돌려보낸다. 이렇게 얻은 신장은 개당 최대 15만 달러에 팔아 넘긴다. 미국에서는 이식 장기에 돈을 지불하는 것 자체가 불법이지만, 죽음을 목전에 둔 환자는 물불 가리지 않는다. 얼마를 요구하든 값을 치르고 남아프리카행 비행기에 몸을 싣는다. 거기서 새로운 신장을 이식받고 회복한 후 돌아온다. 물론 남아프리카공화국에서도 장기매매는 불법이지만, 최근 이 나라는 전통적으로 선두를 달리던 터키를 제치고 장기이식 최선호국으로 떠올랐다. 많은 병원과 의사들과 기타 의료인의 묵인하에 이루어지는 일이다.

점점 많은 사람이 장기기증에 동참하지만 장기를 이식하는 데는 고유한 한계가 있다. 유전적 적합성과 거부반응이다. 프랭크처럼 원래 질병이 재발하거나 거부반응이 일어나 결국 이식장기를 잃는다. 젊은 나이에 장기를 이식받은 사람에게 이 문제는 결코 가볍지 않다. 여러 차례 이식수술을 받아야 하는 데다, 그때마다 적합한 장기를 찾고 재발이나 거부반응에 대처해야 하는 것이다. 결코 안정적인 대책이라 할 수 없다. 설사 장기를 자발적으로 기증받고, 모든 조건이 맞아떨어진다고 해도 의료진이 해결해야 할 딜레마는 남는다. 헤파린을 투여하는 문제를 생각해보자. 헤파린은 혈액응고를 방지하는 약물이다. 이식장기 내에서 혈액이 응고하지 않도록 미리 투여해야 하지만, 출혈이 문제가 되는 환자라면 오히려 죽음을 재촉할 수 있다. 죽어가는 환자 또는 뇌사 환자에서 장기 기능을 보존하는 방법도 물론 진보해왔다. 대표적인 것이 장기를 수확하기 위한 간헐적 체외보조요법extracorporeal interval support for organ retrieval, EISOR이다. 스테이시 수만딕이 인공심장 이식 후에 사용했던 체외막산소공급장치ECMO를 일시적으로 활용하는 것이다. 즉 장기를 수확할 때까지 환자의 혈액을 ECMO 장치에 통과시켜 산소를 공급한 후 다시 몸속으로 돌려보내 순환시킴으로써 장기의 기능을 보존하는 방법이다. 이런 방법을 쓰는 이유는 일단 기증자의 호흡과 혈액순환이 멎고 나면 장기 손상이 매우 빨리 진행되기 때문이다. 완전히 망가질 정도는 아니라고 해도 기능이 감소하는 것은 사실이다. EISOR은 장기 기능을 보존하는 아주 좋은 방법이지만, 사용하기 전에 반드시 환자의 심장이 다시 뛰지 못하도록 해두어야 한다. 산소가 풍부한 혈액이 공급되면 환자가 숨을 쉬지 않아도 심장이 다시 박동을 시작할 수 있다. 이미 뇌사 상태이고 EISOR을 중단하는 즉시 혈액순환도 멈추겠지만 심장이 다시 뛴다는 것은 비탄에 젖은 가족들에게 환자가 소생하지 않을까 하는 헛된 희망을 주기에 충분하다. 혈색이 돌고, 만져보면 따뜻한 몸에서 장기를 떼어내라고 허락하는 것이 얼마나 어려운 일인지 과소평가해서는 안 된다. 여러 가지 검사를 통해 이미 뇌사가 확정되었음에도 자기 손으로 환자를 '죽인다'고 느끼는 가족들이 많다. 뇌사도 엄연한 죽음이고, 인공적으로 혈액순환을 유지한다고 해서 죽음을 되돌릴 수 없다는 사실을 모든 사람이 이해하고 감정적으로 받아들이는 것은 아니다.

이런 문제는 모든 장기이식에 공통적으로 관련되지만, 신장기능이 저하되어 투석을 처방하는 데도 윤리적인 문제가 따른다. 2002년 《미국 인공장기학회저널American Society for Artificial Internal Organs Journal》에 실린 논문에서 일라이 프리드먼Eli Friedman은 의사가 혈액투석을 시작하거나, 환자를 이식 대기자 명단에 올리기 전에 반드시 자문해야 할 다음 질문들을 제안했다.

- 예후에 아무런 도움이 되지 않을 환자도 치료를 시작해야 할까?
- 아주 고령이라면 투석치료를 받지 말아야 할까?
- 장기 배정의 우선순위를 정할 때 연령을 고려해야 할까?
- 자녀와 부모 사이에 신장이식을 해야 할까?
- 헤로인이나 코카인 등 마약에 중독된 사람은 투석에서 배제해야 할까?
- 병원에 많은 돈을 기부하는 사람이 신장을 먼저 이식받도록 우선순위를 부여해야 할까?
- 부유한 사람이 가난한 사람에게서 장기를 구입할 수 있도록 신장을 판매해야 할까?
- 의료진에 모욕적이거나 폭력적인 행동을 하거나 순응하지 않는다면 투석치료를 배제해야 할까?[6]

• • •

영구적 인공장기가 개발된다면 많은 문제가 해결될 것이다. 이미 전 세계 과학자들은 완전히 몸속에 이식하여 개방된 상처가 남지 않고, 튜브나 전선으로 외부와 연결하지 않아도 스스로 작동하는 인공장기를 개발하기 위해 치열한 경쟁을 펼치고 있다. 사실상 모든 장기가 그 대상이다. 스테이시의 예에서 보았듯 어떤 치명적인 질병에도 영구적 인공장기를 이식할 수 있는 시대가 다가오고 있다. 그렇게 된다면 수명이 크게 연장될 뿐 아니라 장기이식을 둘러싼 문제 또한 대거 해결될 것이다. 물론 인공장기라고 문제가 없는 것은 아니다. 특히 생명윤리학자들이 분배정의distributive justice라고 부르는 문제는 초미의 관심사다. 생체장기가 공급부족으로 인해 누가 먼저 이식받을 것인가라는 문제를 필연적으로 야기한다면, 개발 과정으로 인해 이식받는 데 엄청난 돈이 들어갈 인공장기는 의료보험의 혜택을 받는 부유한 국가 사람이나 자기 돈으로 비용을 부담할 능력이 있는 사람에게만 기회가 돌아간다는 문제가 있다. 적어도 가까운 시일 내에는 빈곤층은 물론 중산층조차 경제적인 장벽을 극복할 수 없을 것이다.

머지않아 인공장기는 생체장기보다 더 강력한 성능과 내구성을 갖춰 치료 수준에 그치지 않고 인간 강화 단계에 이를지도 모른다. 생명윤리학자들 중에는 유전적 강화를 허용할 수 없다고 생각하는 사람이 많다. 하지만, (1) 유전적 강화가 질병을 치료하거나 결핍을 교정하기 위한 목적으로 시작되고, (2) 그 뒤에 인공장기나 이식장치가 치료나 교정을 넘어 인간의 특성을 강화시키는 능력을 갖게 된다면 어떨까? 그때도 똑같이 생각할까? 이미 인류는 단지 미적 강화를 목적으로 헤아릴 수 없이 많은 성형수술을 받고 있다. 성형수술은 원래 사고나 질병으로 흉측하게 변형된 신체를 교정하기 위해 개발되었지만 이제 외모를 향상시키는 방편으로 이용된다. 마찬가지로 애초에 기면발작narcolepsy을 치료할 목적으로 개발된 약물이 이제 군대에서 병사들의 각성 상태를 유지하고 집중력을 향상시키는 데 사용된다. 그렇다면 다양한 질병과 장애를 치료하기 위해 현재 개발 중인 기술이 장차 '정상적인' 기능을 향상시키기 위한 방편으로 쓰일 것이라고 예측하는 것이 합리적이다.

앞서 언급한 윤리적 문제가 해결되어 투석치료를 시작한다고 해도, 투석은 결코 완벽한 기술이 아니다. 투석치료를 받는 환자 중 5년 이상 생존하는 경우는 33퍼센트에 불과한 반면, 신장이식을 받은 환자의 5년 생존율은 80퍼센트에 이른다.[7] 정상적인 신장은 노폐물을 걸러내어 소변으로 내보내는 역할만 하는 것이 아니다. 혈압을 유지하고, 다양한 비타민과 호르몬을 만들어내며, 혈액의 산도pH를 조절하고, 필요할 때는 수분을 재흡수하여 탈수를 막는다. 투석만으로 신장의 모든 기능을 대신할 수는 없다. 프랭크처럼 상당 기간 안정적으로 투석을 받는 환자도 여전히 혈액 속에 여러 가지 독소가 쌓여 생기는 문제에 시달린다. 신장은 한시도 쉬지 않고 독소들을 걸러내지만 투석은 기껏해야 일주일에 세 번밖에 할 수 없기 때문이다.

현재 개발 중인 인공신장은 필수적인 기능을 쉬지 않고 수행한다. 대부분 벨트를 이용해 외부에 착용하는 장치와 이를 혈류에 연결하는 튜브 및 전선들로 되어 있다. 당연히 환자는 개방된 상처를 지니고 살아야 한다. 치명적인 감염과 투석 환자가 흔히 겪는 혈관 손상 문제가 생길 위험이 상존한다. 사회적으로 어떻게 받아들여질지도 결코 작지 않은 문제다. 스테이시 수만딕의 이야기에서 보았듯 체외 생명 유지 장치를 지닌 채 살아가는 모습을 모든 사람이 편안하게 받아들이고 격의없이 대하는 사회가 되기까지는 갈 길이 멀다.

가장 기대되는 신장기능 대체요법 연구는 캘리포니아 대학 샌프란시스코 캠퍼스University of California, San Francisco, UCSF에서 진행 중인 신장 프로젝트The Kidney Project다. 생명공학자, 생물학자, 의사 및 다양한 연구자로 구성된 다학제적 팀을 이끄는 사람은 생명공학자 슈보 로이Shuvo Roy 박사다. 이 계획은 미세 전자기계공학(전자기계장치의 미세화), 나노기술(극소 분자를 이용해 제작한 초강력 소재), 인간세포 조작기술 등 몇 가지 최첨단기술을 하나로 융합해 인공신장을 만드는 것이 목표다. UCSF 웹사이트는 이렇게 소개한다. "신뢰성 있고 견고한 초소형 다공성多孔性 막을 대량생산하려면 첨단 실리콘 나노기술이 필요합니다. 실리콘 막의 미세한 구멍을 막지 않고 다공성 구조를 유지하면서 혈액과 접촉해도 문제가 생기지 않도록 하려면 첨단 분자코팅 기법이 필요합니다. 세포를 얻고 보존하는 기술 또한 넘기 힘든 장벽이었습니다. 하지만 이제 우리는 모든 기술을 갖고 있습니다."[8]

UCSF의 인공신장은 완전 체내이식형으로 외부에 연결할 필요 없이 독립적으로 작동한다. 동력은 환자 자신의 혈압에서 얻는다. 배터리도 튜브도 전선도 필요없으며, 투석보다 훨씬 효율적으로, 훨씬 다양한 기능을 수행한다. 두 부분으로 나뉜 커피컵 크기의 장치 속에는 환자의 줄기세포에서 얻은 실제 신장세포가 들어 있어, 다른 사람의 신장을 이식받은 경우와 달리 면역을 억제할 필요가 없다. 이 인공신장은 이미 래트, 양, 돼지에서 시험에 성공했다. 로이 박사는 머지않아 인간 대상 임상시험을 시작할 수 있을 것으로 예상한다.

인공신장은 실제 신장처럼 24시간 쉬지 않고 혈액 속의 독소를 걸러낼 뿐 아니라, 투석에 비해 유지비도 훨씬 저렴하다. 현재 미국에서 투석을 받는 환자 한 명당 진료비는 연간 8만 5천 달러에 이른다. 신장이식을 받는다면 진료비는 연간 3만 달러로 줄어든다. 대부분 거부반응을 막기 위한 약값이다. 인공신장 이식 후 들어가는 비용은 연간 1~2만 달러 수준으로 예상된다(이식수술 비용은 포함되지 않은 액수다-역주).[9] 앞으로 기술이 더욱 발달하고 널리 보급된다면 비용은 더 줄어들 것이다. 배터리가 필요없으므로 현재 사용되는 심박동 조율기나 기타 이식형 장치처럼 정기적으로 수술을 받을 필요도 없다. 어쩌면 점점 소형화되어 피부 밑에 설치할 수 있을지도 모른다. 그렇게 된다면 간단한 시술로 교체할 수도 있을 것이다.

인공신장의 가장 중요한 요소는 혈액필터hemofilter와 세포생물반응장치cell bioreactor이다. 혈액필터는 나노코팅을 이용해 혈액 속의 독소와 노폐물을 걸러내고, 당이나 단백질 등 신체에 필요한 분자는 보전하면서도 혈전이 생기지 않도록 고안되었다. 환자 자신의 세포가 들어 있는 생물반응장치는 여과된 혈액을 그때그때 몸의 필요에 따라 추가적으로 처리하여 당분과 수분, 염류salt를 재흡수하며 최종적으로 만들어진 소변을 방광으로 내려보낸다. 두 가지 요소 모두 동물실험을 성공적으로 마쳤다. 현재 연구는 구성요소를 단일한 소형 장치 속에 결합시킨 후 혈관에 연결하는 방법에 초점을 맞추고 있다. 각 구성요소가 체내에 이식된 후 얼마나 오래 기능을 유지할지는 예측하기 어렵지만, 분명 이 장치는 생체신장을 이식받을 때까지 버티기 위한 가교치료가 아니라 영구적인 해결책으로 개발되는 것이다.

최초의 임상시험은 안전성에 초점을 맞춰 수술을 견딜 수 있는 이식 대기자들을 대상으로 시행될 예정이다. 전신 상태가 너무 나쁘거나, 너무 오랫동안 대기자 명단에 있던 환자들은 일단 제외한다. 기술의 발달로 작동 자체는 큰 문제가 아니다. 오히려 충분한 연구비를 조달할 수 있는지가 더 큰 변수다. 로이 박사는 자금만 충분하다면 머지 않아 임상시험을 마친 후 대중적으로 사용할 수 있으리라고 전망한다.[10]

이 계획은 물론 말기신장질환 환자에게 새로운 생명을 약속하지만, 동시에 생체신장 배정을 넘어서는 흥미로운 윤리적 질문들을 제기한다. 인간세포가 들어 있고, 순환계와 연결되어 자연적으로 몸속에서 일어나는 과정(혈액의 조성이나 혈압조절 등)에 통합되는 장치를 '살아 있다'고 간주해야 할까? 이 장치는 '인간'일까? 이 장치를 통제하는 것은 환자인가 의사인가, 아니면 심지어 사회인가? 이식형 장치를 비활성화하거나 제거하면 얼마 안 있어 죽음을 맞게 된다고 해도 환자가 그렇게 할 권리가 있을까? 신장질환이 아니라 다른 질병으로 거의 삶의 끝에 도달해 끔찍하게 고통받는 환자라면 차라리 신부전으로 인해 비교적 평화로운 죽음을 원할 수도 있다.

이런 결정도 자살일까? 장치를 비활성화하거나 제거하는 데 의료인의 도움이 필요하다면, 그들의 행동은 안락사, 또는 심지어 살인으로 규정될까? 다시 강조하지만 현재 과학 수준은 이미 의료 윤리학과 사회적, 법적, 정치적 정책의 범위를 넘어섰다. 그리고 인공신장은 생체 시스템과 순수한 인공기술 시스템 사이의 경계를 모호하게 만드는 최초의 시도다.

약 700만 달러에 이르는 신장 프로젝트의 연구비를 출연한 기관들의 면면은 다소 의외다. 미국립보건원National Institutes of Health, NIH 외에도 미국 항공우주국National Aeronautics and Space Administration, NASA과 미국방부Department of Defense, DoD에서 연구비를 지원했다는 데 적어도 나는 상당히 놀랐다. 이 계획을 완전히 실현하려면 아직도 민간투자를 받아야 하지만 NASA와 DoD가 투자했다는 사실은 현재 개발 중인 기술이 수많은 혁신에 폭넓게 적용될 가능성이 있으며, 그중 많은 수가 의학의 차원을 넘어설 것임을 시사한다.

신장 프로젝트가 낯선 동반자들에게서 자금을 조달한 첫 번째 대규모 연구계획은 아니다. 최초로 융합기술의 적용 가능성을 진지하게 검토한 것은 2001년 미국립과학재단National Science Foundation, NSF과 군軍과 상무부가 자금을 지원한 연구였다.[11] 이후 미국은 물론 독일을 비롯한 유럽 각국과 아시아에 이르기까지 수많은 나라에서 이 연구와 융합기술을 둘러싼 격렬한 논쟁이 벌어졌다. 연구비 지원 기관이 이렇게 혼란스러운 것은 융합기술이 삶의 거의 모든 측면에 영향을 미칠 가능성이 있다는 뜻이다. 2003년에는 NSF와 DoD에서 자금을 지원한 482쪽짜리 보고서가 발표되었다. 〈인간 능력을 향상시키기 위한 융합기술-나노기술, 생명공학, 정보기술 및 인지과학Converging Technologies for Improving Human Performance: Nanotechnology, Biotechnology, Information Technology and Cognitive Science〉이라는 제목의 이 보고서(이하 NBIC 보고서)에서 편집자인 미하일 로코Mihail Roco와 윌리엄 심스 베인브리지William Sims Bainbridge는 이렇게 썼다.

> 20년 정도 뒤, 첨단기술의 경계를 넘어선 영역에서 융합기술은 작업 효율성, 생애주기 전체에 걸친 인간의 신체와 정신, 커뮤니케이션과 교육, 정신건강, 항공 및 우주여행, 식품 및 농업, 지속 가능하고 지능적인 환경, 개성 표출과 패션, 그리고 문명의 변혁에 중대한 영향을 미칠 수 있다.[12]

이 보고서는 많은 개인과 단체가 비상한 노력을 기울여 폭넓은 분야의 전문가들이 성취한 연구 결과를 통합한 것이다. 여기서 전문가란 과학자와 의사는 물론 윤리학자, 정치가, 인문 분야의 뛰어난 사상가를 망라한다. 수많은 혁신이 다발적으로 일어나는 급진적 기술변혁의 시대에 인간의 존엄성을 지켜야 할 필요가 그 어느 때보다도 급박하며, 전통적으로 과학과 인문학 사이를 구분하는 기준이 더이상 유효하지 않다는 인식을 보여준다. 이제 과학자는 윤리학자, 종교인, 철학자, 사회학자, 정치인의 언어를 구사할 줄 알아야 하며, 이들 또한 융합기술에 의한 온갖 혁신에 익숙해져야 한다. 새로운 패러다임이 자리잡는 과정에서 모든 영역에 엄청난 변화가 수반되어야 하는 것이다.

융합기술이 가능하려면 광범위한 전문가들이 협력해야 한다. 로코와 베인브리지는 NBIC 보고서에서 이렇게 권고한다. 과학자와 엔지니어는 협력을 강화하기 위해 모든 인접 학문에 필요한 기술을 습득해야 한다. 연구기관들은 학계 전반에 걸쳐 "교육 과정과 조직을 완전히 개편하고, 과학 및 공학 분야의 교육과 연구 구조 자체를 바꿔야 한다." 정부는 "융합기술의 사회적 및 윤리적 측면에 관한 연구를 비롯하여 인간능력 강화에 초점을 맞추는 융합기술들"에 우선적으로 연구비를 지원해야 한다. 전문 학회들은 "학문의 경계를 넘는 연구를 가로막는 장애요인을 줄이기" 위해 노력해야 하며, 언론은 "새로운 융합 패러다임을 근거로 과학기술에 대한 수준 높은 기사"를 제공하여 시민이 공공정책 수립에 지적으로 참여하도록 해야 한다. 모든 분야의 전례없는 변화를 수반하는 매우 어려운 과제다. 새로운 패러다임이 모든 분야에서 어우러져 시너지 효과를 내려면 사회 모든 영역이 보다 영리해지고 훨씬 폭넓은 분야에서 다양한 지식을 습득해야 하며, 지금까지 들어본 적조차 없는 근본적인 변화에 적응해야 한다. 융합기술을 향해 나아가려면 교육과 연구의 극단적인 전문화가 필요하다. 이미 1백년 넘게 세상을 지배한 모델로는 더이상 지탱할 수 없다.

나노기술과 인공지능 등 새롭고 강력한 기술을 융합한다는 것은 점진적 변화가 아니라 기하급수적 변화가 일어난다는 뜻이다. 이해하기가 쉽진 않지만, 융합기술 전반에 걸쳐 가장 핵심적인 개념은 《나노기술 스포트라이트Nanotechnology Spotlight》에 실린 한 논문에 잘 설명되어 있다. "인공물을 창조하기 위해 자연과 자연을 모방하는 데서 배운다는 것은 살아있는 것과 그렇지 않은 것 사이를 연결하는 새로운 가교들을 점점 많이 건설하거나, 자연적 과정과 구조를 변형시켜 설계하는 과정을 통해 궁극적으로 아예 처음부터 기술에 의해 생물학적 존재들을 창조하는 단계로 나아가는 것을 뜻한다."[13]

이어서 논문은 상황을 이렇게 설명한다. "새로운 뇌-기계 인터페이스, 감각의 제약을 극복하고 운동능력을 향상시키는 이식형 인공장치, 인지적 성취를 향상시키는 체내이식형 장치라는 전망은 모두 융합기술의 핵심적인 주제, 특히 인간강화라는 주제에 속한다."[14] 우리는 완전히 새로운 생물학적-인공적 생명형태에 관해 지금껏 마주하지 못한 새로운 문제들을 우려하면서도 점차 스스로 그런 생명형태가 될 것이다. 시급한 문제는 해결되지 않은 채 남는다. 우리는 점점 더 많은 강력한 혁신들과 통합되면서 생겨나는 우리 자신의 새로운 사이보그적 성격을 적절히 관리할 통찰력과 적응력을 갖게 될까? 아니면 제대로 대비하지 못한 채 밀어닥치는 융합기술에 완전히 압도되어 파국을 맞을까?

● ● ●

과학자들은 인공장기 제작에 따르는 과학적, 윤리적 문제가 점점 심각하고 해결하기 어려워진다고 인정하면서도, 진정 중요한 문제는 기술을 실험실에서 동물실험으로, 다시 인간을 대상으로 하는 임상시험으로 발전시키는 데 필요한 연구비 지원을 받는 것이라고 말한다. 복잡한 규제로 인해 FDA 승인까지 10년 가까이 소요되는 경우도 있기 때문이다. 신기술이 잇단 장애물을 통과하며 버티려면 계속 연구비를 지원받아야 한다. 인공장기를 개발하는 수많은 생명공학 회사는 시장의 온갖 변화에 민감할 수밖에 없으며, FDA 승인을 받기도 전에 연구비가 바닥나는 경우도 비일비재하다.

좋은 예가 헤파타시스트HepatAssist라는 이름의 인공 간肝이다. 생명공학 분야에 속하지 않은 사람이 이 제품의 파란만장한 역사를 듣는다면 매우 혼란스럽고 마음이 불편할 것이다. 간은 콩팥보다 훨씬 복잡하고, 훨씬 많은 기능을 수행한다. 우선 위장관과 기타 신체부위에서 흡수된 독성물질을 분해한 후, 무해한 분자로 재합성하여 배설한다. 섭취한 음식물을 단백질, 탄수화물, 지방(콜레스테롤 포함) 등으로 전환시켜 음식물의 소화에도 핵심적인 역할을 한다. 콜레스테롤이 너무 높으면 해롭다는 사실은 잘 알려져 있지만, 사실 콜레스테롤은 에스트로겐, 테스토스테론, 부신 호르몬 등 중요한 호르몬을 합성하는 데 필수적인 물질이다. 또한 간은 당분을 저장했다가 필요할 때 혈액으로 방출하며, 혈액응고인자를 만들어 낸다.

이렇게 기능이 복잡한 인공장기를 만드는 것은 기술적으로 엄청나게 어렵지만, 최근 들어 많은 걸림돌이 해결되었다. 2000년대 초, 로스앤젤레스 시더스 시나이 병원Cedars-Sinai Medical Center의 외과의사 아킬리스 데메트리우Achilles Demetriou 연구팀은 헤파타시스트라는 인공 간을 개발했다. 인공신장처럼 인공적 요소와 살아 있는 세포, 즉 돼지의 간 세포를 결합시킨 형태였다. 이 장치는 체내이식형이 아니라 체외형이며, 심한 간 기능부전 환자가 적합한 이식 간을 찾거나 간 기능이 회복될 때까지 가교치료 역할을 한다. 우선 혈구와 혈장을 분리한 뒤, 혈장이 돼지 간 세포와 다양한 인공적 구성요소를 통과하도록 한다. 이 과정에서 독성물질이 제거되고 깨끗해진 혈장은 다시 혈액으로 돌아간다. 이 장치의 핵심은 나노기술을 이용해 극히 미세한 공극을 지닌 여과막을 만드는 것이다. 이 막을 통해 다양한 독소와 노폐물을 분리하고 다시 환자의 혈액으로 들어가지 않도록 막는다.

2004년 데메트리우 연구팀은 상당히 많은 간 기능부전 환자를 헤파타시스트로 치료한 후, 그 결과를 아무 치료도 받지 않은 환자들과 비교한 논문을 발표했다. 이들은 결과가 약간 편향되었을 수 있다고 경고했다(많은 전문가도 동의했다). 이전에 간 이식을 받았으나 거부반응을 일으켜 현재 어떠한 치료방법도 없는 환자들이 포함되었기 때문이다. 그럼에도 헤파타시스트 치료를 받은 환자들이 30일 후 훨씬 높은 생존율을 기록한 것만은 틀림없다.[15] 전문가들은 간 이식을 받고 거부반응을 일으킨 환자들이 포함되지 않았다면 생존율이 훨씬 좋았을 것이라고 생각한다. 어쨌든 분명 이 기술은 간 이식을 받을 때까지 삶을 연장하는 가교치료로서 매우 유망하다. 하지만 헤파타시스트를 개선하기 위한 연구비 조달은 매우 복잡하고 다양한 어려움을 겪었다.

인공 간에 필요한 몇 가지 기술은 매사추세츠 주 렉싱턴에 있는 서시 바이오메디컬Circe Biomedical, Inc.*이라는 회사에서 개발했다. 이 회사는 데메트리우의 논문이 발표되기 전에 헤파타시스트 기술의 모든 권리를 사들였다. 그 전에 서시 사는 이미 또 한 가지 혁신기술을 개발해 놓았다. 체내에 바이러스가 전혀 없어 인공장기에 안전하게 사용할 수 있는 무바이러스 돼지를 길러낸 것이다. FDA는 상태가 매우 중한 환자를 대상으로 추가 연구를 승인했다. 헤파타시스트가 의료용으로 완전히 승인받으려면 간 이식을 받고 거부반응을 일으킨 환자를 제외하고 보다 정확한 결과를 얻어야 했다. 바이러스나 약물에 의해 간 손상을 입은 환자에게 도움이 된다는 사실은 명백했지만, 제대로 된 결과를 얻으려면 훨씬 많은 연구기관이 참여하여 훨씬 많은 환자를 대상으로 대규모 임상시험을 해야 했다. 문제는 돈이었다.

추가 연구를 위해 승인 신청 과정을 진행하고 있을 때 9.11 사태가 터졌다. 금융시장이 요동쳤고, 연구를 지원하던 벤처 캐피털은 자금이 말라버렸다. 어쩔 수 없이 서시는 다른 생명공학 회사인 아비오스Arbios에 기술을 매각했다. 아비오스는 임상시험을 살리려고 했으나 역시 자금조달에 실패하여 다시 헤파라이프 테크놀로지스 HepaLife Technologies라는 회사에 기술을 팔아넘겼다. 여기서 스토리는 막을 내릴 위기에 처했다. 최초 연구에 참여했던 필립 로젠탈Philip Rosenthal 박사는 회사가 연구자금을 모을 능력이 없거나, 돈이 되지 않을 것으로 판단하여 개발계획을 포기했다고 추측한다. 게다가 그는 의료계의 관심이 인공장기에서 인간 줄기세포를 이용해 손상된

---

* Circe는 태양신인 헬리오스와 바다의 요정 페르세 사이에서 태어난 마녀 키르케의 영어식 표기이다. 호머의 서사시 《오디세이》에서 오디세우스는 아이아이아 섬에 상륙했다가, 대원의 절반 이상이 키르케의 마법에 걸려 돼지로 변하고 만다. —역주

간 조직을 대체하는 쪽으로 옮겨갔다고 믿는다.

어쨌든 헤파타시스트는 운이 다한 것 같았다. 그러나 이야기는 점점 꼬여갔다. 우선 헤파라이프는 장치 이름을 헤파메이트Hepa-Mate로 바꾸었다. 2009년에는 기술 인수 당시 헤파메이트가 FDA에서 추가 연구를 승인받았음은 물론 신속승인fast-track 대상으로 지정되었으며, 제I/II상 및 제II/III상 데이터도 확보되어 있다고 발표했다. 새로운 제III상 임상시험을 기대한다고도 했으나 시작 시기가 언제인지는 언급하지 않았다. 잠재적 투자자를 대상으로 작성된 이 문서는 법적 보호를 위한 표준 문안에 헤파메이트 기술을 이용해 이윤이 창출된 바 없으며, 앞으로도 이윤을 보장할 수 없다고 명시했다. 또한 신기술을 실험실에서 병상으로 옮겨 놓기를 희망하는 모든 생명공학 회사가 겪는 어려움에 대한 경고를 조목조목 열거했다.

수많은 어려움 중에 그들은 특히 이 점을 지적했다. "생명공학 산업은 경쟁이 치열하고 제품 개발과 기술 변화 속도가 빠르다. 지금 이 순간에도 수많은 회사, 연구기관, 대학에서 우리의 세포기반 인공 간과 비슷하거나 경쟁상대가 될 기술과 제품을 개발하고 있다." 헤파메이트가 규제기관의 승인을 받으리란 보장이 없음은 물론, 언제라도 경쟁자가 더 나은 장치를 개발하여 먼저 출시한다면 무용지물이 될 수 있다는 뜻이다. 재능있는 연구자와 지원인력이 모여 있는 회사끼리도 경쟁이 매우 치열하며, 꼭 필요한 인력을 채용하거나 유지하리라는 보장도 없다. 제품 개발 과정 역시 어렵기는 매한가지다. 천신만고 끝에 제품 시판 단계에 이르면 새로운 문제가 몰려온다. 브랜드를 확고히 인식시키고, 유통망을 구축하며, 보험회사와 의료인 및 환자들과 좋은 관계를 맺고, 제품 경쟁력을 확보하기 위해 리베이트나 할인을 제공하고, 법적인 분쟁에 대처하는 등 무수한 마케팅 문제를 해결해야 하는 것이다.

모기업인 알리쿠아 바이오메디컬Alliqua Biomedical은 간 질환 치료법을 개발하기 위해 헤파라이프를 설립한 후에도 돼지 배아줄기세포 연구를 계속하여 마침내 헤파메이트에 사용할 간 세포를 개발했다. 2009년 2월 헤파라이프는 오랫동안 고대했던 제III상 시험, 즉 간 이식을 받고 거부반응을 일으킨 환자를 제외한 임상시험을 계획 중이라고 발표했다. 2010년 12월, 헤파라이프는 회사명을 아예 알리쿠아 바이오메디컬로 바꾸었다. 공언했던 제III상 시험계획은 어떻게 되었는지 분명하지 않지만, 2012년 12월 웹사이트에 여전히 계획 중이라고 다시 한번 발표했다. 2013년 2월 알리쿠아는 경영진을 "보강하고 재편했다." 헤파메이트가 어떻게 됐는지 알고 싶어 알리쿠아에 몇 번 전화를 해보았지만 아무도 응답하지 않았다. 혹시나 해서 2004년 논문의 주 저자였던 데메트리우 박사를 찾아보았지만 2013년에 세상을 떠난 뒤였다. 막다른 골목에 부딪힌 느낌이었다. 2014년 11월에는 HepaLife.com이라는 도메인 명이 매물로 나왔다.

한 가지는 분명하다. 인공 간에 대해 이런저런 권리를 소유한 사람은 많지만 아직 아무도 이 기술을 시판 단계 근처에도 끌고 오지 못했다는 점이다. 그 길고 복잡한 여정에 필요한 어마어마한 비용을 끌어오는 것은 결코 쉬운 일이 아니다. 영구 체내이식형 인공 간의 시초가 될 장치를 개발하여 생명이 경각에 달린 사람들에게 희망을 주는 일이 변덕스러운 시장에 달려 있음을 생각하면 실망스럽기도 하다. 하지만 이것은 새로운 의학기술이 민간 영역에서 개발될 때 흔히 벌어지는 일이다.

• • •

환자의 산소 요구량을 100퍼센트 만족시키는 인공 폐 개발 프로젝트에 착수하기 전부터 로버트 바틀릿Robert Bartlett 박사는 이 분야의 개척자였다. 미시간 대학 교수이자 외과의사인 그는 체외막산소공급장치ECMO의 발명자다. 벌써 1966년의 일이다. ECMO는 귀중한 생명을 지켜주지만 뚜렷한 한계가 있다. 8~10주 이상은 사용할 수 없다. 역설적이지만 그 이유는 장치가 심장과 폐의 모든 기능을 대신하기 때문이다. 심장과 폐가 기능을 멈추면 탈조건화(어떤 이유로든 장기가 기능을 멈추면 점차 약해져 기능을 잃는 현상–역주)가 급속히 진행된다. 일정 기간이 지나면 위험할 정도로 약해질 수 있다. 최근 바틀릿은 외과의사, 생의학 엔지니어, 호흡기전문의, 장기이식팀을 이끌며 바이오렁BioLung이라는 이름의 인공 폐를 개발하고 있다. 바이오렁은 환자의 심박동에서 동력을 얻어 작동하며, 적합한 장기가 나타나기를 기다리는 동안 어디든 갖고 다닐 수 있다. 이식이 적절하지 않을 때 손상된 폐가 회복할 시간을 버는 데도 이용할 수 있다.

폐는 심장과 함께 생명을 유지하는 데 가장 핵심적인 장기다. 우리 몸 속에서는 대사작용에 의해 끊임없이 이산화탄소가 만들어진다. 폐는 혈액 속의 이산화탄소를 내보내고 산소를 받아들여 모든 세포와 조직과 장기에 공급한다. 우리 몸은 잠시라도 산소 공급이 끊기면 치명적인 손상을 입을 수 있다. 특히 뇌가 그렇다. 1993년에 출간된 베스트셀러 《사람은 어떻게 죽음을 맞이하는가 How We Die》에서 셔윈 눌랜드 Sherwin Nuland는 이렇게 썼다. "세포가 됐든 행성이 됐든 모든 죽음에 공통적인 요소를 꼽는다면 두말할 것도 없이 산소 결핍이다." 그는 밀턴 헬퍼른 Milton Helpern을 인용한다. "다양한 질병과 장애가 죽음의 원인이 될 수 있지만 모든 경우에 가장 근본적인 생리학적 원인은 신체의 산소 순환 체계가 무너지는 것이다."[16]

폐는 우리가 전혀 의식하지 못하는 사이에 가장 중요한 기능을 수행한다. 호흡은 자율신경계에 의해 유지된다. 자율신경계에 호흡에 관한 명령을 내리는 것은 뇌간에 있는 특수한 뇌세포들이다. 의식적으로 노력하지 않아도 폐는 심장과 조화롭게 협력하여 몸속 모든 세포가 복잡한 대사를 수행하도록 돕는다. 산소가 부족한 혈액이 심장에서 폐로 흘러가고, 폐에서 산소가 풍부한 상태가 되어 심장으로 돌아가고, 다시 온몸으로 순환하는 과정은 살아 있는 동안 잠시도 멈추지 않는다.

암이나 만성폐쇄성폐질환 chronic obstructive pulmonary disease, COPD, 낭성섬유증 등 장애나 사망을 유발하는 폐 질환은 보통 미세 기도의 크기나 형태, 탄성에 영향을 미친다. 이런 병으로 목숨을 잃는 사람은 미국에서만 연간 20만 명이 넘지만 다른 장기와 마찬가지로 이식 가능한 생체 폐는 너무나 부족하다. 폐 이식 대기자 명단에 올라 있는 사람은 약 5만 명에 달하지만 유전적으로 적합한 폐가 나타날 때까지 생존하는 사람은 매우 드물다.

2001년 바틀릿과 키스 쿡Keith Cook 박사는 바이오렁의 첫 번째 버전을 제작했다. 심박동 외에 다른 동력 공급원이 필요하지 않다는 점에서 엄청난 진보였다. 주기적으로 배터리를 교체할 필요가 없는 데다 심장이 계속 활발하게 박동하여 건강한 상태를 유지할 수 있다는 것이 무엇보다 큰 장점이었다. 미시간 크리티컬 케어 컨설턴츠Michigan Critical Care Consultants, MC3라는 의료기회사에서 개발 중인 현행 모델은 전체가 경량 폴리머로 되어 있고, 크기는 콜라 캔 정도에 불과하다. 완전히 체내에 이식하여 혈액이 몸밖으로 순환할 필요가 없다. 광범위한 동물실험을 거친 후 현재 FDA의 인간 대상 임상시험 승인을 기다리고 있다.

바이오렁은 흉곽 속에 이식하며 역시 체내이식형 카테터를 통해 심장에서 혈액을 공급받는다. 혈액은 수많은 플라스틱 섬유 속을 흐르는데, 각 섬유에는 오직 기체 분자만 통과시키는 나노 단위의 미세한 구멍이 뚫려 있다. 혈액이 섬유 속을 통과하는 동안 이산화탄소-산소 교환이 일어난다. 산소화된 혈액은 즉시 심장으로 돌려보내거나, 환자의 원래 폐로 보내 추가적인 가스교환이 일어나도록 프로그램할 수 있다.

바이오렁은 ECMO에 비해 몇 가지 장점이 있다. 환자의 산소 요구량을 100퍼센트 충족시키며, 개방된 상처를 지니고 산다거나 따로 동력 공급 장치를 설치할 필요가 없다. 환자는 체외 기계장치 없이 자유롭게 돌아다닐 수 있다. 폐를 제거할 필요가 없으므로 심한 폐 손상을 입었더라도 기능이 돌아올 때까지 기다려볼 수 있다. 아

직 영구적으로 작동하지는 못하지만, 최대 5년 정도는 기능을 유지할 것으로 예상한다.[17]

2013년 바틀릿 박사와 이야기를 나누었다. 인간 대상 임상시험을 시작하기 전날이었다. 당시는 체외착용형 버전을 전 세계적으로 100명의 환자에게 시험해봤을 뿐이었다. 하지만 그는 향후 10년 이내에 영구적으로 체내에 이식하는 바이오렁이 장기 부족 사태를 완전히 해결할 것으로 전망했다. 바이오렁이 현재 개발 중인 유일한 인공 폐도 아니다. 나노기술, 생의학적 엔지니어링, 줄기세포 기술(생체 폐 배양 가능성도 탐구 중이다) 등 첨단기술이 빠르게 발전하면서 머지않아 어떤 생체이식장기보다 수명이 길고, 완전히 체내에 이식할 수 있는 영구적 인공 폐가 개발될지도 모른다. 몇 가지 위험이 완전히 해결된 것은 아니지만(인공 폐 내에 혈전이 생긴다든지), 적어도 질병이나 노화에 의해 내구성 높은 폴리머가 손상될 가능성은 없다. 인공신장처럼 생물학적 요소와 인공적 요소를 통합시킨 인공 폐가 선보일 수도 있다. 폐 질환으로 고통받고 있지만 전신 건강 상태가 그리 나쁘지 않은 사람은 생명을 수십 년 연장할 가능성이 성큼 다가온 것이다.

바이오렁에서 매우 중요한 것은 윤리적인 부분이다. 인공 폐는 생명이 다했을 때 비활성화시킬 필요가 없다. 환자의 심박동에서 동력을 얻으므로 심장이 박동을 멈추면 폐도 자연스럽게 기능을 멈춘다. 앞으로 선보일 모든 인공 폐가 이런 유형은 아닐 수도 있지만, 장치를 고안할 때 분명 이 문제를 고려할 수 있다. 어떤 형태로든 혈액을 산소화시키는 기능을 인위적으로 비활성화해야 한다면 결국 환자가 생을 마감할 때 의료윤리학적 문제를 피할 수 없다.

　인공장기가 널리 받아들여지는 첫 번째 첨단융합기술이 될 가능성은 매우 높다. 유전과 환경과 생활습관에 따라 신체 각 부위가 노화하거나 기능이 나빠지는 속도가 사람마다 다를 수밖에 없기 때문이다. 흡연자는 폐가 훨씬 빨리 나빠지며, 유전성 신장질환이 있는 사람은 신장기능만 잃게 될 수 있다. 비교적 건강한 사람이 한 가지 장기로 인해 생명이 위태로운 상황에서 이식받을 생체장기를 구할 수 없다면 평소 생각이 어떻든 인공장기를 받아들일 가능성이 높다. 인공장기는 시간이 지나면서 기능이 떨어져도 언제든 교체할 수 있고, 어쩌면 혁신적인 기술이 나타나 아예 필요없어질 수도 있다. 생체이식의 가장 큰 문제인 거부반응 위험이 없다는 점도 매력적이다. 어쩌면 가까운 장래에 나이든 사람은 누구나 인공장기, 조직, 관절 및 기타 장치를 몇 개씩 지니고 살면서 생명과 건강을 점점 더 인공적인 요소에 의존하는 날이 올지도 모른다. 하지만 노화 자체를 완전히 해결하지 못한다면 그런 상황이 과연 어떤 의미인지 생각해볼 필요가 있다.

　노화란 외적으로든 내적으로든 신체 모든 부위에 영향을 미친다. 노화의 이유는 생명 자체의 기반이라 할 수 있는 세포의 기능이 전반적으로 저하되기 때문이다. 세포는 일생 동안 분열을 거듭하는데, 분열할 때마다 원래 세포를 복제한다. 이런 일이 수없이 반복되다 보면 DNA를 복제할 때 사소한 실수가 하나 둘씩 생겨난다. 실수는 다음 번 세포분열 때 고스란히 복제되며, 그 위에 새로운 실수가 더해질 수도 있다. 결국 DNA 복제 과정의 실수는 계속 누적된다. 이에 따라 세포는 점점 효율성이 떨어지고, 재생이 느려지며, 병에 걸리는 일도 잦아진다. 신체 각 부위가 닳거나, 기능이 떨어지거나, 죽었을 때 대체할 수 있다고 해도 결국 노화는 몸속 모든 세포에 영향을 미친다. 이런 과정이 계속되는 한 언젠가는 인공장기에 관해 어려운 결정을 내려야 한다. 고령으로 매우 허약해지고 여러 가지 병에 시달려 삶의 질이 심하게 저하된 사람에게 지금 막 출시된 새로운 심장을 이식해야 할까? 알츠하이머병이나 다른 형태의 치매를 앓고 있다면 어떻게 해야 할까? 그런 삶을 연장하는 것이 과연 현명하고 인간적일까?

프랜시스 후쿠야마는 저서 《포스트휴먼의 미래Our Posthuman Future》에서 인공적 수단을 통한 수명연장의 사회적 측면을 암울하게 묘사했다.

> 유일한 문제는 인간의 노화에 매우 미묘하거나 그다지 미묘하지 않은 수많은 측면이 있으며, 생명공학 산업계는 그 측면들을 어떻게 해결해야 할지 모른다는 점이다. 사람은 나이가 들수록 정신적으로 완고해지며, 관점이 굳어진다. 많은 노력을 기울여도 결국 성적 매력을 잃게 되며, 그럼에도 계속 생식 연령의 파트너를 갈망한다. 가장 나쁜 것은 자녀뿐 아니라 손자나 증손자 세대가 등장한 후에도 그들을 위해 물러나려고 하지 않는다는 점이다.[18]

후쿠야마의 시각에 전적으로 동의하는 것은 아니다. 그러나 인공장기에 의해 사람의 수명이 늘어난다면 사회적, 문화적 변화가 뒤따라야 한다는 데 이견이 있을 수 없다. 인간의 삶은 하늘에서 뚝 떨어지는 것이 아니다. 우리는 자원이 제한된 세상 속에서 서로 연결된 공동체라는 맥락에서 삶을 꾸려간다. 제7장에서 수명이 엄청나게 늘어난다면 어떤 문제가 생길지 자세히 살펴보겠지만 인간이 200년, 300년, 또는 더 오래 살게 된다면 지금과 똑같은 속도로 자손을 낳을 수 없다는 점은 명백하다. 더 중요한 점은 그토록 긴 삶이 바람직한 것이 되려면, 최소한 비참한 것이 되지 않으려면 노화를 멈추거나 크게 지연시킬 방법이 있어야 한다는 것이다.

새로운 생의학기술이 급속도로 발전한다면 사는 방식과 죽는 방식에 대해 훨씬 많은 것을 통제할 수 있다. 하지만 사람들이 그런 통제를 반길지, 그런 통제를 제대로 이용할 준비가 되어 있는지는 별개의 문제다. 우리는 삶에 매우 큰 가치를 부여하지만, 심장 박동을 지속하는 것이 고통을 연장하는 데 불과하다면 도대체 그 삶은 어떤 가치를 갖는가? 현재 이 문제에 관한 생각은 정확히 이런 수준에 머물러 있다. 자신과 가족을 위해 고통스러운 결정을 내려야 하는 사람에게 기준을 제시해주는 사회적, 문화적 장치는 존재하지 않는다. 극단적 고통 속에서도 생명을 유지하는 것이 바람직한지에 관해서는 학자들도 의견이 엇갈린다. 하지만 의사들은 어떤 대가를 치르더라도 삶을 유지해야 한다는 쪽에 기우는 경향이 있으며, 이는 삶의 종착점에 도달한 수많은 사람에게 불필요한 고통을 준다. 휘파람을 불며 공동묘지를 거니는 것처럼 의사도, 환자도, 가족도 어떻게 죽음을 맞을 것인지 결정하는 심오한 책임을 떠맡지 않으려고 문제를 의도적으로 회피한다. 하지만 우리는 결국 어떻게 죽을

지 스스로 결정해야 한다. 피할 수 없다. 헛된 노력을 기울이지 않고 평화롭게 삶을 마감하고 싶다는 희망을 짓밟는 중요한 요소가 바로 낡아빠진 사법체계다. 삶을 연장하려는 노력이 불가피한 일을 뒤로 미루는 것에 불과하며, 그럴수록 고통이 점점 커지는데도, 환자에게 죽음을 허용하는 것이 범죄라고 규정하는 태도다.

나는 사람들이 동물의 죽음에 관해서는 전혀 다른 태도를 취한다는 사실에 종종 놀란다. 고통받는 동물을 '잠들게' 해주는 것이 옳은지 의문을 제기하는 사람은 거의 없다. 그런데도 고통받는 인간에게 무의미한 치료를 하지 말아야 한다는 생각에는 완고하게 저항한다. 고통에 대해 깊은 차원에서 이중적인 태도를 보이는 것이다. 인류의 모든 역사는 인간의 고통을 줄이려고 노력해온 과정이다. 건강을 개선하기 위해서든, 쉽게 음식과 안락함을 얻기 위해서든, 삶에 무력하게 휘둘리지 않기 위해서든, 궁극적인 목적은 한결같았다. 반면 문학과 철학과 신학은 인간의 고통 속에서 의미를 발견한 이야기로 가득하다. 많은 생명윤리학자, 특히 생명보수주의자들은 아무리 큰 고통 속에서도 삶은 의미를 지닐 수 있으며, 그 삶에서 어떤 미덕을 끌어낼 수 있다고 주장한다.

어떤 사람은 인간이 종종 고통 속에서 의미를 발견한다는(또는 만들어낸다는) 사실은 다른 선택이 전혀 없는, 그야말로 어쩔 수 없는 상황의 소산이라고 주장한다. 세상이 존재한 이래 크나큰 고통은 언제나 삶에서 빼놓을 수 없는 불가피한 측면이었다. 인간의 역사는 전쟁, 질병, 죽음과 이별, 자연재해로 얼룩졌으며 지금도 그렇다. 하지만 전체적으로 인류 역사는 수많은 후퇴에도 불구하고 삶을 "험악하고, 잔인하며, 짧게"* 만드는 원인들을 개선하는 방향으로 흘러왔다. 과학의 탄생과 문화의 진보에 힘입어 세상은 그 어느 때보다 빠른 속도로, 광범위하게 개선되고 있다.

의학과 기술의 눈부신 발전을 모든 사람이 희망적으로 바라보는 것은 아니다. 고통이 삶의 핵심적인 요소이며 도덕적 및 영적으로 성숙하기 위해, 완전한 인간이 되기 위해 반드시 거쳐야 할 일종의 담금질이라고 믿는 사람들이 특히 그렇다. 후쿠야마는 이렇게 썼다.

> 기술에 대해 느끼는 가장 깊은 차원의 공포는 공리적 차원과 전혀 다른 이유에서 유래한다. 그것은 생명공학에 의해 어떤 의미로 인간성을 궁극적으로 상실할 것이라는 공포다. 역사를 통틀어 인간 조건에 일어난 모든 변화에도 불구하고 우리가 어떤 존재인지, 어디로 가고 있는지에 대해 마음속 깊숙이 품고 있는 본질적인 특성을 잃게 될 것이라는 불안감이다. 더 고약한 것은 소중히 여기던 뭔가를 잃어버렸다는 사실조차 모른 채 이런 변화를 맞게 될지도 모른다는 점이다. 우리는 경계선이 희미해졌다는 사실조차 깨닫지 못한 채, 부지불식간에 인간의 역사와 포스트휴먼의 역사를 가르는 거대한 분수령 저쪽에 서 있게 될지도 모른다. 본질이 무엇인지 볼 수 있는 능력을 이미 상실했기 때문이다.[19]

---

* nasty, brutish, and short. 17세기 영국의 철학자 토머스 홉스가 저서 《리바이어던》에 쓴 말. —역주

이 글을 쓰면서 고통의 유의미성에 관해 생각했든 그렇지 않든 인류에 대한 후쿠야마의 역사적 관점에는 '삶이란 고통에 의해 깊은 차원에서 영향을 받는다'는 가정이 깔려 있는 것 같다. 그러나 자신과 타인의 고통을 종식시키려는 끊임없는 노력은 인간 존재의 본성에 내재해 있다고 볼 수 있다. 모든 인간에게서 뚜렷하고 일관성있게 관찰되기 때문이다. 고통이 삶에 그토록 큰 그림자를 드리우는 한 사상가들은 여전히 도덕적 가치를 부여할 것이며, 여전히 고통이 필수불가결한 요소라고 주장할 것이다. 우리는 수많은 불행에 휘둘리는 나약한 인간이라는 관점에서 벗어나 이 문제를 '객관적으로' 바라볼 수 없다. 엄청나게 개선된 삶과 엄청나게 긴 수명을 누리게 된 후, 새로운 관점에서 안정기에 접어들었다고 느낀 후에야 우리는 고통의 의미를 새롭게 이해할 수 있을 것이다. 물론 삶이 아무리 개선된다고 해도 거대한 실존적 불확실성은 존재할 것이다. 그때 고통을 통해 인간의 훌륭한 성격이 형성된다는 진실을 다시 한번 확인할 가능성 또한 배제할 수 없다.

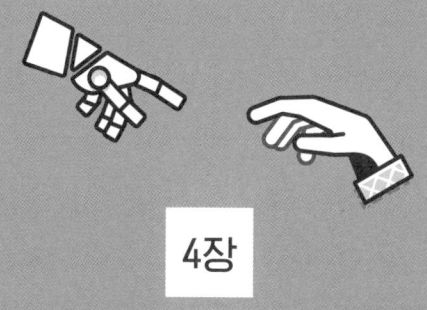

4장

당뇨병이라고요?
여기 앱이 있습니다

　버지니아 주 로아노크Roanoke에 사는 미셸 크레이그Michelle Craig가 첨단기술로 제작된 인공췌장의 첫 번째 임상시험에 참여한 것은 결코 우연이 아니다. 최신 기술에 밝은 웹 콘텐츠 관리자이자, 십대 자녀 두 명의 어머니인 그녀는 여섯 살 때부터 제1형 당뇨병을 앓았다. 당뇨병 중에서도 가장 공격적인 유형이다. 인터넷 기반 직업인답게 그녀는 아주 오랫동안 당뇨병 치료의 발전 과정을 추적해왔다. 미셸과 이야기를 나누면서 가장 놀란 것은 삶에 드리운 어두운 그림자에 맞서기 위해 가능한 모든 방법을 꾸준히 찾아내고 추구해온 지적 집중력과 쾌활한 태도였다.

　그녀의 여동생 또한 어린 나이에 어린이 당뇨병 진단을 받았다. 부모는 자매를 최대한 다른 아이들처럼 키우려고 노력했다. 미셸은 설탕을 먹을 수 없었다. 무설탕 음료라고는 탭Tab밖에 없던 시절이었다. 맛이 어찌나 끔찍한지 생생하게 기억한다. 뉴트라스위트Nutrasweet*가 출시되어 선택의 폭이 약간 넓어졌을 때의 기쁨도 기

---

* 원래 아스파탐을 주원료로 제로 칼로리 감미료를 만들어 판매했던 회사의 이름이지만 여기서 저자는 상표명으로 생각함. —역주

억한다. 중학교에 갈 때쯤에는 스스로 혈당검사를 하고 인슐린을 주사하며 혈당을 어느 정도 조절할 수 있었다. 그녀는 육상선수로 활동했으며, 여름캠프에 참여하여 '정상' 아이들과 어울렸다. 어른이 되어서야 다른 부모들이 그녀가 집에 와서 자녀들과 함께 놀다 자고 가는 것을 몹시 꺼렸다는 사실을 깨달았다. 뭔가 잘못 먹거나 응급상황이 벌어질지도 모른다고 생각해서였다.

20대가 된 그녀는 결혼을 했다. 첫 아이를 낳기 전에 인슐린 펌프를 사용하기 시작했다. 주사보다 안정적으로 인슐린을 투여하는 장치였다. 펌프 덕분에 아주 높은 수치와 낮은 수치를 오가던 혈당이 안정되면서 안전하게 두 아이를 임신하여 낳을 수 있었다. 양쪽 집안에 모두 가족력이 있고, 그녀의 아버지 또한 당뇨병 환자였으므로 부부는 딸들이 앞으로 어떤 어려움을 겪을지 잘 알았다. 다행히 아이들은 아직 당뇨병의 징후가 나타나지 않았다. 그녀가 사용하기 시작했던 1997년만 해도 인슐린 펌프는 중증 당뇨병을 조절하는 최선의 방법이었다. 하지만 2000년이 되자 수많은 인공췌장 개발 소식이 들려왔다. 하나같이 혁명적인 혈당조절 개선을 약속했다. 이 주제를 꾸준히 추적하던 그녀는 ClinicalTrials.gov라는 인간 대상 임상시험 검색 사이트를 발견했다. 미국립보건원의 연구비를 지원받는 모든 임상시험은 정부에서 운영하는 그 웹사이트에 등록하게 되어 있다. 그녀는 버지니아 대학에서 인공췌장 임상시험을 등록하자마자 웹사이트에 올라 있는 연락처로 이메일을 보내 '참여하게 해달라고 간청'했다. 얼마 지나지 않아 시험 참여자로 선정되었다는 답신이 왔다. 짜릿한 순간이었다.

임상시험의 목표는 환자들이 장치를 집에서 사용하면서 안전성과 유효성을 검증하는 것이었다. 차로 1시간 반 거리인 샬로츠빌Charlottesville을 몇 번이고 오가며 장치를 받아오고, 데이터를 다운로드하고, 사용법을 교육받고, 임상시험 담당 의사들과 다양한 문제를 논의했다. 시험은 몇 단계로 진행되었다. 인공췌장은 연속혈당측정계continuous glucose monitor, CGM, 인슐린 펌프, 스마트폰이 하나로 결합된 장치였다. 2014년 7월 그녀는 CGM을 장착하고, 복부에 작은 바늘을 삽입하여 혈액과 측정기를 연결했다. 이름대로 장치는 임상시험 기간 내내 쉬지 않고 혈당을 모니터링했다. 2주 반쯤 뒤에는 인슐린 펌프를 업그레이드했다. 펌프는 블루투스로 데이터를 무선 전송받은 후 휴대폰과 혈당 정보를 주고받았다. 휴대폰에는 당뇨병 비서Diabetes Assistant라는 안드로이드 앱이 깔려 있다. 미셸이 할 일은 어떤 음식을 얼마나 먹었는지 등의 정보를 앱에 입력하는 것이다. 앱은 입력된 정보와 CGM에서 수신한 혈당 수치를 종합하여 인슐린을 얼마나 주사할지 계산한 후, 무선으로 인슐린 펌프를 작동시킨다.

그것은 "인슐린 펌프와는 차원이 다른 세상"이었다. "혈당이 정상 범위를 벗어난 것은 (2주 반 동안) 한 손으로 꼽을 정도였습니다. 너무나 (컨디션이) 좋았어요." 무엇보다 혈당을 검사하기 위해 손가락을 바늘로 찌르거나, 인슐린 주사를 맞을 필요가 없었다. 사실 오랫동안 혈당을 스스로 확인해온 그녀로서는 자신의 몸을 완전히 기계에게 맡기는 것이 미심쩍기도 했다. 하지만 믿기지 않을 정도로 편하고 자유로운 기분이 들었다. 스마트폰은 특별히 지급되었지만 보통 휴대폰과 마찬가지로 매일 밤 충전하면 되고, 펌프는 3일에 한 번씩 인슐린을 채워주면 끝이었다. 스마트폰이 꺼지거나 충전할 곳을 못 찾으면 어쩌나 불안하지는 않았을까? "전혀요. 스마트폰이 꺼지면 (연속혈당측정계와 연결된) 인슐린 펌프가 일을 대신하거든요." 세 가지 장치가 정보를 주고받는 것도 전혀 복잡하지 않았다. "스마트폰을 쓸 줄 안다면 아무 문제없어요."

단점을 물어보았다. "유일한 불만이라면 더 단순화할 수 없느냐는 거예요. 스마트폰 대신 애플 워치 같은 걸 쓸 수 있으면 좋겠어요." 그녀는 FDA나 보험회사에서 이 기술이 보급되는 데 장애가 될 조치를 취하지 않았으면 좋겠다는 희망을 피력했다. 인공췌장은 혈당을 조절하여 장기 손상, 신경 손상, 시력 저하 등 당뇨병의 무서운 만성 합병증을 크게 줄일 수 있다. 이 기술은 "아주 많은 사람을 생산적이고 행복하게 할 것"이라며 그녀는 영구적 인공췌장이 나온다면 두말할 것도 없이 사용하겠노라고 강조했다.

인공췌장 기술은 새로운 기술이 광범위한 협력에 의해 신체에 통합되는 추세를 생생히 보여준다. 프로젝트에는 수많은 내분비학자, 컴퓨터 과학자, 프로그래머, 당뇨병 전문의, 엔지니어가 참여했다. 알고리즘을 설계한 사람은 버지니아 대학 당뇨기술센터Center for Diabetes Technology를 이끄는 보리스 코바체프Boris Kovatchev 박사다. 불가리아 출신으로 소피아 대학에서 수학과 확률 및 통계를 공부한 그는 1991년 학생 신분으로 미국에 건너와 버지니아 대학에서 당뇨병의 혈당조절을 연구하는 박사후 연구원이 되었다. 아버지가 당뇨병을 앓은 데다, 그 자신도 수학적 모델을 적용하여 제1형 당뇨병 환자를 돕는 일에 관심이 있었다. 그때만 해도 14년 뒤에 다양한 전문가들과 협력하여 인공췌장을 개발하리라고는 꿈도 꾸지 못했다.

인공췌장과 수학이 무슨 상관일까? 미셸이 시험했던 장치의 스마트폰 앱은 특별히 설계된 알고리즘을 기반으로 작동한다. 코바체프 박사가 알고리즘을 개발하기 전만 해도 인공췌장은 수많은 전선을 통해 환자와 랩톱 컴퓨터를 연결한 형태였다. 물론 랩톱에도 특수한 알고리즘이 깔려 있었지만 작동 방식이 투박했을 뿐 아니라 환자가 반드시 병원에 있어야 했다. 의사와 간호사들이 정기적으로 혈당을 확인한 후 인슐린을 주사하는 방식이었던 것이다. 그런 성가신 장치에서 환자를 해방시킨 코바체프 박사의 기술은 FDA에서 신속승인 대상으로 지정했으며 이제 여러 건의 장기 임상시험을 앞두고 있다. 새로운 장치는 알고리즘이 향상되고, 소형화되었으며 무선 기술을 이용한다. 불과 몇 년 사이에 다양한 혁신이 일어난 것이다.

2015년 2월 코바체프 박사는 인공췌장이 완벽하지는 않지만 혁신적인 기기로 장차 개선된 모델로 이어질 가능성이 높다고 내게 말했다. 물론 췌장의 모든 기능을 대신할 수는 없다. 췌장은 혈당이 엄청나게 빠른 속도로 오르내려도 대처할 수 있다. 하지만 인공췌장은 혈당의 급격한 상승과 하락, 이로 인한 장기 손상과 생명을 위협하는 저혈당을 완전히 막지는 못한다. 당뇨 환자는 혈당이 높아서 문제지만, 쉽게 저혈당이 되기도 한다. 저혈당이 생기면 힘이 없거나 어지럽고, 심하면 혼수 상태에 빠지거나 사망에 이를 수도 있다. 건강한 사람에게 이렇게 심한 저혈당이 생기지 않는 이유는 췌장 호르몬인 글루카곤 덕분이다. 당뇨병 환자는 췌장 기능이 떨어져 인슐린뿐 아니라 글루카곤 분비도 원활하지 않다. 현재 개발 중인 인공췌장 중에는 필요에 따라 인슐린과 글루카곤을 적절히 투여하여 혈당을 최대한 안정적으로 유지하는 모델도 있다. 기술발전 속도로 보아 몇 년 사이에 자연적인 췌장 기능에 가까운 인공췌장이 선보일 것이다. 코바체프 박사의 표현을 빌리자면 생체이식보다 인공췌장이 "주류 해결책"이 되는 것이다.

그는 빠르면 몇 년 내에 인공췌장이 상업적으로 출시될 것으로 전망했다. 미국립보건원과 어린이 당뇨연구재단Juvenile Diabetes Research Foundation에서 연구자금을 넉넉히 지원하기 때문이다. 대화를 마칠 즈음 나는 인공소재와 신장세포를 결합하여 생체신장에 가까운 모델을 개발한 UCSF의 신장 프로젝트를 언급하면서, 인공췌장에서도 비슷한 접근법을 시도하는지 물어보았다. 간단히 말해서 그렇다. 혈당을 정교하게 조절하기 위해 인간세포와 동물세포를 모두 이용하는 연구들이 있다. 과학적인 면에서는 매우 유망한 개념이지만, 결국 신장 프로젝트와 동일한 윤리적 난제들을 피할 수 없을 것이다. 살아 있는 세포를 어디서 얻는지는 분명치 않다. 환자 자신의 줄기세포나 기증받은 세포일 텐데, 인간 배아세포를 이용한다면 논란거리가 될 수 있다. 세포를 동물에서 얻는다면(때때로 돼지에서 이식 가능한 조직을 얻는다) 면역억제와 우발적인 동물 바이러스 감염이 문제가 된다.

• • •

지금까지 인공심장, 폐, 신장, 간, 그리고 췌장을 살펴보았다. 보다 정교한 장치를 만들어내려는 연구는 빠른 속도로 진행되고 있다. 향후 몇 십년 내에 피부나 인공망막에 이르기까지 모든 신체부위를 인공장기로 대체할 수 있으리라고 보는 것이 합리적이다. 생체공학기술로 대체된 장기는 원래 장기보다 더 향상된 기능을 갖게 될 가능성이 높다. 믿기지 않는다면 무선 데이터 전송 방식으로 작동하는 인공부품을 체내에 이식하는 경우를 생각해보자.

가까운 장래에 대부분의 인공장기는 건강에 관련된 중요한 데이터를 무선으로 전송하게 될 것이다. 의사와 전문가들은 이 데이터를 해석하여 질병과 건강을 더 잘 관리할 수 있다. 대체로 매우 유익한 기술이라 할 수 있다. 사실 나는 이미 그런 장치를 몸속에 지니고 있다. 몇 년 전 위장운동조율기gastric pacer를 이식받은 것이다. 심박동조율기와 비슷하게 생긴 작은 장치로 체내에 이식한 후 전극을 통해 위胃와 연결한다. 나는 위마비라는 병을 앓고 있다. 말 그대로 위가 제대로 움직이지 않는 병이다. 음식을 잘게 부수는 데 필요한 수축운동은 물론, 액체도 원활하게 내려보내지 못한다. 통증이 심하고 몸이 붓기도 하지만, 극심한 메슥거림이 가장 고통스럽다. 위장운동조율기를 이식받기 전에는 메슥거림이 너무 자주, 너무 심하게 생겨 아무것도 할 수 없었다.

다행히 워싱턴 D.C.에 살았던 덕에 첨단기술에 쉽게 접근할 수 있었다. 주치의는 나를 조지 워싱턴 대학병원 위장관 외과의 프레

더릭 브로디Frederick Brody 박사에게 의뢰했다. 새로 개발된 위장운동조율기를 시술하는 몇 안 되는 의사 중 하나다. 그를 만났을 때는 1년 만에 20킬로그램 넘게 체중이 줄어 있었다. 몸이 너무 안 좋았다. 조율기를 이식받고 전극을 연결한 뒤에도 과연 우리집 계단을 내 힘으로 걸어 올라갈 날이 다시 찾아올까 비관이 들었다. 하지만 수주간에 걸쳐 위는 조율기의 전기신호에 서서히 반응하기 시작했다. 메슥거림이 가라앉더니, 얼마 안 있어 다시 고형식을 먹을 수 있었다. 힘과 에너지가 몸속으로 흘러들었다. 그제야 몸이 얼마나 약해졌는지 실감이 났다. 위장운동조율기가 내 병을 완치시켰다고 할 수는 없지만, 적어도 정상 생활의 80퍼센트는 돌려주었다. 그것만으로도 얼마나 감사한지 모른다.

나는 1년에 네 번 브로디 박사를 찾아간다. 그는 위가 있는 부분에 무선 센서를 올려놓은 후 얼마나 많은 전기적 신호가 위로 흘러드는지 판독하고, 그 정보를 작은 상자처럼 생긴 수신기로 전송한다. 조율기에서 얼마나 강한 신호를 얼마나 자주 발산하는지는 물론, 배터리 잔량이 얼마나 남았는지도 점검할 수 있다. 문제가 생기면 무선으로 신호를 조절한다(대개 더 강한 신호가 더 오래 지속되도록 한다). 배터리가 완전히 소진되면 조율기 자체를 교체해야 하지만, 이미 모든 전극이 설치되어 있으므로 간단한 시술로 가능하다. 2년 후 첫 번째 조율기를 교체했다. 이유는 잘 모르지만 두 번째 기계가 훨씬 성능이 좋은 것 같다. 조율기는 복부 피부 밑에 완전히 감춰져 있다. 개방된 절개 부위 따위는 없다. 따라서 3개월에 한 번 브로디 박사를 찾아가기만 하면 된다. 조율기를 시술받고 새삼 우리 몸이 얼마나 많은 전기화학적 현상으로 작동하는지 깨달았다. 어떤 의미로 인공기술은 자연이 우리 몸속에 구현해 놓은 기술과 통합되고, 조화를 이루며 작동한다. 몸은 기술이 인공적이든 생물학적이든 개의치 않는다. 필요한 기능만 제대로 수행하면 그만이다. 사실 '인공부품hardware'을 몸에 통합시키면 이미 존재하는 '신체기관wetware'의 기능을 크게 향상시킬 수 있다.

위장운동조율기가 궁극적으로 수명을 늘려줄지는 알 수 없다(그러리라 믿는다). 하지만 엄청난 고통과 장애를 덜어준 것은 분명하다. 그렇다 해도 여전히 마음 한구석에는 일말의 불안이 남아 있다. 언젠가 위가 조율기의 신호에 반응하지 않으면 어떻게 해야 할까? 브로디 박사의 말처럼 이런 장치가 효과를 발휘하려면 몸의 자연적인 기능이 어느 정도 남아 있어야 한다. 위 자체가 수축능력을 완전히 상실한다면 조율기가 아무리 강력한 신호를 보내도 별 소용이 없다. 되도록 최악의 시나리오를 떠올리지 않으려고 노력한다. 어쨌든 그런 일이 생길 가능성은 거의 없다. 그래도 인공기술에 의존하여 살아가는 존재가 되고 나서 나는 점점 더 의학기술에 의존하는 경향이 경이로운 가능성과 깊은 차원의 위험을 동시에 가져온다는 데 새삼 주목하게 되었다.

이 책에서 살펴본 모든 장치가 공통적으로 지닌 기능은 무선 컴퓨터 기술이다. 시간이 흘러 점점 많은 사람이 점점 많은 장치를 이식받는다면 의사와 기사들에게 전송되는 어마어마한 데이터는 누가 '소유'할까? 우리 몸에서 생성된 데이터이므로 우리 것인가? 아니면 의사의 것인가? 누가 이 데이터를 볼 수 있는 권리를 갖는가?

병원과 병원을 운영하는 거대 의료기업은 어떤 권리를 갖게 될까? 우리가 판단능력을 상실했을 때 모든 설명을 듣고 대신 의학적 결정을 내려야 하는 가족들은? 어디까지 보험을 적용할지 결정하는 보험회사는? 우리의 고용주는? 건강 관련 통계를 위해 데이터를 모으고 데이터베이스를 관리하는 정부와 기관들은? 우리의 데이터가 이메일 주소처럼 모금기관이나 뭔가를 팔고 싶은 기업에게 팔릴 수는 없을까? 이런 데이터가 존재한다는 사실 자체가 현재 생각지도 못할 새로운 차별과 사생활 침해를 일으키지는 않을까?

생명공학적 장치와 웨어러블 컴퓨터 기술(옷이나 장신구 형태로 착용하여 심박수나 혈압 등을 계속 측정하는 기술)이 우리의 생물학적 정보를 수집하여 만들어낸 어마어마한 데이터베이스는 어디 저장될까? 가장 걱정스러운 것은 데이터가 해킹되지 않도록 보호할 법적, 기술적 능력이 우리에게 있느냐는 것이다. (게놈 전체의 유전자 서열을 판독받은 사람도 똑같은 문제를 겪을 수 있다.) 최근 몇 년간 암호화된 금융 데이터가 해킹당하는 것을 보면 건강정보 역시 취약할 것이다. 포괄적인 사생활 보호법이 제정된다고 해도 장차 전자 형태로 저장된 정보까지 완벽하게 보호할 수 있을지는 매우 의심스럽다.

의사와 병원, 모든 보건의료기관이 전자건강기록electronic health record, EHR으로 옮겨가는 추세를 생각하면 이런 의문은 훨씬 급박하게 다가온다. 의사들의 기록은 읽기 어렵기로 유명하다. 이로 인해 의료과실이 자주 생기며, 때로는 치명적인 사고로 이어지기도 한다. 하지만 이제 전자기록이 대세다. EHR에는 각 개인의 병력, 예방접종 기록, 기존 질환, 임상검사 및 영상검사 결과, 투약기록, 가족력, 활력징후, 의사의 의견, 기타 모든 건강정보가 한곳에 정리되어 있다. 새로운 의사를 만나도 모든 건강정보를 단시간에 쉽게 파악할 수 있다. 악필로 휘갈겨 쓴 기록이 무슨 말인지 머리를 쥐어뜯지 않아도 쉽게 알아보고, 복사하고, 공유할 수 있다. 응급상황이 닥치면 앰뷸런스를 타고 달리는 동안 미리 병원에 모든 정보를 보내 준비를 갖출 수도 있다. 이런 기능은 환자가 의식이 없거나 의사소통이 불가능할 때 특히 유용하다.

정확하고 효율적이며 편리하고 때에 따라 생명을 구할 수도 있기 때문에 EHR은 머지않아 의료 시스템에서 필수적인 요소가 될 것이다. 하지만 다시 한번 우리는 똑같은 질문을 마주친다. EHR은 누가 소유하는가? 누가 정보를 공유하는가? 사고팔 수는 없을까? 해킹이 가능하다면, 합법적으로 시스템을 이용하는 개인이나 기관이 사생활과 건강정보의 보안을 유지하도록 어떤 법과 규정을 만들고 적용할 것인가?

현재 미국에서 EHR은 다른 의료기록과 마찬가지로 1996년에 제정된 건강보험 이전과 책임법Health Insurance Portability and Accountability Act, HIPAA의 일부인 사생활 보호법을 적용받는다. 이 법령에 다르면 의사들이 EHR을 이용할 때 비밀번호와 핀번호, 데이터 암호화, 그리고 누가 기록에 접속하여 언제 어떻게 변경했는지를 기록으로 남기는 '감사 추적audit trail' 등의 보호상치가 적용된다. 그러나 보건의료인이 아무리 열심히 이런 표준을 지켜도 유능한 해커는 보호망을 뚫고 들어간다. 보안 침해가 발생한 경우 법령에 따라 병원에서는 환자에게 그 사실을 알려야 하지만, 일단 정보가 누출된 뒤에 그 사실을 안다고 해서 상황이 달라지지는 않는다. 몸속에 중요한 건강정보를 의사에게 전송하는 이식형 의료장치를 지니고 있다면 그 정보 또한 EHR의 일부로 이런 이익과 위험을 그대로 지닌다. 뒤에서 EHR에 대해 더 자세히 알아보겠지만 그 전에 살펴볼 것이 있다. 잘 알려지지 않았지만 미군은 융합기술을 기반으로 하는 첨단의학적 치료법의 개발에 매우 중요한 역할을 하고 있다. 그 부분을 먼저 들여다보자.

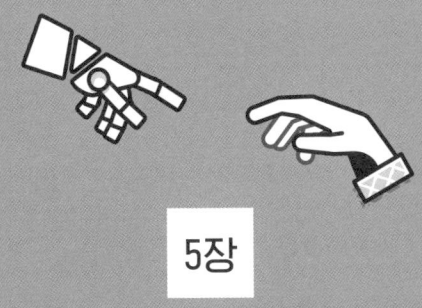

5장

| 미군을
주목하라 |

　의료 영역에서 융합기술을 통해 만들어진 장치가 환자들에게 크게 도움이 되는 것처럼 강력한 융합기술을 전쟁에 응용하면 엄청난 효과를 거둘 수 있다. 실제로 의료 영역의 기술이 전투 무기와 소위 슈퍼 군인을 개발하는 데 사용되는 경우도 많다. 미국방부는 융합기술의 연구 개발에 어마어마한 예산을 쏟아붓는다. 그 결과 우리는 몇 년 전만 해도 공상과학소설에 불과하다고 믿었던 새로운 영역에 이미 발을 들였다.

　무인 드론, 야간투시 고글, 각성도를 높이는 약물은 이미 사용되고 있지만 가까운 미래에 전쟁은 오늘날과 전혀 다른 모습을 띨 것이다. 병사들은 상상을 초월할 정도로 강화되지만, 지상전의 많은 부분은 로봇이 수행할 것이다. 인간이 직접 전투에 참여하는 일은 점점 줄고, 원격 전투가 완전히 새로운 수준으로 뛰어오를 것이다. 현재는 무인 드론도 인간의 의사결정에 따라 표적을 타격하지만, 머지않아 전투용 로봇이 결정 자체를 떠맡을 것이다. 많은 사람이 이런 말을 듣고 몸서리를 친다. 최근 친구에게 이렇게 물었다. "사람이 사람을 죽이는 것과 로봇이 사람을 죽이는 것 중에 뭐가 더 끔찍해?" 그는 잠시도 망설이지 않고 대답했다. "로봇이 사람을 죽이는 거지. 로봇은 양심이란 게 없잖아." 나는 반대 의견을 내놓았다. 그의 말도 맞지만, 다른 사람을 죽이는 일을 실제로 즐기는 사람도 있다. 희생자와 얼굴을 마주하지 않고 익명으로 행동한다면 인간은 상상도 못할 정도로 끔찍한 일을 저지를 수 있다. 한편 기계는 추론하거나 감정에 호소할 수 없다. 프로그램대로 실행에 옮길 뿐이다. 새로운 정보를 받아들이는 '학습 가능한' 기계라 할지라도 행동은 매우 제한적이다. 우리 두 사람의 의견이 모두 일리가 있다. 하지만, 기계가 인간을 죽인다는 개념에는 뭔가 매우 독특하게 섬뜩한 구석이 있다는 점은 부정할 수 없다.

군대는 생물학, 화학, 물리학, 기계공학, 전자공학, 소재공학 등을 결합하여 인체와 기계에 장착할 나노 단위의 초소형 센서, 열을 거의 흡수하지 않고 총알도 뚫을 수 없는 초강력 섬유, 병사들에게 아무런 해를 끼치지 않고 생화학 무기를 무력화하는 입자들을 연구하는 데 깊이 관여하고 있다. 특히 스트레스가 엄청난 전장에 적용되는 군의학military medicine 분야에서는 이미 혁신적인 성과를 여럿 거두었다.

속도와 이동성이 중요한 현대 외상의학 분야의 발전은 상당 부분 전쟁 중에 이루어졌다. 부상자 분류 개념은 야전병원에 심각한 부상병이 엄청난 숫자로 밀려들어올 때 우선순위를 부여하기 위해 개발되었다. 성형수술을 받고 만족하는 사람 또한 군에 감사해야 한다. 수많은 성형수술 기법이 사실은 전투에서 입은 부상으로 흉측하게 변한 얼굴과 신체를 재건하기 위해 개발된 것이니 말이다. 페니실린도 1928년에 발견되었지만, 수많은 부상병의 감염증을 치료하기 위해 2차대전 중에 대량생산 기술이 개발되었다. 오늘날 혈액은행이라고 부르는, 혈액을 냉동시켰다가 혈구가 손상되지 않도록 서서히 해동하는 기술 또한 2차대전 중 군대에서 개발된 혁신이다. 상처 접착제는 베트남 전쟁 중에 개발되었다.[1] 위성항법장치global positioning system, GPS, 상하기 쉬운 식품과 의약품의 냉동건조 기술, 프로그램 가능한 컴퓨터, 전자레인지 등은 모두 군사 부문의 혁신이 일상생활에 침투한 예다.[2]

미국립과학재단/상무부 보고서 〈인간수행능력 향상을 위한 융합기술〉에 따르면, 현재 미군은 융합기술을 이용한 몇 가지 최첨단의학을 집중적으로 연구한다. 강화 방호복은 많은 병사의 생명을 지켜주었지만, 생존자 중에는 인공팔다리가 필요한 사람이 많다. 군에서는 동력에 의해 움직이면서 더욱 자연스럽게 걸을 수 있는 무릎과 발목-발 인공관절을 비롯하여 최첨단 인공보철물을 개발 중이다. 전투 중 언제 어디서나 쉽게 사용할 수 있는 휴대용 X선 장치, 심한 출혈과 저체온증으로 생명이 위험한 병사를 소생시키는 혈액가온장치(FDA 승인도 받았다), 훨씬 무거운 장비와 많은 보급품을 지고 어떤 지형에서든 훨씬 빨리 움직일 수 있는 동력화된 외골격, 고유감각기(근육, 힘줄, 관절 등의 조직에 존재하는 특수한 감각수용체)를 내장하여 공간감각을 '느끼고' 피드백 회로를 형성하는 인공팔다리, 인공장기 표면에 나노코팅을 입혀 마찰력을 획기적으로 감소시키고 장치 수명을 연장하는 기술, 상처 치유를 촉진하는 첨단 세포전달시스템 등도 개발 중이거나 이미 사용되고 있다. 첨단 세포전달시스템이란 지방조직에서 줄기세포를 채취한 후, 이들을 초소형 세포공장으로 이용하여 새로운 세포를 대량 배양하는 기술이다. 현재 손상된 연골의 치유법으로 연구 중인 이 기술이 개발된다면 관절염 치료에 획기적인 전기가 마련될 것이다. 상처 치유에도 응용되리라 기대한다. 이런 기술은 민간 분야로 넘어오는 데 아무런 문제가 없다. 사실 이미 전 세계적으로 거대한 시장이 형성되어 있다.

  이런 기술이 사람의 생명을 구하는 시나리오는 어렵지 않게 떠올릴 수 있다. 추운 겨울 밤 차를 몰다 빙판에 미끄러졌다. 운전자는 나무를 들이받아 몇 군데 심각한 부상을 입은 채 차에서 튕겨 나가 눈 속에 파묻힌다. 가장 심각한 부상은 한쪽 다리가 거의 절단된 것이다. 공교롭게도 그는 당뇨병 환자로 심한 저혈당 상태에 빠져 의식마저 잃었다. 출혈이 심한 데다 체온마저 급속도로 떨어진다. 다행히 응급구조팀이 제때 도착했다. 즉시 아이패드를 이용하여 전자건강기록을 열람한다. 저혈당에 빠지기 쉬운 당뇨병 환자다! 즉석에서 혈당검사를 시행한 후 정맥주사로 글루카곤을 투여한다. 휴대용 X선 기계로 현장에서 촬영한 결과, 짓이겨진 다리의 출혈을 멈추는 것이 가장 시급하다. 신속하게 지혈대로 압박한다. 환자를 앰뷸런스로 옮기고 혈액가온장치로 따뜻한 혈액을 수혈하여 출혈과 저체온증을 동시에 교정한다. 얼굴에도 큰 상처가 있어 나중에 재건수술을 받아야 하지만, 출혈로 인한 사망을 막는 것이 우선이다. 앰뷸런스가 달리는 동안 이메일로 상태를 미리 알린 덕분에 병원에서는 만반의 준비를 갖추고 기다린다. 몇 개월 후, 수차례의 수술 끝에 그는 동력화된 인공다리, 발목, 발을 이용해 일어서고 걷는다. 거리에서 활기차게 걷는 모습을 보면 불과 몇 개월 전 아슬아슬하게 죽음을 피한 사람이라고는 상상도 할 수 없다. 물론 몇 가지 후유증은 평생 남겠지만 그는 기적에 가까운 치료를 받았으며, 그중 하나라도 없었다면 생명을 잃었으리란 사실을 알고 있다. 하지만 그 기술들이 대부분 군대에서 개발되었다는 사실은 모른다.

얼른 생각하면 미국방부처럼 거대한 관료조직이 그토록 빠르고 효율적인 혁신모델을 추구한다는 것은 의외다. 하지만 원격의료 및 첨단기술 연구센터Telemedicine and Advanced Technology Research Center, TATRC는 2차대전 후 수십 년간 정확히 그런 일을 해왔다. 퇴역 육군 대령으로 동물학자이자 생리학자인 칼 프리들Karl Friedl 박사는 2005년에서 2011년까지 메릴랜드주에 위치한 TATRC 본부에서 아찔할 정도로 다양한 연구 프로젝트를 이끌었다. 다른 정부 부처에서 맡지 않는 긴급한 의학적 문제들을 해결하기 위해 설립된 미육군의학연구소 및 군수사령부Army Medical Research and Materiel Command 산하 조직인 TATRC는 평소에 거의 교류가 없는 임상의사, 생물학자, 엔지니어, 수학자, 물리학자들을 한자리에 모아 세계에서 가장 혁신적인 연구를 수행하는 데 특화되어 있다.

프리들 박사와 이야기를 나눈 것은 3월의 어느 추운 아침이었다. 이른봄이었지만 워싱턴 D.C. 주민들이 두 손 들었다고 체념 어린 탄식을 내뱉을 정도로 심한 눈보라가 막 불러간 참이었다. 그는 그저 펜을 몇 번 놀리는 것만으로 수많은 연구 프로젝트를 거의 완벽하게 기억해냈다. 다양한 분야의 전문가이기도 한 그는 융합기술을 이용해 단시일 내에 근본적인 혁신을 일으키는 조직의 역학관계를 완벽하게 이해하는 몇 안 되는 사람 중 하나다. 특히 나는 미국방부처럼 거대한 조직에서 TATRC가 뭘 어떻게 했길래 그토록 놀라운 성과를 냈는지 알고 싶었다.

프리들 박사에 따르면 가장 먼저 할 일은 "대학 평의회를 소집한 것 같은 순간"을 만드는 것이다. 전화나 회의를 통해 "정상적인 상황에서는 결코 서로 대화하지 않을" 다양한 분야의 전문가를 한자리에 모아야 한다. 생물학자가 엔지니어처럼 생각하고, 임상의사가 물리학자처럼 생각하고, 수학적 모델을 구상하는 사람이 생물학자처럼 생각할 기회를 주는 것이 목적이다. "그렇게 하면 각자의 눈앞에 완전히 새로운 세계가 펼쳐집니다. 처음에는 회의에 나오려고도 하지 않죠. 할 일이 늘어난다고 생각하니까요. 하지만 첫 번째 모임이 끝날 때쯤이면 사람들이 다가와 이렇게 묻곤 했습니다. '다음 번 모임은 언제죠?' 그 모임을 통해 눈을 뜨고 모든 것을 새로운 방식으로 바라보게 된 거죠." TATRC의 연구 기획자들은 다양한 방향에서 접근하여 문제를 해결하는 과정에 흥미를 유발하는 능력뿐 아니라, 조직의 의사결정 과정을 최대한 능률적으로 유지하는 능력까지 갖추었다. 여기에 비하면 미국립보건원의 의사결정 과정은 거의 수렁에 빠진 꼴이다. 프리들의 말을 빌리자면 "수천 가지 다른 방식으로 기막힌 아이디어를 말려 죽이는" 형편이다.

TATRC는 미국립보건원처럼 한 가지 아이디어를 다층적으로 검토하지 않는다. 오직 두 단계만 거칠 뿐이다. 우선 일주일에 한 번씩 전화로 세 시간에 걸쳐 관련 주제의 전문가들이 이야기를 주고

받는 식으로 제안서를 검토하여 어떤 아이디어가 유망한지 결정한다. 유망한 제안서는 프리들의 책상에 놓여 승인을 기다린다. 예비 연구를 통해 밝혀진 소견을 프레젠테이션할 필요도 없고, 몇 군데씩 위원회의 검토를 거친 엄청나게 두꺼운 제안서를 제출할 필요도 없다. 승인이 떨어지면 TATRC는 필요한 전문가를 끌어모은 후 보통 5~30만 달러의 소액(미국립보건원에 비하면)을 연구비로 지급하되 시간제한을 둔다. 그리고 프리들의 표현을 빌리자면 "사회운동가식 관리"를 통해 최대한 빨리 진행되도록 감독한다.

TATRC에 근무하는 동안 프리들은 독창적이고 신선한 아이디어를 수없이 검토했다. "UCLA 출신 물리학자 세 사람이 전화를 걸어 왔어요. X선 스카치테이프란 아이디어가 있다는 거예요. 직접 찾아왔다면 실컷 비웃고 쫓아냈을 겁니다. 말이 안 된다고 생각했으니까요. '농담이시겠지'라고 했더니 아니라는 거예요. 증거도 있다고 합디다. 스카치테이프를 잡아당기면 전자가 방출되면서 X선 촬영이 가능한 전류가 흐른다는 겁니다. 일단 종잣돈을 줬지요. 1년 만에 작은 테이프 롤러 두 개를 가지고 왔는데, 정말로 X선 사진이 찍히는 겁니다! 제품을 생산하기 위해 회사를 설립하고 더 많은 자금을 요청하더군요. 하지만 그 단계에서 우리가 해줄 수 있는 최선은 투자가들을 연결해주는 것이었습니다."

TATRC는 종종 엔젤 투자가 역할도 한다. 기술이 실현되면 연구자들은 둥지를 떠난 오리 새끼처럼 기술을 소유하고 자유롭게 상업화한다. TATRC의 자금으로 시작된 혁신적인 프로젝트는 헤아릴 수 없이 많지만, 군은 연구를 상업화하는 데 관심이 없다. "국방부는 상품을 개발해서 파는 곳이 아닙니다. 전쟁을 수행할 뿐이죠." 2008년 《뉴욕타임스》는 X선 스카치테이프를 보도하면서 "물리학적 사무용품의 역작"이라고 비꼬았지만,[3] 그런 기술이 의학적 응급 상황에서 얼마나 유용할지 상상하기란 어렵지 않다.

프리들은 처음에 모든 사람이 회의적으로 생각했던 프로젝트 이야기도 들려주었다. H. G. 웰스*의 소설에나 나올 법한 그 아이디어를 처음 들은 사람은 모두 미친 짓이라고 생각했다. "열기구였습니다. 소형 비행선처럼 생긴 열기구에 통신장비를 장착한 후 전투 중에 병사들의 머리 위를 맴돌게 한다는 거였죠. 상공에서 중요한 전투 정보를 수집한 후 통신장비를 통해 지상에 전달합니다. 이 대목에서 다들 고개를 내젓죠. '미쳤군! 적은 가만 있나? 쏴서 떨어뜨리면 그만이지.' 물론 그렇죠. 중요한 점은 열기구가 아주 저렴할 뿐 아니라 실제로 효과가 있다는 겁니다. 적이 쏴서 떨어뜨리면 금방 다른 열기구를 띄울 수 있지요." 프리들은 이것이 쉽게 시작할 수 있는 소규모 연구 프로젝트에 의해 탄생한 "산발적 혁신"의 좋은 예라고 했다.

TATRC가 주도한 수많은 혁신은 민간 분야에서도 다양하게 응용되지만, 연구지원을 결정할 때 민간 분야 활용 가능성을 의식적으로 추구하지는 않는다. 오직 군의 입장에서 "빨리 해결해야 할 문제"에 초점을 맞출 뿐이다. 프리들은 여러 편의 글을 통해 아무

---

* H. G. Wells, 《타임머신》《투명인간》 등을 쓴 영국의 소설가로 '공상과학소설의 아버지'라고 불린다. - 역주

리 좋은 아이디어도 미친듯이 몰입하는 "열성 신도"가 없으면 실현되지 않는다고 강조했다. 보통 연구자들이 이런 역할을 한다. 그들은 오랜 세월에 걸쳐 가혹한 비판을 견뎌내고, 아무도 자기 아이디어를 진지하게 받아들이지 않아도 개의치 않는다. "마법의 숫자는 10입니다. 모든 사람이 비웃고 공격해도 10년만 참고 견디면 아이디어가 추진력을 얻고, 어느 날 갑자기 모든 사람이 열광하죠. 어떤 비난도 감수하고 참아내는 열성 신도가 없다면 아이디어는 사장되어 버립니다."

대규모 연구팀과 지나치게 정교한 과정 역시 아이디어를 죽인다. "하나의 아이디어는 수많은 죽음의 계곡을 헤치고 나가야 합니다. 수많은 사람이 검토에 검토를 거듭하며 이런 저런 결함을 지적하는 건 치명적이죠." 그는 그런 모습을 여러 번 보았다. 모든 것이 정확히 들어맞는 마법 같은 순간이 있다고도 했다. 뚜렷하게 정의된 문제, 급박하게 해결할 필요, 잘 설계된 연구, 소수정예의 연구팀, 복잡하지 않은 검토 과정, 적당한 연구비, 무엇보다 주인의식을 지닌 열성 신자의 끈질김 같은 것들이 딱 맞아떨어져 연금술 같은 효과가 난다는 것이다. 국립보건원의 기초연구가 흔히 그렇듯 너무 많은 사람이 뛰어들거나 의사결정 과정이 너무 복잡하면 혁신은 죽어버린다.

TATRC는 대부분의 연구조직이 꿈꾸는 한 가지 장점이 있다. 의회의 지원을 받는다는 것이다. 의회에서 이 조직을 옹호하는 의원들은 지역개발사업 형식으로 특정 프로젝트에 예산을 배정할 수 있다. 이 과정은 강한 반대에 부딪힌 바 있고, 그 여파로 TATRC의 인력이 180명에서 60명으로 줄기도 했다. 이들이 달라진 예산 체계 하에서 어떻게 스스로를 개혁해 계속 혁신을 추구할지는 약간 불확실하다. 의회의 지원은 변덕스럽다. 시스템에 의해 움직이는 것이 아니라 의원 개개인의 입김이 강하게 작용하므로 정치적 상황에 따라 쉽게 변한다. 이 순간에도 많은 프로젝트가 다양한 형태로 계속되고 있지만, 지역개발사업 형태의 지원은 2010 회계연도를 끝으로 막을 내렸다.

TATRC에서 민간 영역에 적용될 프로젝트를 적극적으로 추구하지는 않지만, 사회 전체에 도움이 되는 의학적 혁신을 일으킬 능력이 있다는 것은 프리들의 말대로 "생의학적 연구의 아름다움"일 것이다. 그는 깜짝 놀랄 만한 얘기를 들려주었다. 그 보고서는 국립보건원에서 거절당한 후 그에게 넘어왔다. 골다공증 연구 프로젝트였다. 전통적인 시각에서 골다공증은 군에 복무하는 젊은 여성과 아무 관련이 없다. 하지만 프리들은 여군의 약 25퍼센트가 기초 훈련 중 극심한 통증을 동반한 피로 골절로 아무것도 못 한다는 사실을 알고 있었다. 마침 당시 관리하던 120여 개 프로젝트 중 하나가 피로 골절에 관한 것이었다. 두 개의 프로젝트를 한데 놓고 보니 아귀가 딱 들어맞았다. 프리들은 골다공증 연구와 피로 골절 연구를 적절히 조정한 후 모든 자원을 동원해 지원에 나섰다. 골다공증과 뼈를 구성하는 미네랄의 특성에 관해 놀라운 데이터를 얻을 수 있었다. (1) 젊은 여성도 뼈에 관련된 문제를 겪으며, (2) 비타민 D를 복용하면 피로 골절을 30퍼센트 줄일 수 있고, (3) 골밀도는 골강도와 거의 아무런 관련이 없다는 사실이 새로 밝혀졌다. 골밀도가 매우 높은 뼈도 쉽게 부러질 수 있다. 더욱 놀라운 사실은 운동이 골 조직 형성에 미치는 영향이었다. 규칙적으로 운동을 하는 여성의 뼈가 더 강하다는 사실은 잘 알려져 있지만, 뼈가 재형성되는 것은 운동을 시작하고 처음 10분 동안뿐이란 사실이 밝혀진 것이다. 그 뒤로는 골조직의 밀도가 더이상 증가하지 않는다. 결국 여성이 뼈를 강화하고 싶다면 운동 시간을 줄이는 대신 더 자주 운동해야 한다.

민간에서 여성을 진료하는 의사들이 언제쯤 이런 정보를 환자들에게 말해줄까? 프리들은 탄식했다. "이런 지식이 대중의 인식 속에 파고드는 데는 엄청난 시간이 걸리는 것 같습니다." 그는 이미 2005년에 이 연구에 관한 논문을 썼지만, 최근까지도 의사들은 여전히 골밀도 검사가 골다공증 여부를 판가름하는 리트머스 시험지라고 믿는 것 같다. 새로운 생의학적 정보가 널리 퍼지는 문제는 따로 다루어야 할 주제이지만, 군대에서 수행되는 의학적 연구가 민간 분야로 신속히 전달되도록 촉진하는 장치가 사실상 하나도 없다는 말에는 놀라지 않을 수 없었다. 그 과정은 터무니없이 느리고 무계획적이다.

• • •

군대에서 개발된 의학기술은 대개 부지불식간에 조용히 민간 분야로 통합된다. 하지만 강력하고 새로운 기술에 아무런 단점이 없을 것이라고 생각한다면 큰 오산이다. 군은 군대와 민간 양쪽에서 쉽게 남용될 여지가 있는 기술도 연구한다. 현재 미국방 첨단과학기술연구소Defense Advanced Research Projects Agency, DARPA는 병사들이 168시간 동안 자지 않아도 수면 박탈의 증상이 전혀 나타나지 않는 약물을 개발 중이다. 현실화된다면 전쟁을 수행하는 데 결정적인 도움이 될 것이다. 오랫동안 작전을 수행하면서 밤낮 없이 전투를 할 수 있으므로 '작전 속도'가 엄청나게 향상된다. 연구는 밤에 숙면을 취해야만 활성화되는 인체의 '재설정 버튼'을 찾는 데 집중한다. 재설정 약물이 개발된다면 민간 시장에 도입되는 것은 시간 문제다. 장시간 자지 않고 정상적으로 일할 수 있는 능력을 필요로 하는 사람이 너무나 많기 때문이다. 이 약이 남용될 것 역시 불 보듯 뻔하다. 문제는 장기적 효과를 모른다는 점이다. 시험을 앞둔 학생이나 경쟁자를 압도하고 싶은 회사원이 이런 약물을 널리 사용한다면 어떤 일이 벌어질까? 그런 식으로 생산성이 높아진다면 결국 대세를 거부할 수 없을지 모르지만, 그래도 적절한 수면은 건강에 필수적이다. 24시간 쉬지 않고 돌아가는 문화가 정착되면 말도 못하게 지치고 피곤해도 약물 때문에 그런 사실조차 못 느낄지 모른다.

DARPA가 집중하는 다른 분야는 뇌와 기계가 직접 소통하는 인터페이스를 개발해 생각만으로 작동하는 기계를 만드는 것이다. 기본 개념은 컴퓨터화된 부품을 뇌 속에 이식하여 뇌세포의 활동 패턴을 감지한 후, 패턴을 전기신호로 바꾸어 기계에 무선 전송하는 것이다. 이 기술이 현실화된다면 팔다리 절단술을 받았거나 근위축성측삭경화증(루게릭병) 등 운동신경병을 앓는 사람이 인공팔다리나 운동 보조장치를 직접 제어할 수 있다.[4]

2014년 안토니오 레갈라도Antonio Regalado는 《MIT 테크놀로지 리뷰MIT Technology Review》에 DARPA의 감정 조절 뇌 이식장치 개발에 관한 기사를 썼다. 이식장치는 일종의 초소형 컴퓨터로, 공포나 불안 등 특정 감정과 관련된 뇌세포의 활동을 감지한 후 이를 차단하는 뇌 영역을 자극한다. 이 기술을 현명하고 윤리적으로 사용한다면 우울증, 중독, 강박장애 등 정신질환 치료가 크게 향상될 것이다.[5] 전통적인 약물이나 상담치료로 증상이 조절되지 않는 사람에게는 하늘이 내린 선물처럼 느껴질지도 모른다. 하지만 이 기술은 생각하기조차 끔찍한 차원으로 인간의 정신을 통제하는 수단이 될 수도 있다. 이 장치로 병사들의 공포심을 차단하여 아무리 위험한 상황에도 죽음을 두려워하지 않고 뛰어든다면 어떻게 될까? 이 기술이 억압적인 정권의 손에 들어가 아무리 독재적인 방식으로 나라를 다스려도 시민들이 순종한다면 어떻게 될까? 애초에 비이성적으로 위험을 감수하는 경향이 있는 사람에게 사용한다면 어떨까? 범죄자들이 양심의 가책과 처벌의 두려움을 느끼지 않는다면 상상하기 어려운 범죄를 저지를 수 있지 않을까? 테러집단이 자살 폭탄 테러범을 모집하고 양성할 가능성은 없을까?

현재 그토록 강력한 기술을 통제할 안전장치는 우리 손에 없다. 그런 기술이 지금까지 존재한 적이 없기 때문이다. 역사적으로 소위 마인드 컨트롤이라는 정신통제 기술은 수많은 형태로 존재했지만, 통제권은 결국 사람에게 있었다. 감정을 생리학적으로 통제한 예는 없다. 하지만 이제 직접적 뇌자극 기술을 통해 우리는 엄청난 이익과 무시무시한 위험이라는 양날의 검을 손에 쥐게 되었다. 현재 수많은 파킨슨병 환자와 중증 우울증 환자가 심부 뇌자극 치료를 받는다. 뇌의 특정 부위에 전극을 위치시킨 후 전기신호를 전달하여 자극하는 방법이다. 파킨슨병에서 근육의 떨림이 현저히 감소하고, 어떤 치료에도 듣지 않았던 우울증이 크게 호전되는 등 놀라운 효과를 경험하는 환자도 많다. 뇌자극 기술을 당장 금지하지 않는 것도 이렇게 좋은 목적으로 사용되기 때문이다. 하지만 남용을 막을 방법을 마련하는 것은 시급하다.

뇌 기능을 변화시키는 방법은 제6장에서 자세히 살펴보겠지만, 우선 현재 군대에서 사용되는 기술의 위험에 주목해야 한다. 군대는 우리를 안전하게 지켜주지만, 전쟁이 인간성을 말살하는 참혹한 행위란 사실을 잊어서는 안 된다. 전쟁의 목적은 적의 병사와 보급과 경제와 사회, 시스템과 정부를 완전히 괴멸하고 저항할 의지를 꺾어 적을 굴복시키는 것이다. 국가끼리의 전면전은 말할 것도 없고 소규모 테러집단을 상대로 한 전투에서도 수많은 민간인이 죽거나 불구가 되는 것이 엄연한 현실이다. 미군 내 혁신의 장기적 추세는 민간인의 피해를 최소화하면서 전투요원만 표적으로 삼는 '외과수술적' 타격을 목표로 하지만, 어떤 군사작전을 펼친다 해도 무고한 민간인의 피해를 완전히 막지는 못한다. 우리는 자신을 속여서는 안 된다. 융합기술이 전쟁에 사용되는 경우, 특히 극단적인 세력에 의해 악용되는 경우, 상상을 초월하는 살육과 파괴가 벌어질 것이다.

2005년 독일의 물리학자이자 나노기술 연구자 외르겐 알트만Jürgen Altmann은 마르부르크Marburg에서 열린 〈과학기술 및 사회에서의 나노기술Nanotechnology in Science, Technology and Society〉이라는 제목의학회에서 연단에 올랐다. 30년간 군비축소 절차를 연구해 온 학자로서 그는 모든 국가가 전면적인 군비확장 경쟁에 돌입하기 전에 전쟁에서 융합기술과 나노기술의 사용을 제한할 필요가 있다고 역설했다. 그의 가장 큰 걱정은 이런 기술이 상대방의 무기개발 현황을 정확하게 조사하지 않는 평화 시에 사회에 영향을 미치고, 실제로 전쟁 가능성을 높인다는 점이다. 심지어 전쟁 중에 전통적인 교전수칙이 적용되는 상황에서도 각국은 작전상 우위를 확보하려고 비밀리에, 때로는 공공연하게 협약을 무시하는 실정이다.

알트만은 미국이 전 세계 군사연구 개발비용의 2/3를 지출하며, 미국 나노기술계획National Nanotechnology Initiative에 배정된 연방 지원금의 1/4이 국방부로 간다고 지적했다. "수많은 대학과 군 연구소, 국립 무기개발연구소에서 탄소 나노튜브(거의 무한대로 가늘게 만들 수 있는 튜브 모양의 초강력 구조물로 온갖 소재 분야에서 전자, 광학, 열에 관한 특성을 향상시킨다), 자성나노입자, 유기발광다이오드를 이용한 디스플레이 기술, 생물컴퓨터기술(생물학과 컴퓨터 기술의 결합), 생체분자모터(분자 수준에서 작동하는 초소형 이식형 전자장치)에 연구 역량을 집중하고 있습니다. 화학전이나 생물학전 무기를 감지하는 기술과 나노 구조물을 이용한 폭발물 및 보호장구 등 군사적 필요에 부합하는 연구들도 진행 중입니다."

알트만은 민간 분야로 쉽게 이전할 수 있고, 많은 사람에게 혜택이 돌아갈 수 있는 기술도 많다고 지적했다. 무기, 군복, 군용 장비, 차량에 쉽게 통합할 수 있는 강력한 성능의 초소형 컴퓨터, 작은 탄두에 탑재하여 표적을 정확하게 타격하는 첨단 유도장치, 어떤 지형에서도 잽싸게 움직이는 초경량 무인 차량과 첨단 송신시스템은 민간 분야에서 수많은 생명을 구할 수 있다. 나노기술을 이용한 체내이식형 장치 또한 활력징후를 면밀히 모니터링하고 자동으로 전송하며, 시력과 청력을 개선하고, 상황에 맞춰 약물(혈액-뇌 장벽을 통과하는 약물 포함)을 투여하여 시민의 안전을 크게 향상시킬 수 있다. 그러나 기술이 일단 사용되면 적이나 테러리스트의 손에 들어가는 것은 시간 문제다. 그렇게 되면 이들을 물리치기 어려울 뿐 아니라 남용될 가능성도 훨씬 커진다.

육상이나 바다, 심지어 우주에서 무인 전투차량이나 시스템에 신속대응원칙을 프로그램해두면 교전이 격화될 때 자동으로 대응 수위를 높여 확전 가능성이 커질 수 있다. 알트만은 금속을 전혀 사용하지 않고 나노섬유 복합재료로 제작된 강력한 폭발물에 대해서도 우려를 나타냈다. 그런 폭발물은 X선이나 금속탐지기에 나타나지 않으므로 테러리스트나 범죄자가 비행기에 갖고 타거나 건물에 반입하기 쉽다. 대형 재난의 위험이 크게 높아진 것이다.

또 하나 두려운 것은 민간 영역에 초소형 센서와 군용 스파이 로봇을 풀어놓는 경우 사생활을 유지하기가 불가능하다는 점이다. 이런 첨단기술은 사회 전체가 아니라 군사적인 목적을 염두에 두고 개발되었기 때문에 현재로서는 오남용을 막을 효과적인 방법이 없다. 알트만은 국제적인 협력을 통해 이런 기술들을 면밀히 모니터링해야 할 뿐 아니라, 대중이 활발히 논의에 참여하고 군과 민간이 적절히 협력하여 통제할 것을 촉구한다.

특히 곤충 크기만큼 작고 자율적으로 작동하는 센서는 사생활이나 표현의 자유 등 민주적 가치를 크게 손상할 수 있다. 전체주의 정부나 개인을 통제하려는 기업이 이런 장치를 이용하여 시민들의 일거수일투족을 감시할 수도 있다. 기업이 개인정보를 수집한 후 악용하여 개인을 재정적으로 착취한다거나, 독재적인 정부가 정치적 반대자를 통제하는 수단으로 사용하는 일도 얼마든지 벌어질 수 있다. 범죄자들이 현재로서는 상상도 할 수 없는 방식으로 우리를 감시하고 염탐하고 우리에게 해를 끼칠 수도 있다. 2005년의 발표 중에 알트만은 다음과 같은 조치를 권고했다.

- 스스로 작동하는 초소형 센서(수 센티미터 미만)는 생산을 완전히 금지해야 한다.
- 금속을 사용하지 않는 폭발물, 무기, 탄약은 금지해야 한다.
- 완전 의료용이 아닌 체내이식장치나 기타 체내이식형 기술은 10년이 지나면 자동으로 활동이 중단되도록 제작해야 한다.
- 무인 항공기나 군용차량 및 시스템은 금지해야 한다. (유감스럽게도 무인 드론은 갈수록 늘고 있다.)
- 우주 무기는 국제적으로 포괄적 금지에 합의해야 한다.
- 화학 무기와 생물학 무기에 관한 규정을 엄격하게 지키고 더욱 강화해야 한다.

국제사회가 이런 제안에 합의하고 따를 가능성은 진혀 없다. 알트만 박사도 그렇게 생각할 것이다. 기술적 능력의 빠른 발달, 전쟁 부담, 의료와 자유시장 경제라는 면에서 이런 기술의 필요성 등을 감안하면 이런 규제는 비현실적이다. 하지만 엄청나게 어렵다고 해도 우리의 희망은 그것뿐이다. 현실이라는 제약 속에서 남용될 가능성을 한 번에 하나씩, 차근차근 해결해 나가는 수밖에 없다.

자기 손으로 이런 발전을 이룩한 우리 세대조차 이제껏 한 번도 마주한 적 없는 문제에 어떤 해결책을 제시해야 할지 전혀 알지 못하며, 아무런 준비도 되어 있지 않다. 어쩌면 인류는 몇 번의 심각한 위기와 비극을 겪은 후에야 이런 기술이 골칫거리가 아니라 반드시 필요한 것이 되려면 어떻게 해야 할지 깨닫게 될지 모른다. 아인슈타인이 말했듯 생각이 애초에 문제를 일으켰던 수준에 머물러서는 문제를 해결할 수 없다. 우리는 의학을 비롯한 몇몇 분야에서 위대한 승리를 거두고, 전쟁을 비롯한 다른 분야에서 쓰디쓴 경험을 한 후에야 융합기술이라는 엄청난 힘을 통제할 수 있을지 모른다.

● ● ●

정치적 좌우에 관계없이 융합기술을 이용한 근본적 차원의 인간강화에 반대하는 세력은 무수히 많다. 반인간강화 정서 자체가 하나의 강력한 세력이다. 프랜시스 후쿠야마처럼 보수주의자들만 인간강화에 반대하는 것이 아니다. 좌파 쪽에도 강력한 반대 움직임이 있다. 2004년에 출간된 진지한 저서 《시민 사이보그-민주사회가 재설계된 미래의 인류에 대응해야 하는 이유Citizen Cyborg: Why Democratic Societies Must Respond to the Redesigned Human of the Future》에서 제임스 휴즈James Hughes는 이런 경향의 근원이 2차대전의 공포, 특히 나치 우생학과 원자폭탄까지 거슬러 올라간다고 지적한다. 기술에 대한 공포로 인해 진보 진영에서는 과학을 옹호하는 계몽적 실증주의가 서서히 퇴조하고, 휴즈의 표현을 빌리자면 "자본주의에 반대하는 자유분방한 급진주의와 연결된 탈산업적 사회주의의 목가적 비전, 유사과학, 유심론과 흙으로 돌아가자는 공동체의식"이 대두된다.[6] 진보주의자조차 여전히 근본적 차원의 기술발전에 의구심을 갖고 기업의 소비지상주의, 가부장주의, 권위주의적 독재정부, 환경 파괴, 인종차별, 성차별, 그리고 이런 현상들이 야기하는 모든 학대의 이미지를 떠올린다. 하지만 이런 불신감의 가장 밑바닥에는 과학과 자본과 정치적 압제의 반대 개념으로 과거에 대한 낭만주의적 관념이 자리잡고 있다.

역설적이지만 과거를 지나치게 낭만적으로 보는 관념은 우파 쪽에서도 러다이트 운동의 정서 또는 본능적 감정과 맥을 같이 한다. 이데올로기의 스펙트럼에서 양끝에 위치한 극단주의자들이 과거에 대한 감상적인 비전과 현재의 사회적, 경제적 제도에 대한 깊은 불신을 공유하는 경향이 있다는 사실은 근본적 차원의 기술발전에 대한 태도가 좌파와 우파라는 뚜렷한 경계를 넘어설 수 있다는 뜻이다. 예컨대 낙태나 자본주의적 자유시장경제 등의 문제에 관해 각 진영은 매우 확고한 입장을 지니고 있지만, 근본적 인간강화에 관련된 문제들은 인간 심리에 완전히 새로운 압력으로 작용하여 지금과 전혀 다른 사회적 지지 기반과 구조를 이끌어낼 수 있다. 휴즈는 신좌파New Left 활동가 토드 기틀린Todd Gitlin을 인용하여 신좌파들의

심리를 "미래에 대한 불신...우리는 스스로 미래를 만들어낼 수 없음을 깨달았다."고 묘사한다.[7]

여기서 가장 중요한 문제는 신뢰다. 인간성에 대한 불신은 생명보수주의 진영과 신좌파 자유주의 진영의 사고방식의 기저에서 거의 항상 반복되는 주제다. 양쪽 모두 인류가 미래에 대해 현명한 선택을 할 것이라고 믿지 않으며, 상대방이 품위있는 도적적 기반과 선량한 의도를 갖고 있다고 생각하지 않는다. 양쪽 진영이 해소하기 어려운 교착상태에 빠진 이유가 여기에 있다.

기술적 장치가 신체에 통합되는 경향에 대해 생각해볼 또 다른 주제가 있다. 우리는 컴퓨터나 스마트폰의 형태로 우리를 둘러싼 세계에 대한 지식을 포함하여 삶을 강화하는 기술을 확보했다. 이런 기술을 몸과 뇌에 통합시키는 것은 그저 주머니에 넣고 다니는 것과 근본적으로 어떤 차이가 있을까? 그것은 기술이 우리의 일부가 되어 가는 과정에서 언제라도 원할 때는 자신의 의지에 따라 사용할지 사용하지 않을지를 결정할 수 있느냐에 달려 있다. 이렇게 말할 수도 있겠다. 우리가 기술을 통제하는가, 기술이 우리를 통제하는가? 기술이 의식적으로 선택하지 않은 방향으로 우리를 변화시키는가? 그러나 우리는 두 발로 서고, 돌로 된 도구를 발명하고, 자식을 교육시키고, 문신이나 장신구로 몸을 치장하는 것으로부터 중매 결혼이나 배우자를 신중하게 선택하는 형태의 선발번식(selective breeding, 일종의 유전공학이다.)에 이르기까지 끊임없이 인간강화를 진행시켜왔다는 사실을 인식해야 한다. 이런 행동이 인류에게 큰 해를 끼쳤다고 하기는 어렵다. 아니, 사실 정반대다. 이런 행동은 생존경쟁에 큰 도움이 되었다.

유전공학에 대해 C. S. 루이스C. S. Lewis는 어떤 세대가 스스로 적절하다고 믿는 방향으로 후손들을 변화시킬 수 있는 능력을 갖는다면, 이후 모든 세대는 조상의 선택에 무력하게 복종하는 일종의 노예 상태 속에서 살아가게 된다고 주장했다. 자유주의적 과학 저술가인 로널드 베일리는 이렇게 답한다. "하지만 과거 세대가 미래 세대의 유전적 운명을 통제하지 않았던 적이 한 번이라도 있었을까? 우리 조상들 역시 배우자를 통해 어떤 형질을 이어갈 것인지 선택했다. 오늘날 우리가 지닌 모든 유전자는 그런 선택의 결과다."[8] 그는 사람들이 유전자 선택에 있어 임의성과 우연이라는 개념에 일종의 집착을 갖고 있다고 믿으며 이를 거부한다. "다행히 우리 후손들은 그 어느 때보다도 강력한 기술과 함께 우리가 그들의 미래를 위해 생식과 인간강화라는 측면에서 어떤 결정을 내려야 할지 고심했던 경험을 십분 활용할 수 있다. 그들은 결코 현재 우리가 내리는 결정에 사로잡힌 포로가 아니다… 물론 향후 세대가 지금 우리가 내리는 결정의 포로가 되는 시나리오가 아예 존재하지 않는 것은 아니다. 그것은 바로 공포에 사로잡힌 나머지 그들이 안전한 생명공학과 유전공학의 혜택을 이용하지 못하게 막는 것이다."

진영을 불문하고 일부 생명윤리학자와 사회비평가들은 일종의 유전적 및 기술적 카스트 제도에 의해 분열된 디스토피아적 미래가 올 수 있다고 경고한다. 가진 자는 모든 강화기술을 마음껏 사용하여 더 건강해지고, 더 똑똑해지고, 더 강해지고, 더 오래 사는 반면, 가난한 자는 생물학적 열등성이라는 수렁에 빠진 채 갈수록 뒤처진다는 것이다. 그 결과 인류는 두 가지 뚜렷한 계층으로 나뉜다. 생물학적, 기술적으로 강화된 사람은 '자연상태인 사람'을 자신에게 봉사하며 험한 일을 도맡는 야만인 정도로 취급하고, 심지어 필요하다면 대량학살할 수 있는 소모품으로 간주한다. '자연상태인 사람'이 다가올 운명을 감지하고 선수를 쳐서 강화된 사람들을 대량학살할 수도 있다. 어느 쪽이든 전 세계적인 재앙이다. 하지만 이런 시각은 지나친 것이다. 모든 신기술이 부유층에 보급된 후 시간이 지나면 차츰 그다지 부유하지 않은 계층으로 확산되며, 민주주의가 발전할수록 사회는 모든 기술에 평등한 접근성을 보장하는 사회적 메커니즘에 가치를 둔다. 각국의 국민건강보험 프로그램은 치매나 경도 인지장애에 대한 뇌 이식 등 의학적 치료의 평등한 보급을 크게 향상시킬 수 있다. 그보다 더 중요한 질문은 치료해야 할 '질병'이 없는 사람이 첨단기술에 의한 '강화'로 간주되는 의료 서비스를 이용할 때도 정부나 민간 보건시스템(민간 보험 포함)에서 비용을 부담할 것인지이다.

이미 신체적 또는 정신적 강화를 제공하는 일부 약물 및 시술의 접근성은 필수 의료의 영역으로 간주되는 추세다. 결정적인 요소는 어디까지가 치료해야 할 질병이냐에 대한 사회와 의료계의 컨센서스인 것 같다. 극도로 수줍음이 심한 사람은 팍실Paxil을 복용하면 보다 외향적으로 행동하며 사회적으로 편해질 수 있다. 수줍음이란 성격일 뿐 질병이 아니라는 이유로 그런 치료에 반대하는 사람도 있지만, 약물의 도움을 받아 그런 상태에서 벗어난 사람들은 누가 뭐라 하든 수줍음이란 고통스러운 상태이며 자신들은 거기서 벗어나기를 간절히 원한다고 주장한다. 어쨌든 정부와 보험회사들은 극도로 심한 수줍음이 하나의 장애라는 데 의견이 일치한 것 같다. 그러지 않았다면 사회불안장애라는 병명을 만들고, 그 문제를 치료하는 약물 비용을 부담할 리 없다. 비아그라도 마찬가지다. 과거에는 남성이 나이가 들어 성기능을 잃는다는 사실을 당연하게 받아들였지만, 이제는 발기부전이 병이며 약물로 치료할 수 있다는 사실을 당연하게 받아들인다. 한편, 사고를 당한 사람의 재건 성형수술 비용을 기꺼이 지불하는 보험회사도 얼굴 주름제거술 비용은 부담하지 않는다. 나이가 들면서 얼굴이 늙는 것은 치료해야 할 질병으로 간주하지 않는 것이다. 하지만 어떤 상태가 심리적 고통을 일으키는지에 관한 사회적 기준이 계속 달라질 수 있으므로 앞으로도 그럴지는 알 수 없다. 이제 점점 많은 '상태'나 '조건'이 시나브로 '질병'이나 '장애'의 범주로 옮겨가 치료나 교정이 필요하다고 인정되는 추세다. 비아그라를 생각해본다면 사회적 및 정서적 고통을 수반하는 상태를 포함하여 모든 노화의 징후가 치료 대상으로 간주되는 날이 올 수도 있지 않을까?

노화에 관련된 치료들을 받아들일 것인가, 그렇다면 어디까지 받아들일 것인가? 많은 부분이 우리의 사회적 태도에 달려 있다. 노화는 질병인가? 생물학과 모든 분야의 노인학은 이 문제를 의학적인 관점으로 접근한다. 그리고 현대사회는 대중문화에서 뚜렷이 드러나듯 강박적으로 젊음을 추구한다. 제7장에서 자세히 살펴보겠지만 우선 한 가지 핵심적인 점을 짚고 넘어가자.

어떤 상태를 질병으로 간주하려면 어떤 형태든 '정상인 것'과 뚜렷한 차이가 있어야 한다. 수줍음이나 우울감에 치료를 허용하고 심지어 권장한다면, 정상적인 상태에서 사람은 반드시 합리적인 수준으로 외향적이며 활기가 있어야 한다는 관점에 동의하는 것이다. 현재 우리 문화는 최소한 이 점에 관해 분명히 그렇다고 받아들이는 셈이다. 이런 상태를 치료해야 할지 결정할 때 가장 중요한 문제는 당사자가 수줍음이나 우울감을 **원하지 않는 고통으로** 경험하느냐이다. 정신질환을 정의하고 치료 및 보험급여 기준을 제공하는 미국 정신의학협회American Psychiatric Association, APA의 지침서《정신장애 진단 및 통계편람Diagnostic and Statistical Manual of Mental Disorders, DSM》에서도 이런 기준을 보편적인 척도로 삼는다.

DSM은 '정상'이라는 상태를 구체적으로 정의하지 않으며, 정신건강을 명확하게 구분되는 현상이 아니라 폭넓은 스펙트럼으로 인식한다. 한쪽 끝은 건강하다고 간주되는 상태, 다른 쪽 끝은 심각한 병적 상태라고 할 때 모든 사람이 그 사이 어디엔가 존재한다는 뜻이다. 2012년에 출간된 최신판《DSM-5》에서는 사상 최초로 각각의 정신장애가 다양한 중증도로 존재한다는 사실을 인정했다. 예컨대 어린이 성애증pedophilia은 그 자체로서 질병으로 분류되지는 않지만 어린이에게 성적으로 끌린다는 느낌에 의해 원하지 않는 고통을 받는 경우, 하나의 장애로 분류된다. 이른바 어린이 성애장애 Pedophilic Disorder다.[9] 이런 결정은 거의 히스테리에 가까운 반대에 부딪혔으며, 나중에 APA에서 어린이 성애증에 관련된 감정에 따라 행동하는 것은 명백한 범죄로 간주한다는 입장을 분명히 밝힌 후에야 논란을 잠재울 수 있었다. 하지만 정신의학 영역에서 논란은 아직 끝나지 않았으며, 가까운 장래에 어떤 형태로든 재연될 것이다.

APA 같은 학술단체가 치료 대상을 결정하는 데 강력한 영향을 미치는 것은 사실이지만, 자본주의 사회에서 그때그때 변덕스럽게 달라지는 시장의 수요를 과소평가할 수는 없다. 2012년 미국인들은 유방확대술, 지방흡입술, 얼굴 주름제거술, 코 성형술, 보톡스 주사 및 필러 시술 등 130만 건에 달하는 성형시술에 11억 달러를 지출했다.[10] 의료보험이 적용되지 않는 성형수술이 이렇게 급증하는 현상을 볼 때 더 많은 사람이 시술 비용을 부담할 경제적 여유가 생긴다면 분명 훨씬 많은 성형수술이 시행될 것이다.

더 많은 질병에 더 많은 치료를 제공해야 한다는 환자들의 요구를 비롯해 강력한 사회적 압력이 존재하지만, 약물이든 이식장치든 모든 형태의 강화, 특히 정신적 강화에 반대하는 사회적 압력 또한 만만치 않다. 심미적 강화를 생각해보자. 머리를 염색한다든지 화장품을 사용하는 등 소박한 형태의 강화는 널리 용인되지만, 얼굴 전체적으로 주름을 제거하거나 인공적 이식물을 집어넣어 뺨을 부풀리는 수준에 이르면 반응은 엇갈리기 시작한다. 특히 오늘날 여성에게 사회적으로 용인될 정도로 예뻐야 한다는 기준과 지방흡입술, 입술성형술, 주름제거술 등 '지나치게 멀리' 가는 것 사이의 경계는 매우 모호하다. 그렇지 않다면 성형수술을 받는 사람이 계속 늘어나는데도 남성이든 여성이든 그 사실을 감추려고 하는 이유를 설명할 수 없다. 그렇다. 우리는 일정한 미적 기준을 충족시키는 것과 '자연스러운' 것 사이에서 어느 쪽으로 가야 할지 결정하지 못하고 갈팡질팡하는 사회에서 살고 있다. '진실한 것'이 무엇이냐는 질문에 대해 말은 그럴듯하게 하지만 실제 행동은 거기에 훨씬 못 미친다. 특히 가장 중요한 장기인 뇌의 강화에 대해서는 갈수록 논쟁이 치열해진다. 뇌야말로 정체성 그 자체이며, 뇌를 함부로 조작하는 것은 잠재적으로 위험할 뿐 아니라 엄청난 불평등을 초래할 수 있다는 데는 이견이 없다.

독일의 보수 철학자 브루노 마체스Bruno Macaes는 이렇게 썼다. "누군가 뇌 이식에 의해 초인적인 기억력을 갖게 되는 모습을 보고 감동하는 것은 어리석은 일일 것이다."[11] 그럴지도 모른다. 하지만 이식기술을 이용해 정신적 기능을 향상시키고 더 많은 지식을 습득하는 것이 교육과 암기를 통해 똑같은 목표를 달성하는 것과 왜 다른지 명확하게 설명하기는 어렵다. 마체스와 비슷하게 생각하는 사람들은 타고난 뇌와 전통적인 교육법에 의해 새로운 것을 배우려고 꾸준한 노력을 기울이는 데 가치가 있다고 주장할지도 모른다. 일리있는 말이다. 어떤 일에 노력을 기울이는 경험은 목표를 달성하는 것 외에도 종종 다른 이익을 가져온다. 인내심, 집념, 즉각적인 만족을 유보함으로써 더 큰 목표를 추구하는 능력, 극기와 진정한 자존감의 고양, 성취에 대한 자부심, 자기확신 같은 것들이다. 하지만 더 높은 능력을 지닌 사람이 같은 노력을 기울인다고 해서 그런 이익을 얻지 못할까? 기술적 강화에 인간의 분투와 노력을 배제하는 요소가 내재된 것은 아니다. 보다 높고 보다 효율적인 수준에서 그런 분투와 노력을 기울일 수 있을 가능성을 제공할 뿐이다.

마체스의 우려는 한걸음 더 나아간다. 인간강화를 통한 혁신 방안을 연구하는 과학자들조차 "가장 기본적인 과정들을 진정으로 이해"하지 못하며, 어느 누구도 "생명공학적 강화를 외부에서 바라보고 그 정당성을 판단할 위치에 있지 않다. 아무도 책임지지 않는 것이다."[12] 이런 우려 역시 매우 타당하지만 역사상 최초의 시도, 즉 최초의 수술, 최초의 예방접종, 최초의 우주여행, 최초의 신대륙 탐험에도 똑같은 두려움과 의구심이 존재했을 것이다. 이렇게 진취적인 모험이 어떻게 전개될지는 공포를 극복하고 신념을 지닌 채 과감하게 실행에 옮길 때까지는 어느 누구도 알 수 없다. 규모가 크고 야심에 찬 혁신은 항상 우리를 한 번도 경험해보지 못한 곳으로 이끈다. 위험을 받아들이고 싶지 않다는 이유로 새롭고 대담한 모험을 아예 처음부터 배제해야만 할까?

마체스는 로널드 드워킨Ronald Dworkin의 저서 《삶의 결정권Life's Dominion》을 언급한다. 드워킨은 "오랜 기간 힘든 작업과 비상한 노력을 필요로 하는 어떤 과정이나 모험을 결행하겠다는 신성한 생각, 기술적 복제의 시대에도 복제 불가능한 종류의 투자"의 가치를 옹호한다.[13] 하지만 인간의 생산성이 엄청나게 향상된 계산기와 컴퓨터의 시대에도 삶은 결코 쉬워지지 않았으며 여전히 노력과 분투가 필요하다. 물론 더 많은 일을 더 빨리 할 수 있는 새로운 조건하에서 노력과 분투의 맥락이 달라진 것은 사실이지만, 훨씬 많은 것을 훨씬 빨리 성취해야 한다는 압박감 역시 커졌다. 밭을 가는 사람이 적어졌다고 해서 평균적인 사무직이 노력을 기울이지 않아도 되거나 스트레스가 없어진 것은 아니다. 물론 지금 속도로, 또는 레이 커즈와일이 예측했듯 가속화된 속도로 발전이 진행되어 세상의 물질적 필요가 대부분 충족된다면 생존이나 물질적 필요를 위해 지금처럼 열심히 노력할 필요는 없을지 모른다. 그렇다 해도 인류는 앞으로도 상상할 수 없을 만큼 오랫동안 사회적, 지적, 문화적, 예술적, 영적 목표를 위해 노력해야 할 것이다.

과거를 돌아보면 우리 능력이 크게 향상될 때마다 새로운 도전과 새로운 성취의 길이 열렸다. 적어도 예측 가능한 미래에 본질적인 인간 조건이 크게 달라지지는 않을 것이다. 상당한 변화가 생긴다면 그때는 인류의 모험이 상당히 진행된 뒤일 것이며, 그때는 오늘날의 우리와 전혀 다른 방식으로, 훨씬 잘 대처할 준비가 된 인간 또는 트랜스휴먼이 상황에 대처할 것이다.

마체스는 근본적인 강화를 받아들이면 진정성이라는 귀중한 가치를 잃는 동시에 삶이라는 게임에서 부정행위를 저지르는 것이라고 생각한다.

> 뭔가를 성취하여 행복과 기쁨을 느끼는 사람을 생각해보자. 그는 모든 것을 바쳐 그 일을 해냈다. 간절히 바라는 것만으로는 아무 일도 일어나지 않는다. 그는 이 사실을 너무나 잘 안다. 자기 힘으로 그 일을 이루어냈기 때문이다. 그는 인간 조건을 극복하는 방법과 그 의미를 터득했다. 이제 강력한 기분조절제를 복용하고 똑같은 행복감을 느끼는 불쌍한 사람을 생각해보자. 그에게 일어나는 어떤 일도 직접 행동해서 얻은 결과가 아니다. 그는 어떤 일이 일어나든 매우 불행하다고 느낀다. 어떤 일에도 신경을 쓰지 않을 뿐이다. 자기와 아무 관계가 없기 때문에, 그는 어떤 일이 일어나든 행복하다. 주변에

서 벌어지는 일은 외부 세계의 일이며, 마음대로 할 수 없는 조건에 따라 일어난다. 그는 그런 조건들을 극복해본 적이 없다... 생명공학적 강화가 약속하는 것들은 대부분 현대 첨단기술이 근본적인 차원에서 우리를 배신한 데 지나지 않는다. 기술의 수단과 목적에 의해 우리는 실재하는 세상과 멀어지고, 실재하는 조건을 우리에 맞춰 극복하려는 의욕을 잃게 된다.[14]

마체스는 몇 가지 강력한 가정을 도입한다. 우선 완벽하게 공정한 운동장을 가정한다. 삶의 조건을 극복하고 자기 뜻대로 살아가는 방법과 의미를 터득한 사람은 애초에 높은 지능과 사교적인 성격, 정서적 강인함, 긍정적인 발달 환경 등을 타고나지 못한 반면, 기분 조절제를 복용하는 사람은 그런 천부적 재능이나 운을 타고나지도 못했을 뿐 아니라 우울한 상태에 있다는 것이다. 그런데 첫 번째 인물은 지혜와 고결함을 얼마든지 발휘할 수 있고, 두 번째 인물은 그저 너무 게을러서 살아가는 데 필요한 능력을 익히기보다 부정행위를 하기로 했다. 하지만 우리의 도덕적 판단이 어떻든 의사들이 아무런 증상도 없는 건강한 사람에게 '기분 조절제'를 투여하지는 않는다. 항우울제를 처방받는 것은 불안과 우울에 시달리기 때문이다. 사실 우울감에 짓눌린 사람에게 약물을 처방하는 것은 공정한 운동장을 만들기 위해서다. 약물의 힘으로 대처 능력이 향상되었다고 해서 개인이 삶의 조건들을 극복할 필요가 없어지는 것은 아니다. 약물은 단지 타고난 능력을 발휘할 수 있도록, 조금이라도 유리한 쪽으로 행동할 수 있도록 도와줄 뿐이다.

두 번째 가정은 외견상 삶을 살아가는 방법과 의미를 터득한 것처럼 보이는 사람은 아무런 문제가 없고, 개인적 고통을 겪지 않으며, 해결해야 할 걱정거리도 없다는 것이다. 유명인의 자살 소식에 너무나 익숙해진 우리는 그런 가정을 믿을 수 없다. 2014년에 자살로 생을 마감한 코미디언이자 배우 로빈 윌리엄스는 부유하고 성공적인 삶을 누리며 팬들의 사랑을 한몸에 받았다. 어떤 사회적 기준으로 보아도 성공의 정점에 서 있었다. 하지만 밝혀진 바에 따르면 그는 루이 소체Lewy body 질환이라는 치명적인 치매에 시달렸다. 그의 부인은 그가 병 때문에 자살했다고 믿는다.

장차 다가올 트랜스휴먼 시대의 삶에 대한 우리의 인식은 어린이가 성인을 바라보는 것에 비유할 수 있을지 모른다. 어린이의 눈에 부모는 어디든 마음대로 오가고, 원한다면 늦게까지 깨어 있고, 원하는 대로 돈을 쓰고, 차를 몰고, 어린이가 누릴 수 없는 모든 자유를 누리는 것 같다. 하지만 어린이는 부모의 자유와 능력만 볼 뿐 성인으로서 감당해야 하는 걱정과 염려, 무거운 책임은 알지 못한다. 지능이 높고, 활력이 넘치며, 오래도록 건강한 삶을 영위하는 사람은 아무런 문제나 어려움이 없을까? 천진한 생각이다. 생명을 위협하는 질병이나 끝없이 닥치는 노화의 징후 등 현재 우리가 겪는 어려움에 맞서 싸우는 데 노력을 기울일 필요가 없어진다면, 그때 우리는 사회적, 지적, 영적인 영역에서 보다 높은 수준의 문제와 도전에 직면할 것이다.

많은 사람이 인간강화라는 문제를 최후의 심판에 버금가는 재앙으로 받아들이지만, 거기서 낙관과 희망을 보는 사람도 있다. 타고난 낙관주의자와 비관주의자가 있으므로 의견이 갈리는 것은 자연스럽다. 낙관주의자는 긍정적인 결과를 기대하는 편향을 지니는 반면, 비관주의자는 부정적인 결과를 예상하기 쉽다. 긍정적이든 부정적이든 결과 자체가 기대를 충족시키는 경향, 즉 자기 충족적 예언이 존재한다는 사실은 심리학적으로 입증되어 있다.

로널드 베일리는 주장한다. "우리 정체성에서 신성불가침의 영역이 있다면 그것은 삶의 서사, 강화되었든 그렇지 않든 우리가 경험한 것들의 총합이다. 생명공학을 이용해 기분을 밝게 하고, 성격을 개선하고, 지능을 향상시키고, 잠을 줄이고, 길고 건강한 삶을 누리고, 성별을 바꾸고, 심지어 생물종을 바꾼다 해도 우리의 정체성은 그대로 유지되며, 어쩌면 더욱 풍요로워질 것이다."[15] 직접적으로든, 간접적으로든 선택을 통해 우리는 자신과 멀어지는 것이 아니라 훨씬 가까워진다는 것이다.

인간이란 부분적 요소의 총합을 넘어서는 존재다. 유전적으로 물려받은 것, 살면서 경험한 것, 성취한 것을 모두 합친다고 해도 마찬가지다. 우리 욕망의 가장 깊은 곳에는 진정한 나를 발견하고 싶다는 욕구가 자리잡고 있다. 삶이란 끊임없이 뭔가가 되는 과정이다. 경험은 점점 늘어나고, 우리는 좋은 쪽 또는 나쁜 쪽으로 변화하여 결국 처음 삶을 시작했을 때, 또는 한때 그랬었다고 생각하는 존재와 전혀 다른 존재가 되어 간다. 타고나지 못한 자질이나 능력을 간절히 원하지 않는 사람이 어디 있겠는가? 의도적으로 선택한 특성이 순전히 우연에 의해 타고난 특성만큼 의미를 갖지 못할 이유가 있을까? 한 개인으로서, 하나의 생물종으로서 인간강화라는 여행을 통해 우리가 어떤 정체성을 지니고, 어떤 존재가 될지 알아보는 유일한 방법은 그 여행을 떠나는 것뿐일지 모른다.

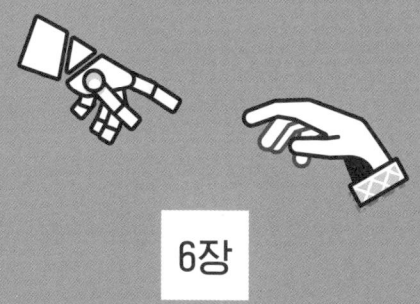

6장

| 보다 나은 뇌를
| 만들기 위해

　신경과 의사 더글러스 샤리Douglas Scharre는 주로 알츠하이머 환자를 진료한다. 다른 환자를 봤다면 '바다 깊은 곳의 조개처럼 행복하게' 살았을 것이다. 이 끔찍한 병은 항상 끊임없이 진행한다. 예외는 없다. 의사로서 도움이 되지 못하고 그 비참한 모습을 그저 지켜보는 것은 괴로운 일이다. 하지만 오하이오 주립대학에서 기억력장애 클리닉을 이끄는 그는 자신을 탓하듯 부드러운 미소를 지으며 장차 좋은 치료법이 개발되리란 희망을 버리지 않는다. 같은 대학 신경외과의 알리 레자이Ali Rezai와 의기투합한 것도 그런 희망에서였다. 그들은 초기 알츠하이머 환자를 일종의 뇌 '박동조율기'를 이용해 치료하는 소규모 연구를 시작했다.

　알츠하이머병만큼 무서운 병도 없다. 사람들은 암이나 심장병, 그밖의 어떤 병보다도 치매를 두려워한다. 안개가 낀 것처럼 뇌 기능과 기억력이 희미해지다가 점차 혼자서는 아무 것도 못 하는 상태가 되고 결국 죽음에 이른다. 환자는 미국에만도 이미 4백만 명이 넘는다. 대도시 하나를 완전히 채울 정도다. 베이비붐 세대가 노화하면서 2040년에 이르면 알츠하이머 환자가 9백만 명에 달해 의료시스템에 엄청난 부담이 될 것으로 전망된다.[1] 가족들의 고통 또한 절박하다. 낸시 메이스Nancy Mace의 베스트셀러 《하루 36시간The 36-Hour Day》은 알츠하이머병을 앓는 가족을 돌보는 일이 얼마나 힘든지 전 세계에 알렸다.

알츠하이머병과 관련된 뇌의 생리적 변화는 증상이 나타나기 훨씬 전에 시작되는 것 같다. 자연 상태에서 뇌에 존재하는 베타 아밀로이드beta-amyloid라는 단백질이 비정상적인 구조를 띠면서 한데 엉겨 끈적한 판plaque 모양으로 뇌세포 사이에 축적된다. 한편 뇌세포 자체는 타우tau라는 또 다른 단백질에 의해 생성된 신경섬유매듭neurofibrillary tangle과 엉킨다. 이상 단백질이 실제로 알츠하이머 증상을 일으키는지는 분명치 않지만, 이런 현상이 일어나면 얼마 안 있어 뇌세포가 죽기 시작한다. 손상이 가장 두드러지는 부위는 기억을 저장하는 해마海馬다. 시간이 더 지나면 뇌 전체가 손상받는다. 뇌세포가 계속 죽어 뇌 자체가 쪼그라든다. 기억력뿐 아니라 사고 능력과 성격도 점점 사라지며, 결국 숨쉬고 음식을 삼키는 뇌간 기능마저 잃는다. 이 과정은 매우 길고 고통스러우며 예외없이 치명적이다.

가장 두려운 것은 알츠하이머병이 시작될 때 나타나는 가벼운 건망증이 정상적인 노화와 구별하기 어렵다는 점이다. 50세가 넘으면 누구나 자동차 키를 엉뚱한 곳에 두어 찾지 못할 때 혹시 치매가 시작된 것은 아닌지 겁에 질리곤 한다. 의사들은 이렇게 구별한다. 키를 어디에 두었는지 잊어버렸다면 아닐 가능성이 높다. 하지만 자동차 키를 보고 어디에 쓰는 물건인지를 잊어버린다면 알츠하이머병일 가능성이 있다. 기억력이 점점 나빠지면 서서히 안절부절못하거나, 망상에 사로잡히거나, 환각을 겪는 등의 증상이 뒤따른다. 증상의 악화를 잠시 늦추는 약물은 있지만 장기적인 추세를 멈출 수는 없다. 말기에 이르면 환자보다 가족이 훨씬 고통스럽다. 환자는 사람도 알아보지 못하고, 자신에게 어떤 일이 벌어지는지도 이해하지 못한 채 망각의 늪으로 깊이 빠져든다. 오래된 기억일수록 더 오래 남기 때문에 종종 환자는 어릴 때 기억에 사로잡혀 문자 그대로 '다시 아기가 된다.' 몸은 그대로지만 사람은 어디론가 사라져버리는 이 단계는 가족에게 더욱 고통스럽다. 환자가 죽고 나면 오히려 고통이 줄지만 신체적, 정서적, 재정적으로 완전히 소진된 채 복잡하기 짝이 없는 애도의 시간을 겪는다.

뇌 박동조율기 연구를 위해 전화 면담을 할 때 샤리 박사는 연구 목적을 설명하면서 '완치'라는 말을 쓰지 않으려고 주의한다. 뇌의 전두엽에 심부 뇌자극을 가해 알츠하이머 환자의 지적 기능을 더 오래 유지할 수 있는지 알아보는 연구다. 뇌 손상이 광범위하게 진행된 상태에서는 어떤 치료를 해도 되돌릴 수 없다. 하지만 조기에 발견한다면 다만 몇 년이라도 심각한 장애를 늦출 수 있으리라 기대하는 것이다. 결국 마찬가지라고 생각할지 모르지만 환자와 가족에게는 결코 작은 선물이 아니다. "80세에 발병했다고 칩시다. 알츠하이머병이 아니라도 85세까지 살지 못하는 사람이 많습니다. 진행을 5년만 늦출 수 있다면 병이 낫는 거나 다름없죠." 알츠하이머병이 인격과 인지능력과 기억력과 다른 뇌 기능을 모두 집어삼키기 전에 다른 원인으로 죽을 수도 있다. 그렇다면 마지막 몇 년간 진행을 늦추는 것은 환자와 가족에게 의미있는 선물이 될 수 있다.

현재 기억력 개선을 목표로 FDA의 승인을 받고 초기에 사용하면 의미가 있다고 생각되는 약물은 아리셉트Aricept, 엑셀론Exelon, 라자다인(Razadyne, 우리 나라에는 레미닐이라는 이름으로 출시됨.-역주) 등 세 가지다. 병이 중기中期에 접어들면 나타나는 다양한 행동 문제를 조절하기 위해 기분안정제, 항우울제, 항정신병제 등을 사용하기도 한다. 샤리는 이때 나타나는 행동장애를 "분노, 불안, 흥분"이라고 요약하며, 왜 많은 사람이 이런 상태를 개선하기 위해 약물을 사용하는 데 반대하는지 알 수 없다고 말한다. "용어의 문제입니다. '정신작용제'라는 말 자체가 의구심을 일으키는 거죠. 그 말은 약이 뇌에 작용한다는 의미일 뿐입니다. 뇌의 병이니 뇌에 작용하는 약물을 써야 하지 않겠습니까? 심장병이 생겼다면 당연히 심장에 작용하는 약을 쓰겠지요. 그런 점에서 뇌가 심장과 다를 게 있나요?" 뇌에 작용하는 모든 약물을 죄악시하는 강경한 정신과학 반대운동이 그런 생각과 관련이 있을지 모른다고 지적했다. 그는 대답했다. "아주 똑똑한 사람 중에도 그런 태도를 지닌 분들이 있지만, 약물은 실제로 도움이 됩니다. 그 사실을 인정하고 조기에 써야 하지요. 우리는 앞으로 더욱 효과적인 약물이 더 많이 개발되기를 바랍니다."

알츠하이머병의 또 다른 치료 전략은 행동요법이다. 신체는 물론 정신적으로도 '운동'을 하는 것이다. "뇌를 활성화시키는 활동을 열심히 하라고 격려합니다. 밖에 나가 뭐라도 해야 합니다. 무슨 일을 하는지는 중요하지 않습니다. 뭔가를 한다는 사실이 중요하지요." 다양한 활동을 통해 약간 어려운 일을 시도하면 신경생성이 촉진된다. 새로운 뇌세포가 만들어지고 뇌세포 사이의 연결이 늘어난다. 피아노를 연습하고, 운동을 하면 뇌 신경 생성을 촉진하여 심부 뇌자극과 같은 효과가 나타날 것으로 생각된다.[2] 어떤 방법으로든 신경생성을 자극하면 뇌가 '예비능력'을 갖춰 알츠하이머병의 기능적 장애를 늦추는 데 도움이 될 수 있다.

뇌에 전기자극을 가하는 방법은 지난 200년간 정신질환을 비롯한 다양한 질병을 치료하는 데 이용되었다. 하지만 파킨슨병과 같은 신경변성질환, 본태성진전(本態性震顫, 특별한 원인없이 신체 일부분이 떨리는 현상-역주), 뇌전증, 강박신경장애 등에 효과가 입증된 것은 1960년대 들어서다. 현재까지 전 세계적으로 약 12만 명이 심부 뇌자극을 받았으며, 이를 통해 이 방법이 침습적이지만 상당히 안전하다는 사실이 입증되었다. 뇌 속에 전극을 이식할 때 약 1퍼센트의 환자에서 뇌졸중이나 대뇌출혈이 발생하며, 전극이 외부와 전선으로 연결되므로 그 뒤로도 5~10퍼센트의 환자에서 감염 등의 합병증이 생긴다.[3] 그러나 일단 전극을 이식한 후라도 문제가 생기면 수술을 하지 않고 전류를 꺼버릴 수 있다.

심부 뇌자극은 뇌의 특정 부위('접점')에 지속적으로 전기자극을 가해 신경회로, 즉 신경세포와 시냅스를 통한 신호 전달 패턴에 영향을 미친다. 그 부위가 지나치게 활성화되어 있는지(우울증), 활성이 떨어져 있는지(파킨슨병)에 따라 회로를 통해 전달되는 신호의 흐름을 빠르거나 느리게 변화시킬 수 있다. 뇌는 활동하지 않고 가만히 있는 정적인 장기가 아니다. 수많은 신경전달 회로를 통해 전기화학적 신호가 잠시도 쉬지 않고 빠른 속도로 전달되는 것이야말로 우리 의식의 특징이다. 뇌세포들은 촘촘하게 연결되어 있으며, 이에 따라 무수히 많은 '회로'가 형성된다. 이론상 어떤 회로에 변화가 생기면 그 뒤로 이어지는 수많은 접점과 회로에 영향을 미칠 수 있으므로, 결정적인 부분에 자극을 가하는 것은 이익과 위험의 가능성을 동시에 내포한다.

왜 전두엽에 초점을 맞추는지 물어보았다. 양쪽 전두엽에는 각각 하나씩 접점이 있는데, 이들은 뇌의 다양한 부위에서 발생한 전기적 신호가 모여들어 처리되는 '통제본부'로서 각성상태, 주의력, 집중력, 의사결정 등 소위 뇌의 '실행기능'을 수행하는 데 결정적인 역할을 하는 것 같다. 연구자들은 이 부위를 자극하면 전체적인 뇌 기능이 향상된다는 가설을 세웠다. 얼른 생각하면 해마에 초점을 맞춰야 할 것 같다. 들어온 정보를 처리하여 장기적 기억으로 저장하는 기관이기 때문이다. 하지만 해마의 세포들은 알츠하이머병의 매우 초기에 죽기 시작한다. 샤리 박사는 그 부위를 "사멸영역"이라고 했다. "알츠하이머병에서 뇌세포 손상은 기억력 회로를 시작으로 신경전달 경로를 통해 예측 가능한 양상으로 퍼집니다. 그래서 사멸영역은 건너뛰고 그 다음 접점, 즉 양쪽 전두엽에서 신호가 통합되는 곳을 목표로 삼는 거죠."

뇌 속에 인공장치를 이식하는 분야는 빠른 속도로 발전하고 있다. 지금까지 세 명의 알츠하이머 환자에게 전극을 이식한 레자이 박사는 벌써 차세대 이식장치의 출현을 내다본다. 현재 모델은 소형 전기신호 발생기를 쇄골 바로 아래에 이식한 후, 피부 밑으로 가느다란 전선을 목을 통해 귀 뒤쪽으로 정수리까지 밀어올린다. 정수리 부위의 두개골에 두 개의 구멍을 뚫고 전선을 뇌 깊숙이 삽입하여 양쪽으로 이마 바로 뒤까지 밀어넣는다. 전극이 정확한 부위에 위치하면 가벼운 전기신호를 전달하여 표적부위를 자극한다. 시술 중 환자는 완전히 깨어 있는 상태를 유지한다. 뇌는 통증을 느끼지 않는다. 두개골을 드릴로 뚫을 때 압력을 느낄 뿐이다. 현재 모델은 뇌 속의 정보를 수집하지 않으며, 배터리 수명 또한 3, 4년에 불과하다. 그 뒤에는 장치 자체를 교체해야 한다. 외래에서 시행할 수 있는 간단한 시술이지만 불편한 것은 사실이다.

차세대 뇌 박동조율기는 뇌에서 발생하는 다양한 신호를 적극적으로 감시하며, 필요한 경우 적절한 자극을 가해 뇌의 활동을 정상화시킨다. 현재도 뇌전증 환자에게는 이런 기능이 제공되며 발작 예방 효과도 입증되었다. 가히 혁신적이지만 일부 생명윤리학자는 우려를 표명한다. 가장 내밀한 정보라 할 수 있는 뇌의 활동을 수집하고 저장하는 데는 언제나 위험이 따르기 때문이다.

샤리와 레자이 박사는 물론 현재 어느 누구도 심부 뇌자극이나 다른 방법으로 알츠하이머병을 예방하거나 치료할 수 있다고 주장하지 않는다. 한편 평균수명이 늘어나면서 알츠하이머병이 전 세계적인 위기가 되리라는 데는 의심의 여지가 없다. 향후 40년간 세계적으로 1억 1,500만 명이 새로 알츠하이머병에 걸릴 것으로 예상된다. 어지간한 국가의 인구보다 훨씬 많은 숫자다. 환자들이 사회에 어느 정도 부담이 될지 짐작조차 할 수 없다. 머지않아 인간의 수명은 엄청나게 연장되겠지만 알츠하이머병이 존재하는 한 의미없는 일이다. 아니, 엄청난 재앙일 수도 있다. 현재의 치료가 그나마 의미가 있는 것은 고령의 환자들이 알츠하이머병으로 최악의 상황을 맞을 때까지 살지 못하기 때문이다. 75세에 알츠하이머병에 걸린 사람이 130세, 140세, 또는 200세까지 산다면 어떤 일이 벌어질까?

• • •

생명윤리학자들이 앞다투어 지적하는 또 다른 문제가 있다. 심부 뇌자극으로 뇌 기능이 크게 향상된다면 건강한 사람도 이용하려고 할 것이란 점이다. 인지장애를 겪는 사람과 그저 나이가 들어 기억력이 예전만 못한 사람을 명확하게 구분할 수 있을까? 샤리와 레자이는 절대로 건강한 사람에게 심부 뇌자극을 사용해서는 안 된다고 강조한다. 하지만 뇌 기능 향상을 위해 이 기능을 이용하고 싶어 할 사람이 많으리란 점은 쉽게 예상할 수 있다. 자유시장 경제하에서, 더욱이 인간강화에 대해 갈수록 개인의 선택을 중시하는 사회에서 그런 기술을 어떻게 규제할 수 있을까?

최근 《포브스Forbes》지는 미국인들이 뇌 기능을 개선한다는 제품에 지출하는 액수가 연간 13억 달러에 달한다고 보도했다. 뇌 기능을 향상하거나 보호한다고 선전하는 영양보조제 구입액 10억 달러와 리탈린Ritalin, 애더럴Adderall 등 인지기능 향상제에 지출한 규모를 알 수 없는 액수를 빼도 그 정도다.[4] 뇌 기능 강화 시장은 지금도 엄청난 규모이지만 베이비부머 세대가 나이 들면서 점점 커질 것이다.

제임스 휴즈는 윤리학과 첨단기술 연구소Institute for Ethics and Emerging Technologies 웹사이트에 현재 소비자들이 이용할 수 있는 다양한 인지강화기술을 정리했다. 매일 몇 시간씩 착용하면 자신의 마음상태를 인식하고 집중력, 기억력, 주의력 등을 유지하도록 훈련시켜 준다는 신경 피드백 장치도 있다. 저렴하지만 실제로 도움이 되는지, 얼마나 도움이 되는지 알기 어렵다. 솔직히 말해 하루 몇 시간씩 착용해도 안전하다는 제품이 효과를 나타낼 수 있을까? 인증받은 기술로는 경두개 직류자극술transcranial direct current stimulation, tDCS도 있다. 두피에 직접 약한 전류를 가해 자극하는 방법으로 수학, 언어, 기타 학습능력을 향상시킨다고 주장한다. 이 기술에 대한 연구 결과는 혼란스럽다. 회의적인 사람들은 몇몇 연구에서 tDCS와 동시에 고강도 뇌 기능 자극 운동을 시행했다고 지적한다. 인지기능이 향상되었다고 해도 우스꽝스러운 헤드셋 때문인지, 운동의 효과인지 알기 어렵다는 것이다. 이 헤드셋은 250달러에 팔리지만 얼마나 오래 사용해야 뇌 기능이 좋아지는지는 아무도 모른다.[5]

우울증 치료에 FDA 승인을 받은 기술로 1985년에 개발된 경두개 자기자극술transcranial magnetic stimulation, TMS이 있다. 언뜻 들으면 19세기에 유행했을 법한 돌팔이 의술 같지만 우울증은 물론 기억력, 특히 기억인출(회상) 속도를 개선하는 효과가 입증되었다. TMS는 커다란 전자기 코일이나 자석을 두피에 갖다 대는 방법으로 시행하는데, 신경세포를 탈분극시키는 동시에 신경성장인자 분비를 자극하여 신경생성을 촉진한다고 생각된다. 강박신경장애, 진전, 파킨슨병 등에 사용되며, 알츠하이머병이나 투렛증후군, 만성 통증, 난치성 우울증에도 효과를 시험 중이다. 군에서 자금을 지원하는 최첨단 연구도 있다. 이라크나 아프가니스탄에서 복무했던 군인들은 외상성 뇌 손상 발생률이 높은데, 미국방 첨단과학기술연구소DARPA는 이들을 위해 영구적으로 기억력을 강화하는 뇌 이식장치 개발에 상당한 액수를 지원한다.

2000년 이후 미국에서는 28만 명의 군인과 170만 명의 시민이 외상성 뇌 손상으로 진단받았다. 이 병은 뇌 손상 전에 형성된 기억에 접근하기 어려우며, 손상 이후에 생긴 일에 대해서는 새로운 기억을 형성하는 데 비슷한 어려움을 겪는 것이 특징이다. 이런 양상의 기억력 문제는 옷을 입고 신발끈을 묶는 등 단순 기억에도 영향을 미치므로 삶에 엄청난 장애가 된다. 물리치료, 정신치료, 작업치료 등을 총동원해도 회복 과정은 매우 길고 느리며, 완벽하게 회복되는 일도 드물다. '활성기억회복Restoring Active Memory, RAM'으로 명명된 DARPA 프로젝트의 목표는 외상성 뇌 손상 환자의 뇌에서 발생하는 신호를 포착하여 해석한 후, 필요한 뇌세포들을 자극하여 순식간에 기억에 접근하는 영구 뇌 이식장치를 개발하는 것이다. 이 장치는 해마와 내후각피질entorhinal cortex*에 직접 작용하여 새로운 기억을 형성하고, 오래된 기억에 접근하는 과정을 촉진하도록 설계된다.

RAM 프로젝트는 시급한 과제로 뇌과학자, 의사, 수학자, 물리

---

* 해마에 인접한 영역으로 해마와 신피질 사이를 연결하는 허브 역할을 한다고 생각됨.-역주

학자, 심리학자, 생명공학자는 물론 컴퓨터 및 전산 전문가들의 긴밀한 협력이 필요하다. 우선 목표는 장치의 수준을 한 단계 끌어올리는 것이다. 뇌 이식장치는 유연한 생체적합성 폴리머로 제작된 한 쌍의 초소형 고밀도 전극 어레이로 뇌에서 발생하는 다양한 신호와 신경자극을 64채널로 기록한다. 뇌 깊숙한 곳에 이식한 후 귓바퀴에 착용하는 작은 전자장치와 무선으로 통신하면서 기억 저장과 인출에 관련된 디지털 정보를 외장형 장치에 저장한다. 궁극적 목표는 기술을 직접적 뇌-기계 인터페이스의 영역으로 끌어올리는 것이다. RAM 장치는 예컨대 셰익스피어의 《맥베스Macbeth》를 통째로 외우는 것이 아니라 '생활과 생계'에 관련된 '과제기반 운동능력'을 회복하도록 설계된다. 군인이라면 전투 현장에 복귀하여 비행기를 조종하거나 전투 장비를 조작하며 전투 관련 의사결정을 내리거나, 가정으로 돌아가 시민으로 살아갈 수 있도록 회복시키는 것이다.

    RAM 프로젝트에서 자극의 주된 목표는 내후각피질이다. 프로젝트를 이끄는 이작 프리드Itzhak Fried는 이 부위가 "뇌에서 기억력을 담당하는 핵심 기능 부위로 통하는 결정적 관문"으로 경험을 포착하고 기억의 형태로 저장하여 장기 기억을 생성하는 데 핵심적인 역할을 한다고 설명한다. UCLA 정신과학 및 생물행동과학 교수인 프리드 박사는 UCLA 물리학 및 신경생물학 교수 마얀크 메타Mayank Mehta, 하버드 대학 신경과학 교수 개브리얼 크레이먼Gabriel Kreiman과 연구팀을 구성하여 뇌 속에 전극을 이식받은 뇌전증 환자에서 소규모 신경세포 집단, 심지어 단일 뉴런의 활성을 기록해왔다. DARPA 연구비는 이런 다양한 신경 활성의 컴퓨터화된 모델을 개발하는 데 사용할 예정이다. 이 모델을 통해 이식장치가 뇌의 특정 신호를 인식하고 증폭시켜 장기기억 속에 '우선적으로' 저장하려는 것이다. 직경이 1밀리미터에 불과한 64채널 장치는 캘리포니아주 로렌스 리버모어 국립연구소Lawrence Livermore National Laboratory의 생명공학자들이 별도의 DARPA 연구비를 지원받아 개발 중이다.

다양한 전문가가 참여하는 이 방대한 프로젝트는 단기간에 중요한 기술적 진보의 성과를 한데 모아 이용하는 미군의 능력을 보여준다. 매년 적잖은 연구비를 집행하는 DARPA는 기술을 개발하고 인간에게 이식할 수 있는 장치를 만드는 데 4년의 기한을 정했다. 이미 래트와 원숭이를 대상으로 개념증명이 끝났으므로 머지않아 차세대 기억강화 뇌 이식장치가 선보일 가능성이 높다. 하지만 이 기술 역시 수많은 의문으로 이어진다. 기억강화 장치의 미래는 어떤 모습일까? 기억력이 정상이지만 새로운 기술이나 언어를 배우고 싶은 사람, 성적을 올리고 싶은 학생, 약간 더 경쟁력있는 업무 능력이 필요한 직장인도 사용할 수 있을까? 의사들은 이 기술이 의학적 치료에 이용될 가능성은 아직 하나의 가능성일 뿐이라고 강조하지만 질문은 꼬리에 꼬리를 문다.

사실 이런 기술과 그 효과에 대해 우리는 아는 것이 거의 없다. 경두개 자기자극술이 왜 우울증에 효과를 나타낼까? 뇌의 어떤 접점을 자극하고, 어떤 접점은 자극하지 않는다면 장기적으로 어떤 효과가 나타날까? 아무도 정확히 모른다. 유용한 기억을 저장하고 재생하는 데 약간 도움을 줄 뿐이라면 안전할 것이다. 하지만 외상

후 스트레스 장애, 불안증, 기타 정신질환을 앓는 사람에게 원하지 않는 기억을 증폭시킨다면 어떻게 될까? 정신건강과 깊이 연관된 망각이라는 현상이 존재하는 데는 어떤 목적이 있는 것 같다. 단기기억 또한 마찬가지다. 어떤 시점에 의식 속에 제한된 양의 정보만 유지할 수 있는 데는 그럴 만한 이유가 있을지 모른다. 모든 사실을 아주 세세한 부분까지 사진으로 찍은 듯 정확히 기억하는 자폐인이 일상생활에서는 사소한 의사결정을 내리고 자신을 돌보는 필수적인 기능조차 수행하지 못한다는 사실을 떠올려보자. 마음속에 너무 많은 의식적 기억이 가득하다면 의사결정을 비롯한 다른 실행기능이 제대로 작동하지 못하는 것은 아닐까? 현재 우리가 뇌의 기능에 관해 제대로 아는 것이 거의 없기 때문에 앞으로 근본적 차원의 기억력 강화기술이 어떤 의미를 갖게 될지 쉽게 예측할 수 없는 것이다.

현재 뇌 이식장치를 통해 질병과 장애를 해결하는 데 초점을 맞춘다는 것은 사회가 건강한 뇌 기능 강화를 서두르지는 않는다는 의미다. 하지만 융합기술이란 기하급수적으로 발전하면서 극적인 도약을 이루는 특성이 있다. 차세대 기술이 개발됨에 따라 어느 순간 우리는 생각지도 못한 생명윤리학적 영역에 발을 들여놓을 것이다. 이런 혁신에서 가장 중요한 것은 민간 영역을 적절히 통제하는 것이다. 민간기업은 단기간에 이윤을 극대화하려고 하기 때문에 지적재산권, 특허, 시장 창출 등을 통해 뇌 강화기술을 상업화하려는 압력에 시달릴 수밖에 없다. 아직 모양을 갖추지도 못한 기술의 장기적 효과를 관리하기 위해 규제 시스템을 작동해야 하는 것이다.

한 번에 한 장씩 벽돌을 놓아 길을 깔면서 그 위로 차를 모는 형국이다. 융합기술들이 서로 밀고 당기며 때로는 양자도약과 같은 엄청난 변화를 일으켜 예측할 수 없는 미래로 우리를 몰고 가는 과정에서 이런 현상은 점점 심해질 것이다.

가장 어려운 문제는 '치료'인지 '강화'인지 명확하게 구분할 수 없는 이식장치나 시술을 규제하는 것이다. 많은 경우 이런 기술은 치료와 동시에 뇌 기능을 강화한다. 언제 경계선을 넘는지 알기 어렵다. 기억력 향상 이식장치는 아직 생소한 개념이지만, 일단 고령층에 도입되면 누구나 당연히 사용하게 될 날이 올 가능성은 충분하다. 그때는 예컨대 80대 노인에게 어느 정도의 기억력을 기대할 수 있는지에 관한 '뉴 노멀'이 생길 것이다. 심지어 기억력 강화 이식장치가 안경이나 콘택트렌즈처럼 보편화될지도 모른다. 과거에는 아무도 50세를 넘은 사람이 정상적인 시력을 지닐 수 있다고 생각하지 않았다. 오늘날에는 나이가 들어 시력이 약화된 상태를 의학적 질병으로 취급하며, 자동차를 운전하려면 반드시 치료받아야 할 장애로 규정한다. 법률과 규정을 바꾸어 인간강화를 포괄하려면 과거에 정상이라고 생각했던 상태를 '의료화medicalize'하거나, 현재 아무리 부적절하다고 생각되어도 새로운 표준과 지침을 갖추고 기술에 의한 강화를 완전히 새로운 범주로 받아들여야 한다.

해결의 기미가 보이지 않는 또 다른 문제도 있다. 개인이나 정부가 컴퓨터화된 장치나 부품을 해킹할 수 있다는 점이다. 가까운 장래에 비도덕적인 개인이나 단체에서 의료 목적의 이식장치를 교란하거나, 그런 장치에서 정보를 빼내는 일이 얼마든지 가능해질 것이다. 지금까지 해커들은 모든 종류의 암호화된 정보를 빼돌려 재정적 피해를 일으키거나, 사생활을 침해하거나, 개인과 단체의 평판을 손상시킬 수 있음을 충분히 입증했다. 많은 사람이 컴퓨터화된 장치에 건강을 의지한다면 신체에 직접적으로 해를 끼치는 것은 시간 문제다. 신경이식장치가 뇌의 일정한 영역을 자극하여 원하는 효과를 유도할 수 있다면 범죄자나 적대국 정부가 실시간으로 사람의 뇌를 공격하거나 조작했을 때 얼마나 큰 문제가 생길지 상상하기 어렵다.

친숙한 문제도 있다. 우리 뇌의 가장 깊숙한 곳에서 알뜰하게 수집된 내밀한 정보들이 상상할 수 없을 정도로 거대한 데이터로 변해 어디엔가 저장된다는 점이다. 휴대폰 서비스 제공업체가 우리의 모든 활동 기록을 갖고 있는 것처럼, 뇌 이식장치 제조사는 우리 생각을 속속들이 기록한 자료를 갖게 될 것이다. 그렇다면 이 데이터는 그들이 '소유'하는 것인가? 그런 정보를 사고팔거나, 사법기관 또는 정부와 공유할까? 그 사용을 규제하는 기관의 권한은 어디까지일까? 정신 활동을 기록한 데이터에 누군가 접속하고, 심지어 그것을 조작한다면 우리는 그 사실을 알 수 있을까? 이 데이터를 규제하는 법률은 국가마다 다를까, 만국공통일까? 일부 생명보수주의자들은 이런 의문을 제기하며 뇌 이식장치의 개발을 백지화하자고 주장한다. 사람을 엄격하게 통제하는 '빅 브라더' 정부의 출현을 염려하는 것이지만, 나는 우리 뇌가 라면에서 맥주에 이르기까지 모든 것을 팔려는 기업의 광고판으로 쓰이지 않을까 걱정이다. 어느 쪽이든 유쾌한 시나리오는 아니다.

●　●　●

    2003년 로널드 베일리는 인지적 자유와 윤리학 센터Center for Cognitive Liberty and Ethics 웹사이트에 게재한 논문을 통해 인지강화에 대해 가장 흔히 제기되는 반론들을 검토했다.[6] 베일리는 여덟 가지 생명보수주의적 주장을 심층 분석하며, 어떤 것도 특별히 설득력있지는 않다고 밝혔다. 당시 인지기능을 향상시키는 데 가장 널리 사용되는 방법은 프로작Prozac이나 리탈린 등의 약물이었지만, 그의 통찰은 모든 종류의 인지능력 향상 기술을 활발히 연구하는 지금도 여전히 유효하다. 첫 번째 주장은 신경학적 강화가 영구적으로 뇌를 변화시키기 때문에 금지해야 한다는 것이다. 베일리는 교육 등 전통적인 방법에 의해 새로운 기술을 습득하거나 새로운 언어를 배워도 뇌가 영구적으로 변한다고 지적했다. 리탈린을 복용한 결과 주의력이 향상되어 공부를 열심히 했다고 해도, 그렇게 얻은 지식은 선천적으로 주의력이 뛰어나 공부를 열심히 한 아이가 얻은 지식과 전혀 다를 바 없다. 뇌의 영구적인 변화를 피하고 싶다면 약물과 뇌 이식장치뿐 아니라 수학 수업과 테니스 강습, 십자말풀이까지도 모두 포기해야 할 것이다.

    베일리가 언급한 두 번째 주장은 신경강화의 결과 카스트 제도에 따라 신분이 고착되듯 타고난 지적 능력에 따라 경제적 계급이 결정되는 불평등한 세상이 초래된다는 것이다. 인지강화를 논의할 때 항상 가장 먼저 제기되는 반론으로, 진보와 보수 진영 양쪽에 널리 퍼져 있는 믿음이다. 이런 믿음에 따른 두려움은 부유층과 그 자녀들이 빈곤층에 비해 훨씬 똑똑하고 훨씬 큰 경쟁력을 갖는다는 데서부터 부유한 국가가 가난한 국가에 비해 갈수록 경제적으로 유리해진다는 데까지 미친다. 하지만 베일리를 비롯해 많은 사람이 지적했듯 인지강화는 적어도 단기적으로는 **더욱 평등한** 사회를 만드는 데 기여할 가능성이 높다. 애초에 의학적 치료로 개발 및 보급되기 때문이다. 인지강화는, 특히 의료보험급여 대상으로 처방된다면 장애인을 '정상' 또는 '평균' 수준으로 끌어올려 지능을 평준화하는 방향으로 작용할 것이다. 선천적으로 탁월한 지적 능력을 타고났거나 돈으로 살 수 있는 교육의 혜택을 받은 사람이 그렇지 않은 사람에 비해 누리는 상대적 이익이 커지는 것이 아니라 작아진다. 그리고 시민들이 똑똑해질수록 사회 전체적으로는 이익이다. 완전히 평등한 보건의료가 실현되고, 평등한 의료보험에 의해 누구나 인지강화의 혜택을 누린다면 계층에 따른 인지능력 차이가 없어질지 모른다. 평등한 인지능력이 뉴 노멀이 되는 것이다.

인지강화에 대한 세 번째 반론은 사회가 **지나치게** 평등해진 나머지 인지기능이 강화된 사람이 오히려 문제를 겪는다는 것이다. 강화가 보편화되면 누구도 강화를 통해 상대우위를 점할 수 없어 기술은 무용해질 것이다. 이런 관점은 다소 냉소적일뿐더러 뇌를 강화하는 유일한 이유가 다른 사람보다 우위를 차지하기 위해서라고 가정한다. 삶을 보다 풍요롭게 만들 수 있다는 점을 비롯해 인지강화를 선택하는 모든 이유를 간과하는 것이다. 베일리는 강화를 통해 모든 사람의 사회적 지위가 변하지 않는다 해도 "사회 전체적으로 생산성과 풍요로움이 크게 증가하여 모두에게 도움이 될 것이다. 그것은 두말할 것도 없이 사회적 선이다."[7]라고 지적했다.

네 번째 생각은 강화를 선택하는 사람이 점점 많아진다면 경쟁력을 유지해야 한다는 사회적 압력 때문에라도 인지강화를 거부하기 어려울 것이라는 점이다. "터무니없는 말이다. 어쨌든 모든 사람은 경쟁력을 갖춰야 한다는 압력을 받는다. 좋은 대학에 들어가고, 끊임없이 기술을 연마하고, 더 좋은 컴퓨터와 생산성이 높은 소프트웨어를 구입하고, 학위를 취득하여 자신을 강화하고자 한다… 왜 알약이 고등교육보다 저항하기 어려운지, 왜 알약은 특수한 윤리적 문제와 관련되고 고등교육은 그렇지 않은지 분명치 않다." 그는 단순히 지식을 더 습득한다고 해서 두각을 나타낼 수는 없다고 지적한 심리학자 마이클 가자니가Michael Gazzaniga의 말을 인용했다. "나는 거의 아무짝에도 쓸모없는 똑똑한 사람들을 많이 안다… 지적 처리능력을 향상시키는 알약이 있다고 해도 그것이 반드시 추진력과 야망을 불어넣지는 못한다."[8]

생명보수주의자들은 다섯 번째 반론으로 신경학적 강화가 타고난 좋은 품성을 해칠 것이라고 주장한다. 후쿠야마는 이렇게 말했다. "낮은 자긍심을 극복하기 위해 정상적인 동시에 도덕적으로 허용할 수 있는 유일한 방법은 자신과 싸우고, 다른 사람과 부대끼며 열심히 노력하고, 고통스러운 희생을 감수하여 뭔가를 성취하고 주변의 인정을 받는 것이다."[9] 베일리는 인지기능을 강화한 사람도 자신의 패기를 입증할 도전 기회가 얼마든지 있다고 반박한다. "자동차, 컴퓨터, 세탁기가 등장하여 예전에 엄청난 부담이었던 일을 쉽게 해결할 수 있다. 그렇다고 삶의 고난이 사라진 것은 아니다. 그저 다른 과제를 붙들고 씨름할 수 있게 되었을 뿐이다."[10]

여섯 번째 반론은 신경학적 강화에 의해 사람들의 책임감이 저하된다는 것이다. 하지만 베일리는 개인이 갖추지 못한 능력을 강화하는 것은 사실 책임감있는 행동이라고 지적한다. 주의력결핍 과잉행동장애ADHD로 리탈린을 복용하는 어린이에게 중요한 것은 행동을 변화시키는 것이지, 약물의 도움으로 얼마나 쉽게 행동을 변화시킬 수 있었는지가 아니다. 어쩌면 약물이 필요하다는 사실을 겸손하게 받아들이는 것이야말로 높은 도덕성의 징표인지 모른다. 리탈린을 복용하겠다는 결정은 도덕적 책임감을 보여주며, 그런 결정을 결코 폄하해서는 안 된다.

인지강화가 '미심쩍은 표준'을 강화한다는 반대론도 있다. 기능적 표준이 갈수록 높아지는 데 반대하는 셈인데, 나로서는 이런 주장이 어리둥절할 뿐이다. 많은 사람이 안경이나 콘택트렌즈, 레이저 수술을 필요로 한다고 해서 모든 사람이 정상 시력을 갖는 것을 표준으로 삼는 데 반대할 수 있을까? 1787년 당시 평균 연령 45세인 집단의 시력을 표준으로 삼는다면 더 살기 좋은 사회가 될까? 베일리는 자연적으로 타고난 것보다 더 높은 표준을 추구하는 데 반대하는 사람들을 매우 의심스럽게 바라본다. "변화의 과정 속에서 생명윤리학적 유토피아를 건설한다는 명분 때문에 실존하는 사람들의 희생을 요구하거나 자유를 구속해서는 안 된다. 우울증을 겪거나 기억력이 크게 저하된 사람이라고 해서 마음이 행복한 천재에 비해 인간적 가치가 낮다고 생각할 수 없음은 명백하다. 모든 사람이 그렇게 되는 날이 올 때까지 누구나 생활 속에서 실제로 삶을 개선하는 기술의 혜택을 자유롭게 누릴 수 있어야 한다."[11] 흥미롭게도 자신을 강화하려는 **압력을 없애야** 한다고 목청을 높이는 사람은 사실 다른 사람에게 자신을 강화해서는 안 된다고 **압력을 가하는** 셈이다. 어느 쪽을 택하든 우리는 자신의 필요가 아니라 사회의 규범에 순응해야 한다는 압력을 받게 된다.

마지막 반론은 어떤 종류의 강화에 대해서든 거의 빠지지 않고 제기된다. 신경학적 강화가 우리를 '진정하지 않은 존재'로 만든다는 것이다. 베일리는 정반대라고 주장한다. 유전이나 상황에 의해 주어진 조건은 복권 당첨과 다를 바 없으며, 스스로 선택한 조건이 진정한 자신의 존재를 훨씬 더 잘 표현해준다는 것이다. 더욱이 이런 반론의 밑바닥에는 불변의 '자연적인' 자아가 존재한다는 가정이 깔려 있다. 하지만 불변의, 또는 완전히 '자연적인' 자아라는 개념에 대해서는 의견이 엇갈린다. 교육, 문화, 역사를 비롯해 모든 조건이 인간 존재를 형성하는 데 영향을 미치기 때문이다. 심지어 '정상'이라는 개념도 정의하기 어렵다. 정신과 의사나 인간 본성에 대해 폭넓은 지식을 갖춘 전문가도 마찬가지다. 그들이야말로 인간 본성에 대한 논의를 앞으로도 끊임없이 지속해야 한다고 생각한다.

인지강화에 대해 흔히 제기되는 반론 중 베일리가 논의하지 않은 것이 있다. 인지강화에 의해 인간의 본성 자체가 변하여 인류의 개인적 및 집단적 정체성이 바뀔 수도 있다는 두려움이다. 하지만 정체성에 대한 감각은 본디 끊임없이 모습이 변하는 모래와 같다. 강화된 정체성을 갖는다고 해서 무엇을 잃게 될지는 전혀 명확하지 않다. 어떤 방식으로든 마땅히 그렇게 되어야 할 존재, 끊임없이 보다 나은 존재가 되기 위해 노력하는 태도를 어떻게 평가할 것인가? 이런 노력에 의해 진정한 자아, 이미 구현되어 있는 최선의 자아를 잃어버릴 수 있을까? 그렇다면 보다 나은 존재가 되려는 노력을 건강하지 못한 것, 심지어 유해한 것으로 간주해야 할까?

많은 생명보수주의자는 모든 것을 무시하고 그런 관점만 남긴 후, 거기에 신이 창조한 것을 개선하려는 시도가 창조주에 대한 모독이라는 주장을 첨가한다. 신을 모독한 죄의 대가로 영적 또는 물질적 재난이 동반되리라는 암시도 잊지 않는다. 이런 관점은 인간성이란 만물의 척도로서 이미 완성된 것이라는 믿음과 연결된다. 하지만 그런 믿음은 영적 완성을 위해 부단히 노력하는 것이 삶에서 가장 중요한 일이라는, 역시 오래도록 소중히 여겨져 온 또 다른 믿음과 상충하며, 인간은 원죄를 범하고 타락한 존재가 되었다는 개념과도 맞지 않는다. 일부 창조론자들은 그런 모순에는 신경도 쓰지 않는다. 인간이 스스로를 창조하는 과정에 참여한다는 생각을 오만이라고 여길 뿐이다. 신이 처음부터 우리를 공동 창조주로 의도했을 가능성 따위는 생각하지 않는다. 인간이 개인은 물론 궁극적으로 인류 전체를 보다 나은 방향으로 발전시킬 선택을 할 능력이 있다고 생각하지 않는 것이다. 그럼에도 이미 많은 사람이 신경학적 강화 약물을 투여받는다. 보고에 따라 다르지만 대학생 중 4~25퍼센트는 더 좋은 성적을 받기 위해 흥분제를 복용한다. 지적으로 힘든 직업을 지닌 사람 중에도 이런 약물을 복용하는 사람들이 갈수록 늘어난다.[12]

∴

신경학적 강화제를 손에 넣는 곳은 진료실이다. 리탈린 같은 흥분제나 아리셉트 같은 기억력 강화제는 의사가 관리하기 때문이다. 하지만 약이든 이식장치든 꼭 필요해서가 아니라 그저 신경학적 강화를 시도해보고 싶을 때 참고할 만한 임상시험이나 가이드라인은 거의 없다. 현재 의사들은 위험/이익 분석을 근거로 한 FDA 규정에 의존한다. 2009년 미국신경과학회American Academy of Neurology는 환자들의 이런 요청에 대한 권고안을 발표했다.

건강과 질병을 명확히 구분하는 것은 전문 의료인조차 어렵다는 사실을 인정하면서도, 이 가이드라인은 기본적으로 정신의학적 또는 신경학적 질병을 진단받지 않은 사람에게 적용된다. 미국신경과학회는 아리셉트 같은 약물이 건강한 사람의 연령 관련 기억력 감퇴와 이에 따른 실행기능 저하를 개선할 수 있다고 인정한다. 그리고 기억력 강화제 처방을 요청받았을 때 의사의 의무를 규정한다. 의사가 이런 요청을 받고 치료하기로 결정한 순간 약물을 요청한 사람은 환자가 되며, 통상 환자에게 적용되는 권리와 의무가 수반된다. 의사는 동의하거나 거부함으로써 이 중요한 순간에 방향을 잘 잡아주어야 한다. 한 인간을 신경학적으로 강화할 것인지에 관한 결정이 자기 손에 달려 있다는 사실을 인식해야 한다. 일단 의사가 치료에 동의한다면 약물을 요청한 사람은 환자가 되며, 그때부터는 의사-환자 관계에 대해 기존에 확립된 모든 규칙이 적용된다.

가이드라인은 현재 시행되는 많은 의학적 시술이 오로지 미용 목적임을 인정한다. 의사들이 그런 서비스를 제공하는 것이 비윤리적인 것은 아니다. 하지만 신경강화 약물 처방에 올바른 방향을 제시하고자 할 때 가장 믿을 만한 지침은 적응증 외 사용에 대한 FDA의 정책이다. 약물을 사용설명서에 명시된 적응증에서 벗어난 목적으로, 또는 정확히 FDA의 권고에 포함되지는 않은 목적으로 처방하는 행위는 널리 인정된다. 예를 들어, 항우울제는 만성 통증이나 월경 전 증후군을 비롯해 우울증이 아닌 상태에도 종종 사용된다. FDA에서 승인했다는 것은 약물이 일정한 안전성 기준을 충족했으며, 허용 가능한 위험/이익 범위 내에 있다는 뜻이다. 미국신경과학회는 약물을 적응증 외 목적으로 처방하는 것 자체는 금지되어 있지 않지만, 환자가 요청한다고 해서 반드시 처방해줄 의무는 없다는 점을 분명히 했다. 그런 약물이 건강한 사람에게 아직까지 알려지지 않은 효과를 나타낼 수 있다는 점을 교육하고, '해를 끼치지 말라'는 금언을 상기하는 수준을 넘어 자신이 지닌 모든 지식과 능력을 동원하여 반드시 처방해야 하는지 판단해야 한다.

한편 의사가 신경학적 강화 여부를 최종적으로 판단하는 것은 전통적인 의학의 틀에서 본다면 합리적일지 모르지만 그런 약물이 사회적으로 폭넓은 영향을 미칠 수 있으므로 보다 광범위하게 논의할 필요가 있다. 그런 논의에는 과학, 의학, 윤리학, 사회학, 정치학, 심지어 종교계를 대표하는 사람들이 참여해야 할 것이다. 약물이든 이식장치든, 보다 발전된 어떤 기술을 통해서든 신경학적 강화가 널리 사용된다면 삶의 모든 측면에 엄청난 영향을 미칠 수 있으므로 대중적 논의 역시 시급하다. 이 문제의 중심에는 자유, 개인의 선택권, 평등, 책임, 개성, 민권에 대한 질문들이 자리잡고 있다. 이런 논의가 없다면 지금까지 늘 그랬듯이 시장과 의사, 미국립보건원과 민간재단 등 연구비 제공기관, 그리고 FDA와 같은 규제기관에 의해 결정될 것이다. 달리 생각하는 사람도 있겠지만, 이들은 지금까지 전통적 의학 분야에서 일어난 혁신을 올바른 방향으로 이끄는 소임을 다해왔다. 하지만 융합기술을 통해 전례없이 강력한 기술이 기하급수적으로 늘어나는 상황에 대처하기에는 역부족이다. 통상 환자의 자율권 보장은 매우 가치있는 것으로 여겨지지만, 이 또한 새롭고 혁명적인 기술이 아무도 의도하지 않은 엄청난 결과를 가져올 수 있다는 사실을 환자들이 거의 이해하지 못하는 상태에서는 도움이 되지 않는다.

환자들을 적절하게 교육하여 이런 맥락과 사실을 알린다는 것은 현재 시스템이 감당할 수 있는 수준을 훨씬 넘는다. 개인적 선택이라는 개념이 조금이라도 의미를 지니려면 '전통적 의학과 동일한 경로로 도입되는 인간강화'라는 주제에 대한 대중적 논의가 반드시 필요하다. 여기서 주된 관심사는 생명윤리이므로 생명윤리를 모든 공립학교에서 필수과목으로 가르쳐야 한다. 지금처럼 면담 중에 의사가 한 쪽짜리(여러 쪽이라도 마찬가지다) 동의서를 건네는 정도로는 신경학적 강화에 따른 다양한 영향을 충분히 설명할 수 없다. 진정 각 개인이 충분한 정보를 지닌 상태로 민주주의에 참여하려면 첨단의학과 거기서 파생되는 인간강화의 잠재력을 이해하는 것이 필수조건인 시대가 다가온 것이다.

가장 중요한 질문은 이렇다. 어린이들을 신경학적으로 강화할 것인가? 자녀에 대해 의학적 판단을 내리는 것은 부모의 권리라고 생각하는 경향이 있지만, 근본적인 차원에서 인간을 강화한다는 것은 매우 다양한 사회적 및 윤리적 문제와 얽혀 있다. 부모는 자녀를 위해 어느 정도까지 개입할 수 있을까? 몇 세가 되면 어린이 스스로 결정을 내리게 할 것인가? 신경학적 강화가 사회 전반에 걸쳐 일률적으로 시행되는 날이 올지도 모르지만, 그때까지 부모는 과연 어느 정도 선에서 자녀가 다른 어린이보다 경쟁적 우위를 점하도록 도와주어야 할까? 어떤 아이는 지금까지 SAT(미국의 대학입학시험 제도-역주)에 나온 모든 문제와 해답이 실려 있는 메모리칩을 장착하고, 다른 아이는 타고난 기억력과 오랜 학습에 의존해야 한다면 어떻게 될까? 이때 우리는 다양한 신경학적 강화 방법이 발달 중인 어린이의 뇌에 장기적으로 어떤 영향을 미치는지에 관한 연구가 태부족이라는 사실을 염두에 두어야 한다. 리탈린 등의 흥분제가 공포소설에나 나올 법한 사건을 일으킨 적은 없지만, 예를 들어 열네 살짜리 학생이 부모의 반대에도 불구하고 학습능력을 향상시켜 좋은 대학에 들어갈 가능성을 높여주는 뇌 이식장치를 제거하겠다고 결정한다면 어떤 일이 벌어질까? 어린이들이 정신 치료를 받거나 리탈린을 복용하는 것을 부모들의 판단에 맡기는 데 아무 문제가 없다면, 어린이의 삶을 완전히 바꿀 수 있는 영구적 뇌 이식장치 시술에 관한 결정도 부모에게 맡길 수 있을까?

영국의 윤리학자 해나 매슬렌Hannah Maslen이 이끄는 옥스퍼드 대학 연구팀은 2014년 《인간 신경과학의 최전선Frontiers in Human Neuroscience》이라는 저널에 발표한 논문을 통해 이런 질문에 답하고자 했다.[13] 어린이의 약물 사용과 TMS나 tDCS 등 비침습적 뇌자극 기술을 함께 검토하면서 그들은 뇌에서 특정 부위만 자극했을 때 부정적인 영향이 있을 수 있음을 시사한 소수의 연구들을 지적했다. 2013년에 발표된 한 연구는 어떤 영역에서 인지능력을 강화하면 다른 영역에서 능력이 약화된다는 증거를 제시했다.[14] 정말 그렇다면 성장하는 어린이의 한 가지 능력을 희생하여 다른 능력을 강화하는 것은 스스로 자유롭게 미래를 선택할 권리를 빼앗는 셈이다. 매슬렌은 질병이나 장애가 있을 때 부모가 자녀를 위해 **치료** 결정을 내리는 것이 합당하다고 인정했지만, 다양한 기준에 따라 뇌 기능을 강화하는 문제에 대해서라면 우리는 판단을 보류해야 할 것이다. 어떤 치료가 강화라는 요소를 더 많이 포함할수록 부모가 결정할 권한은 줄어든다. 오랜 기간이 걸리더라도 어린이 스스로 결정할 수 있을 때까지 판단을 유보해야 한다는 뜻이다. 매슬렌은 스스로 능력을 강화하겠다고 결정할 수 있을 정도로 성숙한 나이가 구체적으로 몇 살인지에 대해서는 유보적인 입장을 취했지만, 16세 이전에 그런 판단을 내려서는 안 된다고 암시했다. 하지만 연구에 따르면 인간의 뇌는 20대가 된 후에도 계속 발달하며, 특히 그런 결정을 내리는 데 필요한 인지능력은 가장 나중에 발달한다. 그렇다면 그런 결정을 내릴 권리를 훨씬 늦은 연령까지 미루어야 할까? 반론도 있다. 어린이의 삶 전체에서 최선의 효과를 거두려면 인지능력에 도움이 되는 강화를 가능한 빠른 연령에 시행해야 한다는 것이다.

이렇듯 합의된 기준이 없기 때문에 적어도 가까운 시일 내에 신경학적 강화의 위험과 이익은 그런 기술을 이용할 여유가 있는 사람에게만 문제가 될 것이다. 가장 보수적인 사람들은 기술 자체를 전면적으로 유예하거나, 심지어 금지해야 한다고 주장한다. 하지만 이런 주장은 경쟁을 기반으로 발전하는 자본주의 경제체제와 민주사회에서 현실성을 갖기 어렵다. 광범위한 사회적 컨센서스가 형성될 때까지 신경학적 강화기술은 공평한 접근성을 갖기 어렵고 오직 의학적인 치료로서만 시행될 것이기 때문이다. 따라서 비록 부적절하더라도 현재 시스템하에서 뇌 기능 강화를 규제하는 것이 아예 아무런 규제가 없는 것보다 훨씬 낫다. 고개를 갸웃할 수도 있겠지만 예컨대 기억력 감퇴 등의 증상을 의료화한 후 강화기술에 보험을 적용하여 접근성을 향상하고 장기적인 연구를 시작할 수도 있다.

급진적인 기술을 널리 보급하는 것이 위험성을 완전히 이해하지 못하는 사람들을 대상으로 무분별한 실험을 자행하는 꼴이 될 것이라는 우려도 있다. 그러나 인류는 정신에 작용하는 수많은 물질을 통해 스스로의 뇌에 대한 실험을 계속해 왔다. 기분전환용 약물과 알코올 섭취 실험에 스스로 참여하는 사람의 숫자가 부족했던 적은 유사 이래 한 번도 없다. 암거래를 통해 보다 강력한 쾌락이나 경쟁우위를 제공하는 치료를 받을 수 있다고 할 때, 모든 사람이 꺼림칙한 기분을 느끼지도 않을 것이다. 우울증, 불안, 기타 다른 정신질환으로 일종의 자가 투약을 계속하는 알코올이나 약물 중독자들 역시 '뒷거래'로 심부 뇌자극 치료를 질박하게 원할 수 있다. 가장 위험한 대안은 치료에 대한 접근성과 규제가 의료 시스템의 범위를 벗어나는 것이다. 시스템 안에 있는 한, 시스템의 모든 역량을 동원하여 견제와 균형을 유지할 수 있다. 굳은 결심을 하고 자가 실험에 뛰어드는 사람을 완벽하게 막을 수는 없지만, 그래도 사회는 의료 영역을 벗어나는 한이 있어도 강화기술을 사용해보려고 열망하는 소수를 위해 어떤 틀을 제공할 수 있다.

• • •

뇌는 놀라운 장기지만 완벽하지는 않다. 질병은 우리 몸 어디든 침범할 수 있으며, 뇌도 예외는 아니다. 개성, 자유의지, 영성과 같은 현상과 밀접한 연관이 있다고 해서 뭔가 잘못되었는데도 뇌를 치료해서는 안 된다거나, 건강한 뇌를 향상시켜 더 좋은 기능을 발휘하려는 시도를 금지해야 하는 것은 아니다. 지금까지는 신경학적 질병 상태를 개선하고, 전반적인 인지능력을 강화하는 방법을 살펴보았다. 이제 뇌의 감정과 정서에 관련된 측면을 침범하는 정신질환에 관해 알아보자. 우울증, 조현병, 양극성 장애 등 정신질환은 가장 고통스러운 질병일 것이다. 자긍심, 인간관계, 수면, 활력, 동기부여는 물론 결혼을 하고 직업을 얻어 일하는 능력에 이르기까지 삶의 모든 부분에 영향을 미친다. 우울증이 너무 심해 자기 능력을 활용해볼 생각조차 들지 않는다면 뇌의 계산능력이 뛰어난들 무슨 소용이겠는가?

강박신경장애OCD나 치료 저항성 우울증에 대해서는 심부 뇌자극을 이용한 실험적 치료가 한창 진행중이다. 에모리 대학 신경과의 헬렌 메이버그Helen Mayberg는 약물이나 치료에 반응하지 않는 심한 우울증 환자에서 대뇌피질 일부가 과도하게 활성화되는 현상을 발견했다. 슬하대상피질subgenual cingulate region에 해당하는 이 부위를 그녀는 '25번 영역'이라고 부른다. 현재 그녀는 25번 영역 주변에 전극을 삽입한 후 가벼운 전기자극을 가해 활성을 하향조정하는 임상시험을 이끌고 있다. 메이버그의 연구는 우울증에 관한 최초의 가설 주도적 임상시험으로 전통적 관점을 정면으로 반박한다. 수백 년간 우울증은 활력, 주의력, 쾌락을 느끼는 능력 등 살아가는 데 반드시 필요한 몇 가지 능력이 결여된 상태로 인식되었다. 하지만 메이버그의 가설에 따르면 25번 영역이 오히려 과도하게 활성화되었다는 것이다.

메이버그와 이야기를 나누면서 연구의 두드러진 특징인 정신질환의 '네트워크' 이론에 관해 물어보았다. 그녀와 몇몇 동료가 우울증에서 심부 뇌자극의 사용에 관해 처음 논문을 발표한 것은 2005년으로 거슬러올라간다. 《뉴런Neuron》이라는 저널에 게재된 논문에서 그들은 이렇게 썼다. "임상적, 생화학적, 신경영상 및 부검 소견을 종합해보면 우울증이 단일 뇌 영역이나 신경전달물질 시스템의 질병일 가능성은 거의 없다. 현재는 대뇌피질, 피질하 및 변연계의 특정 부위는 물론, 연관된 모든 신경전달물질 및 분자적 매개체의 통합적 경로를 침범하는 다양한 시스템에 걸친 장애로 보는 것이 일반적이다."[15] 메이버그는 뇌의 모든 영역이 연결되어 있으며, 한 영역에 변화를 일으키면 연결된 모든 영역이 변화할 가능성이 높다고 강조했다.

"뇌 속에 있는 모든 시스템은 네트워크입니다. 첨단영상기법을 이용하면 서로 다른 영역이 어떻게 함께 작동하는지 볼 수 있죠." 그녀는 25번 영역이 뇌 백질의 수많은 신경섬유다발이 교차하는 곳이라고 설명하면서 뇌를 일종의 송전망으로 묘사했다. "송전망을 구성하는 수많은 전선의 해부학을 이해하고, 중요한 교차점이 어디인지 알아내야 합니다. 심부 뇌자극을 가하면 이렇게 광범위한 시스템의 전체적인 구조가 변하죠." 임상시험은 진행중이지만, 지금까지 보고된 결과는 상당히 희망적이다. 주의 깊게 선택된 환자에서 25번 영역의 활성을 감소시키면 대부분 효과가 있다. 하지만 기술은 아직 초보단계에 불과하다. 메이버그는 의사가 지식이 부족한 경우 심부 뇌자극이 얼마나 위험한지 들려주었다. 전극의 위치가 1밀리미터만 달라져도 "부분적인 반응이냐, 완전한 반응이냐가 갈릴 수 있습니다." 영역을 잘못 선택하거나, 이미 활성이 과도한 영역을 상향조정하면 어떻게 될까? "25번 영역은 아무렇게나 선택한 것이 아닙니다." 그녀는 수십 년간 치료 저항성 우울증 환자들의 뇌를 PET 스캔으로 촬영하고 분석했다고 강조했다. "20년을 연구한 후에야 비로소 환자에게 이 방법을 시험해볼 수 있겠다는 생각이 들더군요." 그녀는 우리가 뇌에 관해 확실히 아는 것이 거의 없으며, 과학자들은 약물이나 치료가 어떤 효과를 나타낼지 거의 모르는 상태로 시행착오를 겪어왔다고 여러 차례 말했다. 도움이 되기를 바라는 마음으로, 도움이 될 것 같은 실험들을 시행한 후 그 결과를 바탕으로 이론을 역설계해왔다는 것이다.

메이버그 같은 과학자가 이토록 조심스럽게 말하는 것만 봐도 뇌를 자극하는 이식장치의 위험성을 알 수 있다. 경두개 직류자극술

tDCS처럼 훨씬 약한 기법도 의문스럽기는 마찬가지다. tDCS가 정말 뇌 회로에 영향을 미친다면 헤드셋의 올바른 위치가 매우 중요할 것이다. 하지만 이 기술을 이용하는 사람이 위치를 정확히 잡는 방법을 알 가능성은 매우 낮다. 정말로 효과적인 뇌 기능 변화 기술이 있다면 한 가지 사실을 명심해야 한다. "집에서 함부로 따라 하지 마시오!"

미래의 뇌 기능 강화기술 중에서 심부 뇌자극은 가장 덜 급진적인 축에 속한다. 제임스 휴즈에 따르면 스펙트럼의 맨 끝에는 나노 기술을 이용한 최첨단 뇌-컴퓨터 인터페이스brain-computer interfaces, BCI가 있다. 나노 로봇을 인간의 혈류 속으로 주사한다는 이론이다. 이 로봇은 얼마나 작은지 뇌혈류장벽도 쉽게 통과한다. 혈류를 타고 뇌에 도달한 로봇들은 아무 문제없이 뇌 속으로 들어가 개별 신경세포들과 외부 컴퓨터 사이에 연결망을 구축한다. 이렇게 되면 양방향으로 직접 정보를 교환할 수 있어 어떤 장치도 필요없이 직접 인터넷에 접속하고, 다른 사람의 뇌와 네트워크를 구성할 수 있다.[16] 사상 초유의 일이다. 심지어 일부에서는 '벌집 뇌'가 등장할 가능성을 점치기도 한다. 누구든 접속하여 진정한 집단의식이 형성된다는 것이다. 그야말로 개인의 의식이 무한대로 확장되고, 수많은 사람의 인생 경험과 기억을 포함하여 엄청난 양의 정보를 마음대로 이용할 천재일우의 기회로 생각하는 사람도 있다. 반대로 각자의 고유한 기억, 경험, 생각에 다른 사람과 기계가 직접 접속한다면 전례없는 수준의 사생활 침해는 물론, 어쩌면 특정 방식으로 행동하라는 명령에 저항할 수 없게 될지도 모른다고 우려하는 사람들도 있다. 〈스타트렉: 더 넥스트 제너레이션Star Trek: The Next Generation〉에는 외계종족인 보그족이 나온다. 네트워크로 연결된 기계들과 완벽하게 일체가 되어 개별적으로 사고하거나 독립적으로 행동하지 못하는 종족이다. 모든 행동은 '집합체'에 의해 결정되며, 집합체의 목표는 오직 하나. 다른 종족과 마주치면 그들의 뇌와 몸에 강제로 기계장치를 이식하여 동화시키거나, 그것이 불가능하다면 파괴해버린다. '너는 동화될 것이다'와 '반항해봐야 소용없다'는 보그족의 만트라다. 실제로 보그족의 기술이 뇌를 침범하면 개인 의식이 파괴되므로 저항해봐야 아무 소용이 없다.

보그족 이야기는 SF일 뿐이지만, 여기서 제기되는 의문은 신체 일부가 마비된 사람을 치료하거나 전문 지식을 다운로드 받는 수준을 넘어 장차 뇌-컴퓨터 인터페이스 기술을 폭넓게 받아들이기 전에 반드시 자문해보아야 한다. 쌍방향 소통이 가능한 엄청난 규모의 '인간 경험 인터넷'에 직접 접속할 수 있다면, 그때도 우리는 독자적으로 생각할 수 있을까? 집단의식이 극단적으로 일치된 나머지 개인성이 없어지지는 않을까? 개인의 책임이라는 개념은 어떻게 될까? 가장 내밀한 생각을 이웃이나 동료가 알게 될까? 그렇다면 범죄를 저지른다는 생각만 해도 선제적으로 처벌받지는 않을까? 생명보수주의자들은 즉시 암울한 시나리오를 제시하는 반면, 레이 커즈와일 같은 낙관적 미래학자는 그런 기술이 뇌의 능력을 확장 및 강화하며 더 많은 자율권을 부여할 잠재력이 있기 때문에 적극적으로 받아들여야 한다고 생각한다.

뇌-컴퓨터 인터페이스가 발달하면 사회적, 경제적으로 활용해야 한다는 압력이 점점 높아지겠지만, 민주화된 사회에서는 적어도 개인과 사회에 미치는 영향을 더 잘 이해하게 될 때까지 사용을 제한하고 통제하려는 압력도 작용할 것이다. 뇌-컴퓨터 인터페이스가 발달하여 사지마비 환자에게 희망을 주는 것은 환영할 일이다. 하지만 이 시점에 기술을 규제해야 할지, 그렇다면 어떻게 규제해야 할지를 훨씬 폭넓게 논의할 필요가 있다. 컴퓨터화된 정보를 직접 다운로드하여 인류의 지식이 크게 강화된다는 것은 분명 환상적인 일이지만, 동시에 우리는 자율성, 사생활, 개성이라는 가치를 지켜야 한다. 우리가 이런 가치를 얼마나 존중하는지 충분히 표출한다면 뇌-컴퓨터 인터페이스 기술의 맹공격을 견딜 수 있을까? 문제는 기술이 당장 삶을 더 쉽고 편하게 해주기 때문에 장기적으로 어떤 대가를 치를지 고려하지 않은 채 받아들여진다는 점이다. 은행에서 그저 생각만으로 계좌이체가 가능한 휴대폰 앱을 만들어 제공한다면 그 편리함은 말로 다할 수 없을 것이다. 하지만 똑같은 기술을 통해 은행에서 내 생각을 들여다볼 수 있다면 어떨까? 그렇게 수집된 나의 생각에 관한 데이터는 어디에 저장되며, 누가 그 데이터에 접속할까? 은행과 고용주와 정부와 기타 누군가가 자신의 생각을 엿본다는 데는 대부분 반대하겠지만, 극단적인 복잡함과 끊임없는 시간적 압력에 쫓기는 우리는 편리함을 제공하는 기술에 극히 취약하다는 점을 돌아볼 필요가 있다.

앞에서 앱과 같은 기술을 휴대용 장치에 넣어 가지고 다니는 것과 뇌에 장착하는 것이 근본적으로 어떻게 다른지 물었다. 뇌-컴퓨터 인터페이스 기술은 이 질문을 새로운 각도에서 조망한다. 뇌와 공유정보로 이루어진 세상을 쌍방향으로 직접 연결하면 어떤 일이 벌어질까? 휴대용 장치로 인터넷에 접속할 때는 뇌 속에 비밀스럽게 간직된 의식이 우리와 기술 사이에서 적극적인 완충역할을 할 수 있다. 혹시라도 기술이 뭔가를 지시하거나, 설득하거나, 심지어 나를 괴롭혀 어떤 행동을 시키려고 해도 자신의 사고가 즉시 개입할 수 있다. 기술에 반하여 독자적으로 결정하고 판단을 내릴 수 있다. 하지만 그런 명령이 마음속에서 떠오른다면? 그때도 자신의 생각과 기술의 명령을 정확히 구분하고 저항할 수 있을까? 그런 저항에는 어느 정도의 노력이 필요할까? 몸이 피곤하거나, 기술의 명령을 자기 생각으로 착각하거나, 그저 너무 많은 정보에 짓눌려 저항하지 못할 수도 있을까? 그런 가능성만으로 뇌-컴퓨터 인터페이스 기술을 거부할 수 있을까? 차분히 이런 주장을 펼친다면 대부분 자신의 의지를 압도할지도 모르는 기술을 당연히 거부하리라 생각할지 모른다. 그렇지 않다. 사람들은 이런 반론을 명백하고 급박하게 받아들이지 않는다. 관심을 갖는 것은 과학에 열광하는 사람이나 미래학자, 철학자들뿐이다. 사회 전체적인 논의가 절실히 필요하지만 사회의 주류는 이런 질문을 자신과 매우 동떨어진 것으로 생각한다. 현재 작동하는 사회적 및 경제적 힘을 고려할 때 융합기술은 의학적 치료 영역에서 인간능력 강화 영역으로 자연스럽게 옮겨갈 것이다. 문제는 그때 기술이 일정한 선을 넘어 무서울 정도로 사회적 통제를 강화하고, 모두의 삶을 어느 누구도 선택하지 않을 방향으로 몰고 갈 수 있다는 점이다.

· · ·

　죽음이 임박한 환자에서 이식형 제세동기를 비활성시키는 문제와 마찬가지로 뇌 이식장치 또한 삶의 마지막 순간에 비활성화하지 않으면 섬뜩한 문제를 일으킬 수 있다. 죽어가는 사람의 뇌에서 어떤 일이 일어나는지에 대한 정보는 거의 없다. 따라서 우리는 진정 죽어가는 사람의 뇌를 전기적으로 자극하기 원하는지 반드시 자문해봐야 한다. 이런 자극에 의해 인공적으로 연장되는 것은 어떤 종류의 의식일까? 삶과 죽음의 경계에 있는 환자의 어떤 영역을 이도 저도 아닌 상태로 질질 끌게 될까? 하지만 뇌 이식장치를 비활성화하는 것이야말로 의사들이 말하기조차 꺼리는 문제가 될 것이다. 치료적 효과를 발휘하고 있는 이식장치를 비활성화한다는 것은 환자에게 해를 끼치는 것으로 볼 수 있기 때문이다. 뇌의 다른 영역이 모두 죽고 오직 인공적으로 자극한 부위만 부분적으로 인지기능이 남아 있다면 어떻게 뇌사 여부를 판정할까? 의료계는 상당히 최근 들어서야, 그것도 가까스로, 뇌사 기준에 합의했다. 어쩌면 우리는 뇌사와 생명유지라는 개념으로 돌아가 그런 상태를 어떤 기준으로 정의할 것인지부터 다시 검토해야 할 것이다.

　2005년에 출간된 저서 《특이점이 온다-기술이 인간을 초월하는 순간 The Singularity Is Near: When Humans Transcend Biology》에서 레이 커즈와일은 '특이점'을 컴퓨터 기술이 아주 강력해져서 인간 뇌의 계산능력을 뛰어넘는 순간이라고 정의했다. 그리고 2050년경 인간은 뇌-컴퓨터 인터페이스를 통해 죽음의 순간 뇌에 간직된 기억과 경험과 사고 패턴을 남김없이 슈퍼 컴퓨터에 다운로드할 능력을 갖게 된다고 전망했다. 마음과 성격을 고스란히 디지털화하고, 그 정보를 로봇이나 다른 사람의 몸에 이식함으로써 '영생'을 누리는 것이다. 하지만 임종의 순간 컴퓨터를 통해 복제한 뇌가 정말 실재했던 그 사람이라고 할 수 있을까? 죽지 않은 것처럼 의식의 연속성을 확보할 수 있을까? 그런 과정에서 누락되는 것은 없을까? 있다면 무엇일까?

현재로서는 이런 질문에 정확히 답할 수 없다. 기술 자체가 이론적인 수준에 불과하기 때문이다. 커즈와일이나 케네스 헤이워스Kenneth Hayworth 등 미래학자들은 임종 시 사람의 마음을 업로드하는 기술이 현실화될 가능성이 있으며, 그런 기술이야말로 인간의 가장 큰 문제인 죽음을 해결할 위대한 진보라고 생각한다. 그렇다고 모든 사람이 마음을 업로드하지는 않을 것이다. 우선 인간에게는 비물질적 요소가 있다고 생각하는 사람(영혼이라 부르든, 넋이라 부르든), 그리고 죽음 뒤에 천국의 삶이 기다린다고 믿는 사람은 지상에서 삶을 영원히 이어간다는 생각을 받아들일 가능성이 낮다. 그러나 훨씬 많은 사람이 죽음의 공포를 극복하고자 마인드 업로딩을 선택할 것이다. 예를 들어, 치료할 수 없는 병으로 죽음을 목전에 둔 자녀의 부모라면 자녀의 마음을 업로드할 가능성이 매우 높다.

마인드 업로딩에 관한 의문은 마음과 뇌라는, 오래도록 풀리지 않는 철학적 문제가 어떻게 해결될지에 달린 것 같다. 물질 쪽에 더 큰 비중을 두는 사람은 인간의 마음이 뇌에서 일어나는 전기화학적 신호 처리 과정의 총합에 불과하다고 믿는 경향이 있다. 일단 뇌가 작동을 멈추면 마음이란 것도 불꽃이 꺼지듯 흩어져, 어떤 형태로든 더이상 존재하지 않는다고 본다. 하지만 마음이란 뇌 기능의 총합보다 훨씬 큰 무엇이라고 생각하는 사람도 많다. 물론 뇌라는 생물학적 기질에 의해 유지되지만, 뇌와 분리되어 독자적으로 존재할 수 있다고 본다. 논쟁은 수백 년간 계속되었으며 물리학과 신경과학이 눈부시게 발전한 현재까지도 결론이 나지 않았다. 역설적이지만 마인드 업로딩이라는 실험을 통해 이 문제를 해결할 수 있을지 모른다.

마인드 업로딩이 현실화되는 데 가장 큰 장애는 아직 마음에 대해 아는 것이 거의 없다는 점이다. 두 번째 장애는 생물학적 정보를 디지털 정보로 전환하는 것이다. 이 과정에는 엄청난 기술적 장벽이 가로놓여 있으며, 미리 예측할 수 없는 문제 역시 한둘이 아닐 것이다. 현재 이론화된 기술만으로도 끔찍하다거나, 인간의 몸이 지닌 고결함을 용납할 수 없을 정도로 손상시킨다는 의견이 많다. 그런데 구체적으로 어떻게 마음을 업로딩할까? 뇌보존재단Brain Preservation Foundation의 공동설립자이자 상세한 뇌 '지도' 작성을 위한 첨단 스캐닝 기법 연구자인 케네스 헤이워스 박사는 2010년에 발표한 논문에서 어떻게 마음을 업로드하는지 설명했다. 뇌보존재단 웹사이트에 올라 있는 〈나쁜 철학을 극복하라—마인드 업로딩에 의한 뇌 보존 기술은 어떻게 죽음을 극복하는가 Killed by Bad Philosophy: Why Brain Preservation Followed by Mind Uploading Is a Cure for Death〉란 제목의 논문을 참고로 이 기술이 어떻게 작동하는지 간단히 알아보자. 미리 경고해두지만 마음 약한 사람은 이 부분을 건너뛰기 바란다.

죽음을 앞둔 여성이 마인드 업로딩을 위해 입원한다. 의사들은 전신마취를 시행한 후 큰 혈관들을 체외 펌프에 연결하고 동맥과 정맥과 모세혈관에 글루타르알데하이드glutaraldehyde라는 독성 고정액을 밀어넣어 혈액을 남김없이 빼낸다. 화학물질은 이내 모든 세포 속으로 침투해 들어간다. 뇌세포도 예외가 아니다. 고정액은 세포 속의 모든 단백질에 결합하여 부패를 막는다. 이제 또 다른 독성 고정액을 전신 혈관에 주입할 차례다. 이 물질은 몸속의 단백질과 탄수화물은 물론 지질, 즉 지방 분자를 고정하여 세포의 중요한 구성요소를 고스란히 유지한다. "두 단계(단백질 고정과 지질 고정)는 핵심적인 과정으로 화학결합을 통해 세포 속의 모든 기능적 분자를 '접착제로 고정'시킨 것 같은 상태로 만든다."[17] 두말할 것도 없이 이렇게 처리된 생물학적 몸에는 다시 생명이 깃들 수 없다. 돌아올 수 없는 강을 건넌 것이다.

다음 단계는 나노 단위 해상도의 영상을 얻기 위해 아세트산 우라늄 등 중금속 염색용액을 혈관에 주입하여 뇌와 척수를 염색하는 것이다. 이렇게 하면 전자현미경으로 세포막을 볼 수 있다. 그 후 세포 내부 및 세포 사이에 존재하는 수분을 완전히 제거하고, 플라스틱 수지를 집어넣어 조직을 고체화시킨다. 극히 미세한 절편으로 절단하여 영상화하려는 것이다. 조직을 뻣뻣하게 하기 위해 체내에 에탄올을 주입하여 물을 완전히 빼낸 후, 다시 유기용제를 주입하여 에탄올을 완전히 빼낸다. 온몸을 순환하는 플라스틱 수지의 농도가 점점 높아져 마침내 "모든 세포 내 및 세포 외 공간이 순수한 플라스틱 수지로 가득 채워진" 상태에 이른다. 이제 뇌세포를 포함하여 모든 세포에 플라스틱 수지가 가득 채워져 고정되었다. 유기물과 가소성 무기물의 혼합체가 된 신체를 분자 수준까지 냉동시키면 정확히 죽음의 순간에 존재했던 형태로 보존할 수 있다.

뇌는 수분을 제거하고 플라스틱 수지로 대체하는 과정 중에 조금 더 신경을 써야 한다. 두개골에 드릴로 몇 개의 구멍을 뚫고 뇌실 속으로 튜브들을 집어넣는다. 혈관을 통해 에탄올, 용제solvent, 플라스틱 수지를 전신적으로 순환시키는 동시에 튜브를 통해 경막(뇌를 둘러싼 가죽처럼 질긴 막) 하 공간에도 밀어넣는다. "이 과정이 끝나면 뇌와 척수는 순수한 플라스틱 수지 속에 완전히 잠긴 상태가 되며, 세포 내 및 세포 외 공간 역시 빠짐없이 플라스틱 수지로 채워진다."

이제 환자를 섭씨 60도의 오븐 속에 집어넣는다. 뇌와 척수를 가득 채운 플라스틱 수지를 굳혀 "하나의 고체 덩어리"로 만드는 과정이다. "피부, 근육, 척추, 두개골을 모두 제거하여 주머니 모양의 경막 전체를 드러낸다. 가죽처럼 질긴 경막을 벗겨내면 호박 색깔의 투명한 플라스틱 껍질로 둘러싸인 채 완벽하게 보존된 뇌와 척수가 드러난다. 뇌신경과 척수신경의 시작 부위도 붙어있다. 모든 신경세포와 시냅스, 섬세하기 이를 데 없는 신경세포 돌기 하나하나가 나노 수준까지 완벽하게 보존된 상태다. 이보다 더 완벽하게 보존된 화석은 상상할 수 없을 것이다."

이제 플라스틱으로 고체화시킨 뇌와 척수를 길고 얇은 테이프 모양으로 절단한다. 100미크론, 즉 0.01센티미터 두께로 절단한 신경조직 '테이프'를 실패 모양의 스풀spool에 감는다. 이렇게 만들어진 수천 개의 스풀을 수천 개의 전자현미경 스캐너에 장착한다. 스캐너는 상상을 초월할 정도로 미세한 전자 빔을 이용하여 신경조직 '테이프' 표면을 스캔하여 고해상도 2차원 이미지를 생성한다. 그 후 집속이온빔focused ion beam으로 '테이프'의 상층부를 5나노미터 두께로 태워 없앤다. 새로 드러난 표면을 다시 전자 빔으로 스캔한다. 이 과정을 2만 번 반복하면 100미크론 두께의 신경조직 '테이프' 전체를 5나노미터 단위로 영상화할 수 있다. 또한 5나노미터 단위로 조직을 태우며 한 층 한 층 내려가면서 영상에 세 번째 차원을 부여할 수 있다. 결국 신경조직 '테이프'는 완벽하게 소멸되며 5×5×5나노미터 해상도의 이미지만 남는다. 디지털 뇌가 만들어진 것이다.

이제 뇌와 척수의 초고해상도 3차원 이미지를 컴퓨터에 입력하면 모든 신경세포와 시냅스의 모습이 지도처럼 펼쳐져 모든 연결 부위의 유형과 연결 강도를 추정할 수 있다. 헤이워스는 이 과정이 지금부터 100년 후쯤 가능할 것이라고 생각한다. 앞으로 100년간 신경과학 분야에서 이루어지는 발전을 토대로 데이터 해석이 달라질 여지가 남아 있다. 중추신경계 및 말초신경과 근육 사이를 연결하는 뇌신경과 척수신경도 그대로 보존된 상태이므로 컴퓨터 시뮬레이션을 이용하여 환자의 뇌와 신경계를 로봇 몸체와 연결시킬 수도 있다. 생각한 대로 움직이는 신체를 갖게 되는 것이다. *보아라, 그대는 영생을 얻었도다!*

• • •

정말 그럴까?

뇌를 디지털로 시뮬레이션한 결과가 곧 우리인가? 이 질문에 대해서는 한 가지 학설만 존재하는 것이 아니다. 실행에 옮겨보기까지는 모든 것이 추정에 불과하다. 인간에게 물질을 초월하는 생명의 본질이 따로 존재한다고 믿는 사람은 이런 식으로 인간을 복제하려는 시도 자체를 헛된 노력일 뿐 아니라 기괴하고 터무니없는 일로 여길 것이다.

우선 마음과 뇌에 대해 아는 것이 너무 적기 때문에 인간을 복제했을 때 어떤 일이 벌어질지, 모든 상황을 확실히 알 수는 없다는 사실을 인정해야 한다. 마인드 업로딩을 시도하여 마음의 정교한 복제품을 얻었다 해도, 디지털 카피를 원본이라 할 수는 없다. 복사본이 아무리 정교해도 사정은 달라지지 않는다. 물리적인 구조와 전기화학적 반응만으로 마음을 규정지을 수는 없다. 마음속에서 일어나는 일은 수많은 요인, 특히 의지에 따라 결정된다는 주장도 얼마든지 타당하다. 자유의지라는 현상을 컴퓨터 시뮬레이션으로 얼마나 재현할 수 있을까? 어떤 일에 주의를 기울이고, 결정을 내리고, 결정에 따라 행동하려면 어느 정도 의지가 개입하거나 그것을 효과적으로 대신할 무언가가 필요하다. 또한 생물학적인 몸속에서 살아가는 우리는 주변에서 일어나는 일을 인식하는 동시에 자신을 자각한다. '뇌의 실행기능을 실제로 수행 중인 자신'에 대한 감각을 컴퓨터 시뮬레이션으로 생성할 수 있을까? 컴퓨터 프로그래밍과 우리 몸을 그대로 복제한 로봇을 통해 어떤 일이든 할 수 있을지도 모르지만, 그런 일 중 어떤 것도 우리가 이해하는 의미에서 자유의지에 의해 이루어진 것은 없다.

당장 완벽한 복제품을 만들려고 나선다 해도 인간의 마음에는 현재 알 길이 없는 수많은 측면이 존재한다. 그중 일부는 우리의 존재와 떼려야 뗄 수 없는 관계일 수도 있다. 자각능력뿐 아니라 잠재의식, 감정(신체 감각과 밀접하게 연관된다), 가치판단능력, 그리고 잠정적으로 영혼이나 영성 같은 것들이 특히 그렇다. 저마다 이런 현상에 대해 다른 견해를 지닐 수 있고, 실제로도 그렇다. 그중 하나만 중요하고 다른 것은 모두 타당하지 않다고 밝혀진다 해도, 그 한 가지가 존재하지 않는 것이 마인드 업로딩으로 복제된 인간에게 어떤 영향을 미칠지는 전혀 알 수 없다. 이런 현상 중 단 한 가지만 결여돼도 로봇은 존재의 환생이 아니라 한때 존재했으나 영영 사라져버린 인간을 섬뜩하게 상기시키는 물건에 불과할 수 있다.

논의를 진행하기 위해 마인드 업로딩이 완벽하게 성공을 거두었다고 해보자. 그렇다면 이 기술은 진정 우리의 주관적 의식을 한없이 지속시키고, 적어도 주변 사람과 당사자에게는 영생을 보장할 것이다. 개인성이 로봇의 몸체에 깃들어 있다는 사실에 적응해야겠지만, 충분한 시간이 주어진다면 모두가 새로운 존재 방식에 익숙해질 것이다. 이렇게 된다면 많은 사람이 마인드 업로딩을 선택할 가능성이 높다. 그것은 곧 우리가 수많은 문제에 직면한다는 뜻이 된다.

지금 상태로도 인구과잉은 가까운 장래에 큰 문제로 부상할 것이 확실하다. 하지만 수많은 사람이 영생의 길을 택한다면 문제는 전혀 다른 차원으로 접어든다. 이미 초만원인 지구에서 자원이 더욱 빠른 속도로 줄어든다면 결국 자녀를 적게 낳을 수밖에 없다. 기능이 매우 뛰어난 첨단로봇의 몸체를 계속 교체해가며 산다고 해도 인류의 연령구조가 변해 초고령층이 점점 늘어난다면 어린이와 젊은이들에게 돌아갈 공간과 자원은 갈수록 줄어들 것이다. 각국 정부는 출산을 제한하거나 심지어 금지해야 할지 모르지만, 이는 자식을 낳아 기르는 것이 인간의 고유한 권리라고 생각하는 통념과 상충한다.

오늘날 우리는 젊은이가 사회에 불어넣는 활력과 신선한 관점과 새로운 아이디어를 매우 가치있게 생각하지만 마인드 업로딩이 대중화되면 그런 식으로 사회에 기여할 젊은이의 숫자가 심각하게 줄어들 것이다. 물론 영생을 얻은 사람들이 문화와 사회에 지속적인 혁신을 일으킬 수도 있지만, 주류의 위치를 획득한 초고령층이 어떤 사회를 만들 것인지는 예측하기 어렵다. 어린이와 청년들은 드문 존재가 되어 지금과 비교가 안 될 정도로 소중히 여겨지겠지만 자원이 점점 고갈된다면 오히려 그런 추세에 대한 반발이 일어날지도 모른다. 인구 규모를 통제해야 한다는 절대적 명제가 지금과는 전혀 다른 사회를 만들어낼 것만은 확실하다.

또 다른 문제는 오래도록 앓다가 죽음을 맞는 사람은 이미 뇌 속에 아밀로이드 판과 신경섬유매듭 등 알츠하이머병에서 관찰되는 변화가 광범위하게 존재하는 경우가 많다는 점이다. 마인드 업로딩이 기술적으로 가능한 시대가 되면 알츠하이머는 물론 파킨슨병,

뇌전증, 뇌졸중 등 신경학적 질병이 완전히 해결될지도 모르지만, 무턱대고 그렇게 가정할 수는 없다. 미래의 어느 시점에 이런 병에 대해 훌륭한 치료가 존재하지만 완치시킬 수는 없는 시대가 온다고 생각해보자. 알츠하이머 환자의 뇌를 복제한다면 질병도 복제될 것이다. 특정한 건강 기준을 충족하지 못하는 사람의 뇌는 마인드 업로딩할 수 없다는 규정을 만들어야 할까? 일단 뇌를 디지털 복제해놓고 나중에 질병을 교정할 수 있을지 모른다. 하지만 그렇게 한다면 사망 당시에 존재했던 그 사람을 완벽하게 복제했다고 할 수 있을까? 뇌의 한 영역을 변화시키면 신경 네트워크상 수많은 다른 변화가 생길 수 있다. 병을 치료하기 위해 몇 군데만 교정해도 의도하지 않은 결과가 빚어질 수 있으며, 그중 일부는 돌이킬 수 없을 수 있다.

중요한 윤리적 걸림돌은 심지어 질병으로 죽음을 앞두었다고 해도 언제 마인드 업로딩을 할지 결정하는 것이다. 마인드 업로딩은 결국 생물학적 신체를 죽이는 일이기 때문에 누군가 그 결정을 내려야 한다(환자 자신이라면 가장 좋을 것이다). 언뜻 생각하면 당사자가 실제로 죽어가고 있을 때 시작해야 할 것 같다. 하지만 필연적으로 몇 가지 문제에 부딪힌다. 우선 마인드 업로딩에 필요한 기술을 감안할 때 모든 과정을 제대로 수행할 수 있는 기관에서 인력과 장비를 사용할 수 있도록 일정을 잡아야 할 것이다. 하지만 예컨대 외딴 곳에서 자동차 사고를 당해 생명이 경각에 달렸다면 이런 조건을 전혀 충족할 수 없다. 그가 생명을 잃는다면 시신을 의료기관까지 옮기는 데 많은 시간이 걸리고, 이때는 이미 뇌에 상당한 변화가 일어난 뒤일 것이다. 뇌 손상이 너무 심해 제대로 작동하는 복사본을 만들지 못할 수도 있다. 죽음이 언제 어떤 방식으로 찾아올지 예측할 수 없기 때문에 원한다고 해도 마인드 업로딩을 받을 수 없는 사람이 생긴다.

이상적인 조건이 모두 갖춰졌다고 가정해보자. 환자는 병원이나 호스피스 시설에 있고 가족 모두 죽음이 가까워졌다고 인정한다. 마인드 업로딩이 생물학적 신체를 비가역적으로 파괴한다는 사실을 완벽하게 이해한 상태에서 환자는 시술받겠다는 의향을 확실히 표시했다. 하지만 이때 의사와 간호사, 기사들은 자기 손으로 생명을 인위적으로 단축시키지 않는다는 사실을 어떻게 알 수 있을까? 아주 경험이 많은 의사도 특정 환자가 전체적인 경과에 아무런 변동 없이 그대로 죽음에 이를지, 갑자기 좋아져서 삶을 더 누릴지 예측할 수 없다. 의사가 며칠밖에 남지 않았다고 생각한 환자가 몇 주, 심지어 몇 달을 더 사는 경우도 있다. 하지만 마인드 업로딩 일정을 잡는다는 것은 자연적으로 생물학적 죽음이 찾아오기 전 어느 시점엔가 시술을 시작해야 한다는 뜻이다. 이런 상황은 생명유지 장치에 연결된 환자가 뇌사에 이르러 인공호흡기와 심박동 보조장치를 멈추는 결정을 내릴 때와 전혀 다르다. 환자는 아직 죽지 않았으며, 마인드 업로딩은 그를 확실히 죽이는 결과가 된다. 만에 하나 시술 중 뭔가 잘못된다면 환자는 돌아올 수 없고 가족은 함께 지낼 수 있었던 몇 개월을 고스란히 잃게 된다.

법적으로는 뇌가 살아 있다면 살아 있는 것이다. 뇌를 업로드하려면 누군가 생물학적으로 그의 삶을 빼앗는 결정을 내려야 한다.

간단히 말해서 환자를 죽이는 것이다. 이런 결정이 의사는 치유자라는 전통적인 관점이나 해를 끼치지 말라는 금언과 어떻게 조화를 이룰 수 있을까? 삶의 마지막 순간에 엄청난 고통이 될 줄 알면서도 의사들은 제세동기의 비활성화를 꺼린다. 화학물질을 주입하여 환자를 독살시킨 후 마인드 업로딩을 위해 철저히 신체를 손상시키는 일을 결정할 수 있을까? 이 기술이 실현될 즈음에 인간의 뇌를 디지털 복제하는 것이 과연 영원한 생명이라고 할 수 있느냐는 철학적 질문이 해결되면 좋겠지만, 그것은 희망사항일 뿐이다. 기술은 사회적 및 문화적 가치가 변하는 것보다 훨씬 빠른 속도로 발전한다. 그때도 여전히 마인드 업로딩에 대한 논란은 해소되지 않을 가능성이 높으며, 완전한 사회적 합의란 영원히 이루어지지 않을 수도 있다.

환자가 마인드 업로딩을 원할 때 적합성은 어떻게 결정할 것인가? 자신의 죽음에 대해 미리 공식적인 지시를 남기기 꺼리는 현재의 추세*[18]와 그나마 의사들이 따르지 않는 경우도 많다는 점을 감안할 때 임종에 관한 대부분의 결정은 위기 상황에서 내려진다. 젊을 때 많은 조건을 고려하여 차분히 결정하는 경우는 드물다. 사람은 죽음에 관련된 문제를 궁리하거나 입에 올리기 싫어하기 때문에 임종을 앞둔 위기 상황이 닥쳐도 합리적인 결정을 내리기는 쉽지

---

* 2013년 파인드로(FindLaw, 다국적 정보 기업인 톰슨로이터에서 법률회사들을 상대로 제공하는 온라인 법률정보 및 마케팅 서비스-역주) 조사에 따르면 생존 시 유언장을 작성하는 미국인은 약 1/3에 불과하다.

않다. 의학적 결정을 가족에게 위임한다고 해도 슬픔에 젖은 가족들이 비합리적인 판단을 내리는 경우는 얼마든지 있다.

미리 유언장을 써두지 않은 50세 여성이 갑자기 심한 뇌졸중을 일으켰다고 해보자. 그녀는 남은 삶을 사지가 마비된 채 반식물인간 상태로 살아야 한다. 평소에 명시적으로 원했더라도 이제 정상적인 마음을 업로드할 기회를 놓친 셈이다. 움직이지 못하는 상태가 된 그녀는 종종 사지마비 환자의 생명을 앗아가는 폐렴이나 기타 감염에 걸리기 쉽다. 아니나 다를까, 몇 년 후 그녀는 항생제 내성균 감염으로 죽음을 목전에 두게 된다. 남편은 그런 상황에서 아내가 평화로운 죽음을 택할 것이라고 확신하지만, 그녀의 부모는 딸이 심각한 인지적, 신체적 장애를 겪고 있음에도 마인드 업로딩을 고집한다. 비록 장애상태지만 여전히 딸의 삶은 소중하며, 마인드 업로딩을 하지 않는 것은 살인과 다를 바 없다고 주장하는 것이다.

남편과 부모는 모두 주치의를 찾아가 자신들의 소원대로 해달라고 매달린다. 의사와 병원은 법적으로 궁지에 몰린다. 아내가 자연스러운 방식으로 죽음을 맞아야 한다고 생각하는 남편은 마인드 업로딩을 통해 생물학적 죽음을 재촉한다면 의사를 고소하겠다고 위협한다. 그렇게 하면 영원히 심한 장애상태로 살아야 한다고 생각하기 때문이다. 부모는 마인드 업로딩을 거부한다면 의사를 살인 혐의로 고발하고, 병원은 장애인을 차별했다는 이유로 고소하겠다고 알려왔다. 결국 사건은 법정으로 간다. 양쪽의 주장을 들어본 판사는 환자가 사전에 유언장 등을 통해 의향을 분명히 밝히지 않았으므로 모든 결정은 생명을 '구하고' 향후 장애를 교정할 수 있는 치료를 받을 가능성이 있는 방향으로 내려져야 한다고 판결했다. 그는 마인드 업로딩을 명령한다.

환자의 마음은 업로드된다. 이제 남편 곁에는 뇌졸중을 일으키기 전의 아내와 조금도 닮지 않은 마음을 지닌 로봇이 덩그러니 남았다. 몸을 자유롭게 움직일 수 있도록 다양한 기술적 조정이 가해졌지만 로봇의 마음은 여전히 심한 장애상태를 벗어나지 못한다. 남편은 여생 동안 로봇을 보살펴야 한다. 그 역시 마인드 업로딩을 선택한다면 의문은 영원히 지속될 것이다. 이제 그는 장인, 장모와 의사, 병원을 상대로 정서적 고통을 포함하여 삶이 완전히 망가진 데 대해 고소를 제기한다. 그가 원하는 것은 아내의 불행을 고통스럽게 상기시키는 로봇을 없애버리고 자기 삶을 살아가는 것뿐이다. 하지만 로봇은 법적으로 완전한 인격체로 인정되므로 동력을 끊는 것은 살인으로 간주된다.

2000년대 중반 세상을 떠들썩하게 했던 테리 샤이보 사건을 떠올리는 사람도 있을 것이다. 오늘날 이런 문제를 어떻게 다루는지를 바탕으로 상상한 시나리오지만, 미래에는 현재 생각할 수도 없는 생명윤리적 딜레마가 추가될 가능성이 높다. 마인드 업로딩을 통해 살아 있을 때의 의식이 지속되는 것이 아니라 인간성의 특징을 일부만 지닌 매우 복잡하고 기능적인 로봇이 만들어진다면 어떻게 될까? 로봇들은 사회에서 어떤 권리를 갖고, 어떤 역할을 할까? 모든 사람이 마인드 업로딩 권리를 가질까? 살인을 범했거나 기타 반사회적 성격을 지닌 사람은 어떻게 해야 할까? 로봇이 기능 이상을 일으킨다면 전원을 끌 수 있을까? 로봇이 스스로 전원을 끄고 기능을 멈추기를 원한다면 어떻게 해야 할까? 의문은 끝이 없다. 현재 우리가 목전에 닥친 급박한 현안조차 제대로 해결하지 못한다는 사실을 돌이켜볼 때, 이런 의문에 답해 볼 엄두라도 내려면 앞으로도 적지 않은 시간과 노력과 성찰이 필요할 것이다.

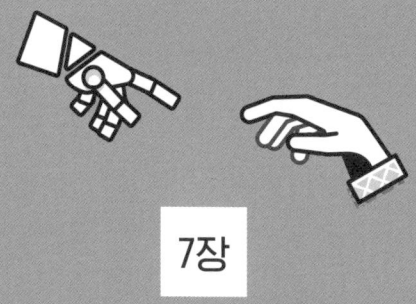

7장

| 늙지 않는 |
| 사회 |

강박적으로 젊음을 추구하는 사회에서 항노화 산업은 가장 뜨거운 분야다. 미국인들은 피부가 매끈해지고, 머리칼이 풍성해지고, 몸매가 날씬해지고, 근육이 발달하고, 정신이 맑아진다는 온갖 영양보충제, 호르몬 보충요법, 값비싼 스킨케어 제품들, 성형수술에 연간 800억 달러를 지출한다. 한때 '30세가 넘은 사람은 믿지 말라'는 말을 슬로건으로 삼았던 베이비붐 세대는 이제 60대에 접어들었지만, 노년에 이르는 내리막길을 순순히 걸어갈 생각이 없는 것 같다. 뚜렷한 지표가 있다. 지난 10년간 성형수술 건수가 77퍼센트 증가했다는 통계가 그것이다. 2014년 1,560만 건을 돌파한 이 숫자는 지금도 계속 증가하고 있다.[1]

노화를 막고 청춘을 돌려준다고 약속하는 제품을 의사 처방도 없이 살 수 있다면 의심해 봐야 마땅하다. 특수식이든, 영양보충제든, 피부노화를 지연시키거나 되돌린다고 주장하는 기능성 크림이나 세럼이든 항노화 치료는 대개 아무런 규제를 받지 않는다. 효능을 입증하지 않아도 팔 수 있다는 뜻이다. 과학적으로 검증된 제품은 거의 없다. 조금이라도 효과가 있을지 어떨지 아무도 모른다. 사정이 이런데도 수많은 사람이 서슴지 않고 지갑을 연다.

전통적으로 과장광고와 뻔뻔스러운 거짓말이 판쳐 온 이 분야에서도 가장 비싸고 논란이 많은 치료는 인간 성장호르몬 주사일 것이다. 비용은 연간 15,000달러가 넘으며, 잠재적 부작용 중에는 암 발생 위험도 있다. 영양보충제인 DHEA는 성호르몬인 에스트로겐과 테스토스테론의 전구물질이란 점을 내세워 온라인에서 캡슐당 13달러에 팔린다. 미국립 노화연구소National Institute on Aging는 이렇게 말했다. "솔직히 말해 아직까지 호르몬 보충제가 수명을 늘린다거나, 노화 관련 징후를 예방한다고 입증된 연구는 한 건도 없다."[2] 그런데도 사람들은 건강을 위한다는 명목으로 비싼 값을 치르고 위험을 감수한다.

오랜 역사 속에서 항노화 제품은 언제나 미심쩍은 구석이 있었지만, 이제 우리는 수십 년간의 연구에 힙입어 전혀 새로운 시대를 맞고 있다. 올바른 과학의 영역에서 노화 과정 자체에 실질적인 영향을 미칠 가능성이 있는 방법들을 시험하는 분야가 날로 커지면서, 이미 동물에서 상당한 성공을 거두었다. 과학계 내부에도 노화라는 현상을 하나의 질병으로 접근하는 새로운 문화가 자리잡고 있다. 일부 과학자는 노화 관련 질병들을 개별적으로 연구하는 수준에서 벗어나 노화 자체를 '완치'시킬 방법을 찾는다.

노인학자인 제이 올샨스키S. Jay Olshansky는 이렇게 말했다. "사춘기나 폐경과 마찬가지로 노화는 질병이 아니다."[3] 많은 학자들이 아직은 이런 입장을 견지한다. 하지만 정통 과학자 중에도 노화 과정 자체를 표적으로 삼는 사람이 있다. 노화는 질병이며, 완치까지는 몰라도 치료가 가능하다는 관점이다. 노화를 어떻게 정의할 것인지에 대해서는 특히 생명윤리학자들 사이에서 상당한 논쟁이 계속되겠지만, 진정한 항노화의학은 신중한 연구를 통해 얻어진 과학적 증거들로 이 논쟁에 새로운 시각을 제공한다. 줄기세포, 유전자 조작, 나노기술, 항노화제 등 첨단과학은 노화와 죽음이라는 불가피한 현상을 바라보는 시각을 완전히 바꿔버릴 수 있다. 지식과 정보가 기하급수적으로 늘어남에 따라 50년쯤 뒤에는 노화와 인간의 수명에 대한 통념이 완전히 달라질 것이다. 바야흐로 인류의 가장 오래된 문제를 둘러싼 안개가 서서히 걷히고 있는 것이다.

앞 장에서 마인드 업로딩을 통해 수명을 무한히 연장하려는 시도에 대해 몇 가지 부정적인 생각을 제시했다. 이번 장에서는 타고난 몸을 그대로 간직한 채 수명, 특히 건강수명을 극적으로 연장할 가능성을 논의한다. 선진국은 물론 상당수의 개발도상국도 역사상 유례없는 노화 문제를 겪고 있다는 데는 이견이 없다. 1900년 미국인의 평균수명은 47세였다. 현재는 78.8세다. 과학적 티핑포인트에 가까워지고 있음을 고려할 때, 21세기에는 훨씬 극적으로 늘어날 가능성이 높다.

근본적인 차원에서 수명이 늘어난다는 사실을 모든 사람이 환영하는 것은 아니다. 왜 더이상 인위적으로 수명을 늘려서는 안 되는지에 대한 논의도 활발하다. 하지만 수명연장에 반대하는 주장은 대개 판에 박힌 사고에 사로잡혀 있다. 노년이란 질병과 장애에 시달리며 점점 쇠약해지는 시기라는 관념이다. 여전히 대부분의 사람이 운동과 식단, 기타 수명과 건강을 향상시키는 생활습관적 요인에 대해 많은 정보를 얻지 못했던 과거를 기준으로 삼는다. 노화에 대한 이런 고정관념은 의학이 별로 발달하지 못했던 시대에 형성된 것으로 현재는 물론 20년, 30년 또는 50년 뒤의 노화가 어떤 모습일지와는 거의 관련이 없다.

지금까지 항노화 연구는 초파리나 선충, 마우스, 효모 등 우리와 일부 유전자를 공유한 비교적 단순한 동물의 수명을 연장하는 데 초점을 맞추었다. 이 동물들의 자연수명이 매우 짧아 수명연장 효과를 관찰하기가 쉬웠기 때문이다. 연구자들은 다양한 기법을 통해 상당한 성과를 거두었다. 이런 성과를 인간에게 적용하기란 매우 어렵지만, 자연 속에는 노화의 기전에 대해 인간에게 도움이 될 만한 정보의 보물상자가 숨어 있다. 다른 동물종을 연구함으로써 과학자들은 노화의 분자적 및 대사적 과정에 대해 많은 것을 배우고, 이를 조절하는 다양한 방법들을 찾아낸다.

지금까지 포유류의 수명을 연장한다고 알려진 가장 좋은 전략은 극단적인 칼로리 제한이다. 최대 45퍼센트까지 칼로리를 제한하면 세포가 일종의 동면 상태에 돌입하여 '세포 노쇠기senescence'라고 불리는 단계가 지연되는 것 같다. 세포 노쇠기란 세포가 정상적으로 분열하고, 변성되고, 사멸하는 주기를 말한다. 하지만 인간이 이런 방식으로 의미있게 수명을 연장하려면 끊임없이 허기를 느낄 정도로 먹을 것을 제한해야 한다. 오늘날 '슈퍼 사이즈 미super-size-me*'

---

* 2004년 미국의 독립영화 제작자인 모건 스퍼록(Morgan Spurlock)이 감독과 주연을 맡은 다큐멘터리 영화. 자신의 몸을 실험대상으로 삼아 한 달간 맥도널드 메뉴만 먹고 지낸 경험

문화 속에서는 불가능한 방법이다. 하지만 보다 현실적인 방식으로 노화 과정에 개입할 수 있는 성과들이 속속 발표되고 있다. 전설에 나오는 '젊음의 샘물'을 발견한 사람은 아직 없지만, 유망해 보이는 방향과 귀가 솔깃해지는 성과는 결코 드물지 않다.

샌프란시스코의 항노화 연구기관 벅 연구소Buck Institute에서는 선충의 유전자를 조작해 수명을 다섯 배 연장시키는 방법을 발견했다. 당연히 인간에게도 비슷한 유전자가 있으리라는 생각이 제기되었다.[4] 2014년에는 하버드, 스탠퍼드, UCSF 등 몇몇 연구팀에서 독립적으로 흥미로운 사실을 발견했다. 사춘기에 접어든 마우스의 혈액을 노쇠한 마우스에게 수혈했더니 회춘 효과가 나타났다는 것이다. 이제 그들은 어린 생명체의 혈액에서 무엇이 이런 효과를 나타내는지 밝혀내고, 이를 분리하여 노쇠한 생물의 혈액 속에 넣어줄 수 있는지 연구한다. 2010년 연구도 있다. 텔로머라아제(telomerase, 말단소체 복원효소)라는 효소를 재활성화했더니 마우스의 노화가 극적으로 역전되었다는 것이다. 텔로미어telomere란 염색체 끝 부분에 마치 '모자'를 쓴 것처럼 보이는 영역으로, 세포가 분열을 거듭할 때마다 그 길이가 짧아진다. 그전부터 항노화 연구자들은 텔로미어의 길이가 짧아지지 않도록 보존하는 효소를 활성화하면 세포가 언제까지나 젊은 상태로 기능을 유지할 것이라는 가설을 제시해왔다. 가설이 사실로 확인된 것이다. 인간의 텔로머라아제는 성

을 토대로 패스트푸드가 비만의 주범임을 주장한 영화.—역주

인이 되면 저절로 활성이 없어진다. 재활성화에 어떤 위험이 존재하는지 알 수 없지만, 어쨌든 이 효소는 이론과 정확히 일치하는 기능을 수행하는 것 같다.[5]

또 다른 연구 목표는 앞서 말했던 세포 노쇠기다. 노쇠기에 접어든 세포는 일종의 위험신호를 발산하여 염증을 일으키는데, 이는 관절염, 심장병, 알츠하이머병을 비롯하여 다양한 노화 관련 질환과 폭넓게 연관된다. 현재 벅 연구소에서는 노쇠한 세포의 위험신호를 차단하여 다른 세포에 독성을 미치지 않도록 하는 약물을 연구 중이다.[6]

줄기세포는 여전히 항노화의학에서 가장 유망한 분야다. 선택적으로 재생시킨 새로운 세포나 조직, 또는 장기를 이식하는 방법과 체내에서 세포 자체를 다시 젊게 만드는 방법으로 나뉜다. 최근 개발된 혁신적인 방법은 성체세포를 재프로그램하는 것이다. 이를 통해 초고령자의 세포도 젊고 활력이 넘치며 생명력이 충만한 세포로 되돌릴 수 있음이 입증되었다. 몇몇 연구팀에서 배양한 다양한 유전인자를 성체세포에 도입하여 미분화 상태의 '만능' 줄기세포로 되돌리는 데 성공한 것이다. 2011년 프랑스 연구팀은 100세 노인의 세포를 기증받아 만능세포를 배양하는 데 성공하기도 했다.[7] 초고령자의 성체세포를 만능세포로 전환하는 기술이 성숙한다면 유전적으로 완벽하게 일치하는 새로운 조직과 장기를 배양할 수 있을 것이다. 이런 장기는 노화의 징후를 전혀 나타내지 않고, 평생 거부반응을 일으킬 염려도 없다. 문자 그대로 수십 년의 수명을 벌 수 있다. 언젠가는 몸속에서 자연스럽게 더 많은 성체 줄기세포를 만들어 저절로 손상된 조직이나 장기를 치유하는 방법도 나오지 않을까? 꿈처럼 들리겠지만 연구성과가 쌓이면서 우리가 살아 있는 동안 그런 날이 올 가능성은 점점 높아지고 있다.

수명연장 연구에서 매우 유망한 또 한 가지 분야는 합성생물학이다. 다른 생물의 노화 연구에서 얻은 다양한 전략을 통해 인간 게놈을 조작하는 기술이다. 2013년 NIH의 토렌 핀클Toren Finkel 연구팀은 단일 유전자의 발현을 억제하여 마우스의 수명을 20퍼센트 연장했다(사람으로 치면 약 16년에 해당한다).[8] 인간의 노화에 관련하여 조작 가능한 유전자는 틀림없이 여러 개가 있다고 생각되는데, 자연계에서 일어나는 현상을 잘 살펴보면 젊음과 수명을 연장할 많은 단서를 찾을 수 있다. 이미 다른 생물종에서 어떻게 노화가 일어나는지(또는 일어나지 않는지)에 관해 많은 정보가 축적되어 있다. 이를 통해 밝혀진 것들을 인간의 항노화 치료에 적용할 수 있을지 모른다.

몇몇 생물종은 전혀 노화가 진행되지 않는다. 선인장처럼 생긴 수생 생물 히드라가 대표적이다. 특정한 종의 해파리는 성년에서 유아기로 돌아가기도 한다. 포식자에게 먹히거나 사고로 죽지 않는 한 자연적인 죽음이 아예 없는 셈이다.[9] 과학자들은 젊음과 장수에 관련된 생물학적 기전을 밝혀내기 위해 이런 생물들을 연구한다. 이들의 전략을 흉내내어 인간 게놈을 변화시킬 수 있으리라 기대하는 것이다. 에드 리지스Ed Regis와 조지 처치George Church는 이런 연구를 "유전적 데이터 마이닝"이라고 한다. 히드라 같은 생물에서 수명과 젊음을 연장시키는 유전자를 발견한다면, 다음 단계는 그들의 DNA 일부를 인간 게놈에 삽입하는 것이다. 엽기적으로 들릴지 모르지만 이미 과학자들은 몇몇 동물의 게놈에 다른 생물종의 유전자를 삽입하는 데 성공했다. 개, 원숭이, 고양이, 토끼 등을 유전적으로 조작해 해파리의 유전자를 발현시킴으로써 어둠 속에서 형광을 발하는 동물들을 만들어낸 것이다.

한 생물종의 유전자를 다른 생물종의 유전자와 접합시키는 기술은 아직까지 안전한 것 같지만, '혐오감을 불러일으키는' 측면이 있어 많은 사람이 진저리를 친다. 그러나 아직 걸음마 단계에 불과하다는 사실을 염두에 두어야 한다. 목표는 특이적인 유전자 관련 과정들을 밝혀내 인간의 몸에 도입할 방법을 찾는 것이다. 히드라가 늙지 않는 이유를 알아낼 수 있다면 특정한 유전자를 분리하여 인간에게 삽입하거나, 다른 방법을 통해 그 특정한 유전적 과정만 안전하게 옮겨놓을 수 있을지 모른다. 다른 생물종의 유전자를 지니게 된 인간은 과학자들이 흔히 사용하는 용어로 '키메라'가 될 것이다. 생명보수주의 진영에서 반발할 것은 불 보듯 뻔하다. 하지만 미래의 인류가 수많은 인공적 신체부위와 함께 다른 생물종에서 분리한 유전 물질을 몸속에 지니는 것은 얼마든지 가능하다. 순수한 인간 게놈이 더이상 인간의 특징이라고 할 수 없다면, '인간'이란 무엇인지 정의하기가 훨씬 어려워질 것이다. 일단 목표로 하는 분자적 과정을 식별하면 게놈 자체를 변화시킬 필요 없이 약이나 다른 방법을 통해 그런 과정이 몸속에서 일어나게 할 수 있을지도 모른다. 지구 상에 존재하는 동식물의 다양성과 유전적 풍부함은 실로 엄청나므로 인류에게 도움이 될 만한 특성이 어디에 숨어 있을지는 아무도 모른다. 자연환경을 보호하고 멸종을 막아야 할 급박한 이유가 한 가지 더 있는 것이다.

이렇게 묻는 사람이 있을지 모른다. "왜 노화를 늦추는 약물을 찾지 못하는 거죠?" 머지않아 진정한 항노화 약물이 나올지 모른다. 이미 시험 중인 약물이 몇 가지 있다. 가장 유명한 것은 스위스의 거대 제약회사 노바티스Novartis에서 개발 중인 약물로 세균에서 얻은 물질이다. 이 세균은 이스터 섬의 석상 밑에서 채취한 토양 샘플에서 분리되었다. 파키스탄 출신의 미국 과학자 수렌 세갈Suren Sehgal은 이 세균에서 라파마이신rapamycin이라는 물질을 발견했다.

1990년대에 세갈은 라파마이신에 항진균 특성뿐 아니라 면역억제 효과가 있음을 발견했다. 1999년 미국 식품의약국은 장기이식 환자에게 라파마이신 사용을 승인했다. 그 후 새로운 효능이 속속 밝혀졌다. 신장, 폐, 유방암에 대한 특정 치료에도 승인되었으며, 관상동맥 내 흉터 생성과 동맥경화반 형성을 방지하기 위해 관상동맥 스텐트를 코팅하는 데도 일상적으로 사용된다. 지난 10년 동안 심장병, 암, 알츠하이머병 등 노화 관련 질병 발생을 지연시킨다는 사실이 새롭게 발견되었고, 정상적인 노화 징후를 막는 작용도 있다고 생각된다. 라파마이신의 노화 방지 효과는 마우스에서 관찰되었지만 작용기전을 살펴보면 너무 환상적이라 믿을 수 없을 정도다. 우선 이 약물은 '다양한 장기와 기관계'에서 노화 관련 변화들을 예방한다. 전신적인 노화 과정에 영향을 미칠 가능성이 높은 것이다.[10] 라파마이신을 투여받은 수컷 마우스는 수명이 9퍼센트 늘어났다. 암컷 마우스에서는 효과가 더욱 두드러져 14퍼센트

연장되었다. 물론 이 정도를 가지고 영생을 논할 수는 없지만, 늘어난 수명을 인간으로 환산한다면 60세 된 여성이 95세까지 살 것으로 기대할 수 있다.

라파마이신은 분자 수준에서 칼로리를 제한했을 때와 비슷한 변화를 일으킨다. 칼로리 제한은 포유 동물의 노화를 지연시키는 데 현재까지 알려진 가장 확실한 방법이다. 라파마이신 분자는 세포 속에서 대사와 성장을 조절하는 경로를 하향조절한다. 비유하자면 이 경로를 '속여' 부분적으로 동면 상태에 들게 한다. 세포가 에너지와 영양소를 왕성하게 소모하며 분열을 거듭하는 것이 아니라, 과거 세포분열에서 생겨난 찌꺼기를 말끔히 청소하고 오래된 단백질을 재활용하며 에너지를 절약한다. 칼로리 제한 시 벌어지는 현상과 똑같다. 극심한 허기를 느끼지 않는 점에서는 더 낫다고 할 수 있다. 하지만 고용량을 사용하면 부작용으로 면역기능이 억제된다. 그렇지 않아도 면역계가 약한 고령자에게 전혀 반갑지 않은 현상이다. 노바티스가 라파마이신을 항노화제로 개발하다가 중단한 것도 면역억제 때문일지 모른다. 하지만 2014년 크리스마스에 《사이언스-중개의학Science Translational Medicine》에 기념비적인 논문이 실렸다. 호주와 뉴질랜드에서 수행된 인간 임상시험에서 라파마이신 유도체인 에베롤리무스everolimus를 고령의 자원자들에게 저용량으로 투여하자 면역반응이 **개선되었다는 것이다.**[11] 라파마이신의 긍정적 효과는 마우스 시험에서 계속 밝혀지고 있으며, 과학자들은 그 결과를 인간에게 적용할 수 있기를 바란다. 마우스에서 라파마이신은 심장의 노화를 되돌리고, 노화 관련 **뼈** 소실을 감소시키며, 만성 염증을 가라앉히고, 심지어 알츠하이머병의 증상을 역전시켰다. 어떤 약물에서도 관찰할 수 없는 효과다.

이 글을 쓰고 있는 현재 라파마이신에 대한 기대는 계속 높아지고 있다. 노바티스는 추가 시험을 진행 중이며, 반려견에서 라파마이신 사용도 연구하고 있다. FDA가 이 약물을 항노화제로 승인해줄지는 분명치 않다. 노화를 질병으로 분류하지 않기 때문이다. 하지만 노화를 지연시키는 약물이 있다면 널리 쓰이지 않는 상황을 상상하기 어렵다. 앞으로 노화 관련 질병의 초기 증상을 나타내는 사람은 누구든 보험을 적용받아 이 약을 투여받게 될지도 모른다. 물론 보험 적용이 되지 않더라도 부유층은 쉽게 약을 구할 수 있을 것이다.

현재 개발 중인 다른 항노화제들도 있다. 당뇨병 약인 메트포르민metformin이 대표적이다. 역시 마우스의 수명을 연장시킨다. 특정 노화 관련 변화를 표적으로 삼는 약물도 있다. 현재 임상시험 중인 비마그루맙bimagrumab은 노화 관련 근육량 감소와 전반적인 근력 약화를 개선한다고 생각된다.* 무릎 등 관절의 연골 소실 같은 노화 과정을 겨냥한 약도 있다. 또한 노화억제제senolytics라는 새로운 계열의 약물이 있다. 노화된 세포를 파괴하고 체내에서 노화를 가속하는 위험신호를 차단한다. 노화억제제의 하나로 항암제로도 사용되는 다사티닙dasatinib은 스프라이셀Sprycel이라는 상품명으로 이미

---

* 2016년 봄 노바티스는 임상 III상에 실패했다고 발표했다. —역주

시판되고 있다.[12]

　머지않아 많은 사람이 건강수명을 10~20퍼센트 늘려주는 약물을 사용하게 될지 모른다. 별것 아니라고 생각할 수도 있지만 건강인식도가 기하급수적으로 증가한다면 얼마나 큰 파급효과와 이익이 있을지 짐작할 수 없다. 담배를 피우지 않고, 건강한 음식을 챙겨 먹으며, 규칙적으로 운동하는 습관이 몸에 밴 오늘날의 젊은층과 중년층에서 노화에 의한 만성 퇴행성 질환이 얼마나 줄어들지 조금 있으면 피부로 느끼게 될 것이다. 이들이 노년에 도달해봐야 정확해지겠지만 이런 생활습관 덕분에 평균수명이 크게 늘 수 있다. 여기에 더해 중년에 접어들면서 콜레스테롤 저하제 등의 약물을 복용하면 수명이 그만큼 늘어날 것이다. 오늘날 할아버지 할머니가 된 베이비붐 세대는 담배를 피우고, 지방과 설탕이 듬뿍 든 음식을 먹고, 사실상 운동을 거의 하지 않고도 부모 세대보다 더 오래 산다. 바야흐로 건강하게 오래 사는 문제에 있어 '모든 것이 딱 맞아떨어지는' 시대다. 건강을 중시하는 오늘날의 세대는 모든 예측을 훌쩍 뛰어넘어 장수할지도 모른다.

· · ·

　하지만 저 멀리 수평선에서 먹구름이 밀려온다. 오늘날 건강과 장수의 가장 큰 걸림돌은 비만이다. 비만의 유행이 수많은 사람의 수명을 단축시키리라는 데는 이견이 없다. 이제 우리는 평생 이어진 생활습관이 노화와 수명에 뚜렷한 영향을 미친다는 사실을 안다. 과체중은 다양한 방식으로 노화 관련 변화를 가속시킨다. 다행히 비만에 대해서도 효과적인 치료가 개발되고 있다.

유전자치료로 비만을 없애는 방법이 상당한 진전을 보였다고 했지만, 그것은 빙산의 일각일 뿐이다. 장기적으로 건강수명을 근본적으로 연장시킨다는 측면에서 보면 우리는 아직 걸음마 수준이다. 항노화제제와 다른 치료를 적극적으로 받아들일 때 가장 큰 이익은 무엇일까? 대부분의 전문가는 장차 수명을 몇 년 단위가 아니라 몇 세기 단위로 늘려줄 기술이 개발될 때까지 살 수 있다는 것을 들 것이다. 2005년 레이 커즈와일은 공저자로 출간한 《노화와 질병Fantastic Voyage: Live Long Enough to Live Forever》이란 책에서 현재 충분히 가능하다고 믿는 목표를 제시했다. 커즈와일에 따르면 일단 생명공학과 나노기술 혁명이 일어나면 인간은 수백 년을 살 수 있다. 모든 사람이 가능하다고 믿는 것은 아니며, 가능하다고 믿는 사람도 모두 좋은 일이라고 생각하는 것은 아니지만 건강수명이 혁신적으로 늘어날 것이라는 예측은 빠른 속도로 퍼지고 있다.

오브리 디 그레이Aubrey de Grey는 세계에서 가장 유명한 항노화의학 옹호자이다. 꽁지머리에 긴 수염을 기르고 어디서나 거침없이 자기 의견을 주장하는 영국 출신 노인의학자는 한 치의 거리낌도 없이 '노화는 질병'이라고 말한다. 노화 관련 질병에 초점을 맞추는 것보다 모든 질병의 근본 원인인 노화 과정 자체를 연구하는 편이 훨씬 생산적이라 믿는 것이다. 2014년 그는 웹진 《마더보드Motherboard》와 인터뷰 중에 잔 볼피첼리Gian Volpicelli에게 이렇게 말했다. "노화 관련 질병들은 사실 질병이라고 할 수 없습니다. 노화의

한 측면, 살아 있다는 현상의 부작용이죠. 이런 병들을 완치하려면 애초에 살아 있다는 것 자체를 완치해야 합니다."[13] 노화 현상의 많은 측면이 정상적인 대사작용의 부산물이란 뜻이다. 세포 대사에 의해 필연적으로 독성 분자와 접힘 구조에 이상이 생긴 단백질 조각이 세포와 조직에 쌓인다. 몸에서 이런 물질을 제거하는 과정의 효율성은 나이가 들수록 떨어진다. 산소 유리기(oxygen free radical, 활성산소라고도 함-역주)가 가장 유명하지만, 그 밖에도 노화에 영향을 미친다고 생각되는 분자는 많다. 물론 독성 노폐물로 노화를 완전히 설명할 수는 없다. 디 그레이는 센스(SENS, 공학적 노화방지전략[Strategies for Engineered Negligible Senescence]의 약자) 연구재단을 설립하여 노화의 메커니즘을 연구하는 한편, 2007년에 자신의 이론을 요약한 책 《노화의 종말Ending Aging》을 펴내기도 했다. 그는 노화의 원인이 일곱 가지이며, 모두 치료 가능하다고 믿는다. 그의 이론은 논란의 여지가 있고, 확실히 입증된 것도 아니지만 적어도 과학자들이 중요한 연구 목표로 생각하는 것들을 요약해 보여준다. 일곱 가지 노화의 원인은 다음과 같다.

1) 세포 외 노폐물(세포 사이에 축적되는 단백질 절편과 기타 찌꺼기)
2) 세포 자체의 노화(노화된 세포가 '병들어' 생긴 염증에 의해 세포가 손상되고 죽음에 이르는 현상)
3) 세포 외 교차결합(특정 단백질 사이에서 부적절한 결합이 너무 많이 일어나 세포끼리 연결되고, 결국 조직이 뻣뻣해져 손상받기 쉬

운 상태가 되는 현상)

4) 세포 내 노폐물(활성산소와 기타 노폐물이 세포 내에 축적되는 현상)

5) 미토콘드리아 돌연변이(세포핵 외부의 유전물질에 돌연변이나 결함이 생기는 현상)

6) 발암성 핵돌연변이(세포핵 속의 DNA에 돌연변이나 결함이 생기는 현상)

7) 세포가 소실되면서 조직이 위축되는 것

디 그레이는 각각의 원인에 이론적인 치료법을 제시하면서 다시 한번 자신의 주장을 강조한다. 노화 자체가 노화 관련 질병과 관련이 있는 정도가 아니라, 실제로 직접적인 원인이라는 것이다. 노화를 중단시키려면 이런 원인을 해결해야 한다. 한두 가지를 개선해서는 제한적인 효과에 그칠 뿐이지만, 일곱 가지 원인을 모두 치료한다면 1천 년 이상 생물학적으로 25세인 상태를 유지할 수 있다는 것이다.[14] 2005년 그는 앞으로 25년 내에 인류는 근본적인 차원으로 수명을 연장시킬 수 있을 것으로 내다보았다. 예측이 실현될지는 두고볼 일이지만 전반적으로 항노화의학을 낙관적으로 볼 이유는 충분하다.

항노화의학은 오래도록 뜬구름 잡는 소리로 취급되었지만 이제 주류 과학으로 부상하고 있다. 노화한 베이비붐 세대가 7,700만 명이라는 거대한 소비자 집단을 형성하면서 큰 이익을 가져올 것이 확실하기 때문이다.[15] 디 그레이가 처음 미래의 모습을 예측한 후

글락소스미스클라인, 노바티스 등 거대 제약기업이 항노화의학에 본격적으로 투자하기 시작했다. 기술기업의 공룡인 구글도 게임에 뛰어들었다. 2014년 캘리코 랩스Calico Labs를 출범한 후 제약회사인 애브비AbbVie와 합작으로 수명연장과 항노화에 집중하는 5억 달러 규모의 벤처사업을 시작한 것이다. 사실 전 세계적 고령화 등 인구 압력이 점점 심해지면서 항노화 연구는 비약적으로 발전할 것이다. 민간에 국한된 것도 아니다. 각국 정부 또한 고령자들이 건강을 유지하고 되도록 오래 일하도록 지원하는 데 비상한 관심을 보인다. 하늘 높은 줄 모르고 치솟는 보건의료비와 곧 지급을 개시할 수많은 연금을 감당해야 하기 때문이다.

이미 시작된 장수혁명과 그 사회적 의미를 진정으로 이해하려면 먼저 노화라는 현상에 대해 갖고 있는 모든 생각을 잊어야 한다. 만성질환에 시달리며 쇠약해진 채 안락의자에 앉아 좋았던 옛날을 회상하는 노인의 이미지는 앞으로 우리가 겪게 될 노년의 경험과 거의 공통점이 없다. 의학적 혁신이 여기서 멈춘다고 해도 마찬가지다. 지난 수십 년간의 연구에 의해 우리는 충분한 도약의 발판을 마련했고, 이제는 기술들이 융합되면서 전혀 새로운 패러다임이 생겨나고 있다. 개별적인 질병 하나하나와 맞서 싸우는 것이 아니라 언제까지고 젊음과 건강을 유지하자는 개념이다.

극적인 발전은 나노의학, 즉 나노기술을 의학적으로 응용하는 데서 이루어질 것이다. 나노의학은 단백질, DNA, 효소, 아미노산 등 세포를 작동시키는 분자에 직접 작용하므로 기존 의학과는 아예 비교가 불가능하다. 머리카락 지름의 1천분의 일, 심지어 1만분의 일 크기의 분자를 조작하고 통제하는 이 분야는 화학, 생물학, 물리학, 컴퓨터과학, 로봇공학을 한데 결합한 것이다. 나노 크기의 약물과 로봇은 세포와 조직을 쉽게 뚫고 들어가 가장 미세한 표적에 곧장 작용한다. 1986년에 출간된 획기적인 저서 《창조의 엔진, 나노기술의 미래Engines of Creation: The Coming Era of Nanotechnology》에서 에릭 드렉슬러K. Eric Drexler는 이렇게 썼다. "곡괭이와 기름통을 들고 정교한 시계를 수리할 수 없듯, 수술칼과 약물을 쓰는 의사는 세포를 수리할 수 없다."[16] 질병과 노화에서 문제가 생기는 곳이 세포라면 전통적인 의학은 근본적인 한계를 지닌다. 대부분의 약물은 몸속에서 아무런 목적 없이 여기저기 돌아다니다 우연히 특정한 분자 수용체를 마주친 경우에만 제자리를 찾아 결합한다. 무계획적인 과정을 거쳐 효능을 나타내는 것이다. 사실 대부분의 약물이 어떻게 효과를 나타내는지 의사들도 잘 모른다. 그저 때때로 효과가 나타난다는 것만 알 뿐이다.

나노기술은 몸속에서 표적 분자를 주의 깊게 파악한 후, 정확히 그것을 겨냥하는 물질을 설계할 수 있다. 운에 맡기고 시행착오를 거듭하는 의학의 시대에서 의도를 정확히 충족하는 치료의 시대로 나아가는 것이다. 전통적 의학이 어설프고, 기껏해야 부분적 성공만 거두었다면 나노의학은 훨씬 효과적인 치료를 약속한다.

생의학적으로 항노화를 연구하는 과학자는 흔히 의학적 탐구를 공학적 문제로 환원시킨다는 비판을 듣는다. 기초 의학 연구는 질병의 근본 원인을 파악하는 데 주력하지만, 공학적 접근법은 일부 비정상적 과정을 교정하는 등 원하는 목표를 달성하는 데 관심을 둔다. 하지만 화공학자와 생명공학자, 컴퓨터 프로그래머, 수학자, 인공지능 전문가들이 지지를 보내는 이런 접근법이 기초 학문에서 항상 크게 벗어나는 것은 아니다. 가장 급진적인 항노화 이론조차 공학적 접근을 통해 이익을 얻을 수 있다. 물론 드렉슬러를 비롯한 사람들이 제안한 가능성을 말하는 것이다. 그들은 조만간 극히 작은 나노로봇을 몸속에 주입해 건강상태를 24시간 점검하고, 암이나 DNA 돌연변이, 과도한 단백질 교차결합 등 수많은 문제를 조기 발견할 것으로 내다본다. 나노봇에는 건강한 세포 구조를 알려주는 청사진을 탑재하여 암세포 등 '수리 불가능한' 세포는 파괴하고, 복구 가능한 세포는 젊고 건강한 상태로 되돌리도록 프로그램한다. 이런 식으로 디 그레이가 제안한 노화의 이론적 원인을 상당 부분 해결할 수 있을지 모른다.

세포를 젊고 건강한 상태로 되돌린다면 조직, 장기, 그리고 몸 전체가 젊고 건강한 상태로 돌아갈 것이다. 노화와 질병이 찾아올 때까지 기다렸다가 문제가 생긴 뒤에야 해결하는 것이 아니라, 정기적으로 나노봇을 주입받아 노화 관련 손상을 복구한다면 언제나 젊은 몸을 유지할 수 있을 것이다. 임무를 마친 나노봇은 저절로 녹아 없어지고, 부산물은 소변으로 배출된다. 때때로 질병은 무수한 기능 이상이 꼬리를 물고 일어나 발생한다. 이렇게 수많은 연쇄반응에 의해 생긴 손상을 복구하는 것보다 처음부터 분자와 세포 수준에서 '행복한' 건강 상태를 유지하는 것이 훨씬 간단하고 쉬울 것이다. 물론 사람은 저마다 다르지만 건강한 세포는 모두 동일한 DNA를 갖고 있다. 나노봇은 손상된 DNA 염기서열을 잘라내고 건강한 유전자 청사진을 참고하여 서열을 복구한다. 놀라운 기술이지만 마법은 아니다. 사실 나노의학의 원리는 상당히 단순하다. 세포 복구 과정을 가장 작은 수준까지 쪼개어 한 번에 하나씩 체계적으로 해결하는 데 불과하다.

이어서 드렉슬러는 자연 속에서 나노봇이 모방할 수 있다고 입증된 생물학적 과정들을 예로 든다. 첫 번째는 세포와 조직에 접근하는 것이다. 이는 백혈구가 혈류에서 벗어나 조직 속으로 들어가는 과정을 보면 충분히 가능하다. 바이러스 역시 무언가 세포 속으로 들어가 세포를 손상시킬 수 있다는 사실을 입증하는 예로 볼 수 있다. 나노봇은 정확히 반대되는 일을 할 뿐이다. 둘째, 나노봇은 분자적 표적에 접촉하여 인식한다. 면역계의 항체가 이미 하고 있는 일이다. 셋째, 나노봇은 문제가 생긴 유전자나 아미노산 사슬, 기타 '고장난' 세포 장치를 해체한다. 소화 효소가 매일 먹는 음식물을 소화시키는 과정에서 벌어지는 일이다. 넷째, 세포가 분열하는 중에 분자들을 재구축하는 일은 기본적으로 자연상태에서 세포 분열이 일어날 때 세포가 하는 일과 다르지 않다.

> 복구 장치들은 분자 하나하나, 구조물 하나하나를 처리하여 결국 세포 전체를 복구할 수 있다. 세포 하나하나, 조직 하나하나를 처리하여 (필요하다면 더 큰 장치의 도움을 받아) 장기 전체를 복구할 수 있다. 장기 하나하나를 복구하면 결국 건강을 회복할 수 있다.[17]

여기서 더 큰 장치란 외부 컴퓨터를 지칭한다. 나노봇에는 세포 속에 존재하는 화학물질에 의해 동력을 공급받는 극히 미세하고 프로그램 가능한 컴퓨터가 내장된다. 하지만 때때로 더 많은 정보가 필요하다면 내장 컴퓨터는 외부의 보다 큰 컴퓨터와 무선으로 통신할 수 있다.

나노봇이 표적을 찾는 과정도 믿기지 않을 정도로 단순하다. 우선 건강한 세포의 DNA 청사진을 판독한 후 수많은 세포와 비교하여 이상 부위를 찾는다. 그곳에 다가가 이상 부위를 제거하고 역시 청사진을 참고하여 분자적 장치를 재구축한다. 심장발작 후 생긴 흉터조직을 건강한 심장조직으로 되돌리거나, 단백질 교차결합 부위를 복구시켜 노화의 원인을 해결하는 것이다. 드렉슬러는 나노봇이 우리를 불멸의 존재로 만들 것이라고 주장하지는 않았지만, 이런 방식으로 건강하고 활력 넘치는 신체를 유지하면서 훨씬 오래 살 수 있다고 생각하는 것은 사실이다.

나노의학은 원자를 포함한 신체의 모든 구성분자가 올바로 배열된다면 건강한 기능은 저절로 따라온다는 이론을 근거로 한다. 향후 연구에 따라 이런 이론 자체가 부정될 수도 있지만, 현재까지 이를 부인하는 증거는 없다. 최초의 나노치료는 아마 암세포를 선택적으로 파괴하는 분야일 것이다. 그 뒤로는 특정 질병 해결이 목표다. 여기까지 진행된다면 매우 오랫동안, 어쩌면 수백 년간 건강과 젊음을 유지한다는 새로운 패러다임이 펼쳐진다. 현재 수준으로 볼 때 적어도 100년 안에는 실현할 수 없다고 보는 사람도 있다. 그러나 드렉슬러와 커즈와일을 비롯한 사람들은 인공지능과 슈퍼 컴퓨터가 눈부시게 발전하면서 머지않아 연구 속도가 훨씬 빨라지는 시대가 온다고 예측한다. 커즈와일은 이렇게 말했다. "HIV의 유전자 염기서열을 판독하는 데 15년이 걸렸다. 하지만 사스의 염기서열을 판독하는 데는 31일이면 충분했다." 컴퓨터 덕분이다.[18] 가까운 장래에 기계는 인간보다 훨씬 빠르고 효율적으로 나노봇을 설계하고 생산할 수 있을 것이다.

● ● ●

근본적 차원의 수명연장에 회의적인 사람도 많지만, 사실 우리는 수명연장 혁명에 이미 발을 들여놓았다. 혁명의 이름은 현대의학이다. 예방접종, 항생제, 항암치료, 심혈관 우회술은 인간의 수명을 한 세기 전에 '자연적'이라고 생각했던 수준보다 훨씬 길게 늘렸다. 자연적 수명이라는 개념은 분명 움직이는 표적이다. 지금까지는 움직이는 속도가 매우 느렸지만, 그마저 긴 시간을 놓고 보면 극적으로 변했다고 할 수 있다. 로마시대의 기대수명은 약 25세였으며 50세를 넘긴 사람은 고령이라고 생각되었다. 오늘날 25세 청년이 죽었다는 말을 들으면 비극으로 생각하며, 때이른 죽음에 충격을 받는다. 이렇듯 인간의 수명은 꾸준히 연장되었지만 지금까지는 사회에 부담을 줄 정도는 아니었다. 오히려 인류는 잘 적응해 온 편이다. 변화가 하루아침에 일어나지 않았고, 기술 또한 발전하여 늘어난 인구를 감당할 수 있었다. 앞으로도 그럴지 모른다. 하지만 의학이 전례없이 발달하고 있으므로 조만간 수명이 비약적으로 늘어날 가능성도 얼마든지 있다. 큰 폭으로 수명이 늘어난다면 '고령'

이란 말을 재정의해야 하는 것은 물론, 사회 전체적으로 엄청난 변화가 뒤따를 것이다. 우선 사람들이 거의 주목하지 않는 수명연장과 건강 향상의 한 가지 이유를 언급하고자 한다. "기술생리적 진화technophysio evolution"라는 현상이다.

노벨 경제학상을 수상한 로버트 포겔Robert W. Fogel과 동료 경제학자 도라 코스타Dora L. Costa는 1997년에 지난 300년간의 수명연장을 고찰한 독창적 연구를 발표했다. 〈기술생리적 진화의 이론과 향후 인구, 건강 비용 및 연금 비용 예측에서의 의미A Theory of Technophysio Evolution, with Some Implications for Forecasting Population, Health Costs, and Pension Costs〉라는 제목의 논문에서 이들은 경제학 이론과 통계 분석을 동원하여 전시戰時 어음 발행 기록 및 연금, 인구 센서스 기록 등 엄청난 양의 역사적 정보를 분석하여 지난 300년간의 건강, 신체 치수, 수명 기록과의 상관관계를 조사했다. 가장 중요한 관찰은 식량 생산, 제조, 운송, 무역, 통신, 에너지 생산, 의학, 위생 서비스, 여가 서비스 부문에서 일어난 기술적 발달이 수명을 두 배로 연장하고 경제 생산성을 엄청나게 증가시키는 등 양쪽에 모두 결정적인 역할을 했다는 것이었다. "지난 300년간 생리학적 측면에서 인간은 환경에 의해 유도된 근본적 변화를 겪었으며, 이런 변화는 수많은 기술의 발달로 인해 가능했다. 우리가 기술생리적 진화라고 부르는 이런 변화에 의해 신체 크기는 50% 이상 증가했으며, 생명을 유지하는 데 필수적인 장기들 역시 훨씬 튼튼해지고 기능적으로 향상되었다."[19] 그들은 기술생리적 진화가 여전히 진행 중이며 "생물학적이지만 유전적이 아니며, 빠르고, 문화적으로 전파되며, 반드시 안정적인 것은 아닌 형태의 인간 진화를 추동하는 기술적 및 생리학적 발전 사이의 시너지 효과"에 의해 일어난다고 주장했다.

포겔과 코스타는 심지어 출산을 앞둔 여성들의 자궁 상태와 건강과 영양 상태까지 분석했다. 역사적 조건으로는 낮은 위생 수준과 높은 감염성 질환 발생률은 물론, 만성적인 영양부족에 의해 성장이 지연되고 성인이 된 후에도 질병이 더 많이 생기며 경제 생산성이 낮아지는 현상을 망라했다. 이런 조건 때문에 과거 유럽과 미국인은 현대인에 비해 훨씬 작았다. 1790년 삼십대 영국 남성의 평균 체중은 61킬로그램, 프랑스 남성은 50킬로그램에 불과했다. 현재에 비해 키도 훨씬 작고, 건강 상태도 훨씬 나빴다. 전체 인구 중 가장 가난한 20퍼센트는 만성 영양부족에 시달려 노동을 할 힘조차 없었다. 당시 인구의 1/5이 거지였던 것은 우연이 아니다.

오늘날 고령자는 과거에 비해 훨씬 많은 노화 관련 질환에 시달리며 근근이 살아간다는 생각이 널리 퍼져 있지만, 완전히 잘못된 관념이다. 18세기와 19세기 사람들은 전반적으로 영양부족에 시달리고 제대로 성장하지도 못했기 때문에 훨씬 많은 건강 문제를 안고 살았다. 심장병 등 노화 관련 질환은 물론, 일생 동안 그들을 괴롭힌 감염성 질환에 대해서도 저항력이 매우 약했다. "1822년에서 1845년 사이에 어린 시절과 청소년기의 치명적인 감염성 질환들을 견뎌내고 성인이 된 사람이라고 해서 일각에서 주장하듯 오늘날의 같은 연령군에 비해 퇴행성 질환을 적게 앓은 것이 아니다. 정반대로 그들은 훨씬 많은 질환을 안고 살았다."[20] 19세기 노년층에서 심장질환은 오늘날 같은 연령군에 비해 3배나 많았으며, 근골격계 질환과 호흡기 질환은 1.6배, 소화기 질환은 거의 5배 더 흔했다. 포겔과 코스타는 중년과 노년에 이렇게 질병이 많았던 이유를 태아기와 어린 시절의 발달 부진이 일생 동안 영향을 미쳤기 때문이라고 생각했다.

만성 영양부족과 열악한 생활 환경의 영향은 계속 악순환을 일으켜 일생 동안 건강에 나쁜 영향을 미쳤다. "대부분의 장기가 일찍부터 기본적인 구조 자체가 어긋나기 시작했다. 애초에 발달이 부진했던 장기는 발달 상태가 좋은 장기에 비해 더 일찍 노쇠한다고 생각하는 것이 합리적일 것이다." 그들은 성장부진과 영양부족이 "이런 장기들을 구성하는 조직의 화학적 조성, 생체막을 통해 전달되는 전기적 신호의 질(質), 내분비계와 기타 생명 활동에 필수적인 기능의 불안정한 변동과 관련이 있을 것"이라고 지적했다.[21] 많은 어린이가 자궁 속에서, 유아기를 거치면서, 어린 시절 내내 영양부족에 시달린 결과 영구적인 신경학적 손상을 입었다. 또한 영양부족은 내분비 기능 이상, 부정맥, 퇴행성 관절 질환 등 수많은 질병과 연관된다.

포겔과 코스타는 1일 칼로리 섭취량과 키, 몸무게, 건강 상태 사이의 상관관계를 조사하여 평균적인 성인이 먹은 것을 제대로 소화하는 데만 하루 500칼로리가 필요하며, 감염성 질환에 대한 면역반응을 유지하는 데는 훨씬 많은 칼로리가 필요하다고 추산했다. 노동을 할 수 있는 사람조차 기본적인 신체기능을 유지하는 데 필요한 칼로리가 부족했다. 하지만 영양이 개선되고 따뜻한 옷과 주거지가 마련되는 등 기술발전에 의해 생활 환경이 개선되면서

1790~1980년 사이에 영국 노동자의 평균 수명은 두 배로 늘어났다. 노동 생산성 또한 53퍼센트 증가하여 건강과 경제적 번영이라는 두 가지 측면에서 선순환의 구조가 정착됐다.

오늘로 돌아와보자. 산업화된 국가는 물론 많은 개발도상국에서도 사람들은 18세기 후반에 비해 훨씬 키가 크고 몸무게가 많이 나가며, 훨씬 건강하고, 훨씬 생산적이다. 유아기에 영양부족, 감염성 질환, 열악한 생활 환경에 노출되는 일이 별로 없다는 것 또한 수명이 늘어나는 데 결코 작지 않은 요인이다. 현대적 기술과 생활조건 속에서 과거보다 훨씬 발달한 의료에 쉽게 접근할 수 있게 된 우리는 이제 수명연장이라는 배당금을 받고 있지만, 그것은 시작일 뿐이다. 건강을 염두에 두고 일부러 영양소를 챙겨 먹고, 담배를 피우지 않으며, 규칙적으로 운동하는 습관(이제 노동계급도 여가시간이 늘었다)이 더해지면 기술생리적 진화는 앞으로도 한참 더 진행될 것이다.

포겔과 코스타가 논문을 발표한 뒤로 생명공학, 인공장기와 이식의학, 재생의학, 신약뿐 아니라 전통의학 영역에서도 괄목할 만한 진보가 있었으며, 기술생리적 진화 속도를 크게 높일 수 있는 다양한 수명연장 기술이 개발되었다. 그들의 논문에는 분명한 교훈이 있다. 삶의 시작을 무시하고 마지막 시기에 초점을 맞추어서는 안 된다는 것이다. 인구가 고령화될수록 점점 커지는 질병 부담을 피하려면 모든 유아와 어린이에게 적절한 영양과 생활환경(오염되지 않은 환경 등)을 제공하는 것이 매우 중요하다.

또 하나 잊지 말아야 할 것은 인간이 환경을 점점 더 많이 통제하면서 오래 전부터 스스로의 진화에 영향을 미치고 심지어 통제했다는 점이다. '문화적으로 전달되는' 진화는 생물학적 진화보다 훨씬 빨리 진행되며 수명에도 뚜렷한 영향을 미친다. 좋은 일이다. 생물학적 진화는 우리가 오래 사는 것 따위에는 조금도 관심이 없기 때문이다. 생물학적 진화는 우리가 무사히 생식 연령에 이르러 후손을 낳고, 아이들을 키울 때까지 살아남는 데만 관심이 있다. 아기를 낳아 키우는 일만 생각한다면 장수 유전자를 타고나도 별 소용없다. 인류 전체의 유전자 풀pool에서 특별한 위치를 차지하지도 못한다. 수명과 건강수명을 연장하는 것은 오로지 우리에게 달려 있으며, 우리는 상황을 크게 향상시키는 방향으로 착실히 나아가고 있다.

    수명연장 기술에 반대하는 가장 흔한 이유는 첨단과학이 어떤 방식으로든 '신의 흉내를 낸다'는 것이다. 모험이 계속되면서 점점 미지의 영역 깊숙이 들어가고 있다는 것은 분명하다. 그러나 질병과 노화에 맞서 싸우기 위해 유전자치료를 연구하는 것이 수많은 사람을 유전자 풀에서 제거해버릴 감염성 질환을 백신으로 예방하는 것보다 더 신의 흉내를 내는 것일까? 인류가 스스로의 진화를 결정한다는 생각에 반대하는 사람이 일관성을 지니려면 마땅히 지난 300년간의 기술생리적 진화에도 반대해야 할 것이다.

· · ·

    노화에 대한 사람들의 태도는 낡은 고정관념일지 모른다. 그런 태도는 수명이 늘어나는 만큼 더 많은 질병과 장애에 시달리고, 노년이란 외로움과 불행의 시기이며, 인지기능 저하는 불가피하다는 오해에서 기인한다. 2013년 퓨연구소Pew Research Center는 근본적 차원의 수명연장에 대한 미국인의 태도를 조사했다. 여기서 근본적 차원의 수명연장이란 사실 소소한 수준으로 120세 이상으로 정의했다. 응답자의 56퍼센트가 선택할 수 있다면 근본적 차원의 수명연장을 받아들이지 않겠다고 답했다.[22] 보고서는 수명연장에 대한 반응이 "양면적인 동시에 회의적"이라고 지적했다. 2050년까지 인류의 수명이 120세 이상에 도달할 것으로 생각하는 사람은 27퍼센트에 불과했으며, 거의 2/3가 "기대수명이 길어지면 자연 자원에 큰 부담이 될 것"이라고 답했다. 하지만 참여자들은 수명연장의 과학에 대해 거의 몰랐다. 수명연장 과학에 대해 많이 듣거나 읽어보았다고 답한 사람은 7퍼센트에 그쳤으며, 약 54퍼센트는 전혀 들어본 적이 없었다. 38퍼센트가 근본적 차원의 수명연장에 대해 어쩌다 한두 번 들어보았다고 했다. 대부분 현재 수명(78.8세)보다 조금 더 살고 싶다고 답했지만, 100세 넘어까지 살고 싶다는 사람은 9퍼센트뿐이었다. 나는 100세 넘어서도 건강하고 활력이 넘치는 상태로 살 수 있다는 조건을 제시했다면 대부분 다른 선택을 했으리라 믿어 의심치 않는다. 그러나 오늘날 노년에 대한 관념은 수많은 오해에 둘러싸여 있다.

인류 역사를 통틀어 절대 다수에게 노년이란 질병과 장애의 시기였다. 과거 인류의 삶은 젊고 건강한 사람조차 견딜 수 없을 정도로 고통스러웠다. 쇠약해진 상태로 병고에 시달리며 오래 산다는 것은 큰 매력이 없었다. 은퇴 연금과 사회적 안전망은 현대의 발명품이다. 과거에 생산 연령을 넘어 살아남은 사람은 친척이라는 제한된 자원에 의존할 수밖에 없었다. 감염병이 만연했으며, 효과적인 치료법이 없으니 늙고 병에 걸리면 속수무책이었다. 노인들은 대개 오늘날 쉽게 치료할 수 있는 폐렴이나 기타 감염병으로 죽었다. 오죽하면 19세기까지 미국에서는 폐렴을 '노인의 벗'이라고 부를 정도였다. 노년에 겪는 모든 고통을 막아준다는 뜻이었다. 노년은 질병과 장애의 시기라는 통념은 이렇듯 오랜 시간에 걸쳐 형성되었으며, 최근 들어 인지기능이 저하되는 노인이 점점 흔해지면서 더욱 강화되었다. 물론 아직도 고통 속에서 노년을 보내는 일이 적지 않지만 상황은 급속히 변하고 있다. 노화에 대해 체계적으로 연구하기 시작한 것은 최근 들어서다. 하지만 오늘날의 노인들은 통념에 비해 훨씬 좋은 삶을 누린다.

과거에는 남녀노소를 불문하고 거의 모두가 힘든 노동에 시달렸다. 하지만 기술과 산업화에 의해 삶이 크게 변하고 풍요로워지면서 노인들은 전반적으로 세상에 훨씬 밝아졌을 뿐 아니라, 더 많이 참여하고 소통한다. 인터넷으로 무수한 관심 분야를 탐색하고 추구하며, 비영리 부문이 급성장하면서 자원봉사에 나서는 사람도 많다. 신체적으로 몇 가지 한계가 있어도 마음만 먹으면 참여할 수 있는 활동이 얼마든지 있다. 좀더 낙관적인 태도를 취해야 할 이유는 그뿐만이 아니다. 하버드 대학에서 노년과 건강 문제를 연구하는 경제학자 데이비드 커틀러David Cutler는 최근 연구를 통해 수명뿐 아니라 건강수명 또한 늘어난다는 사실을 입증했다.

커틀러 연구팀은 1991년에서 2009년까지 메디케어(Medicare, 미국의 노인 의료보험 제도-역주) 급여를 받은 약 9만 명의 데이터를 검토하여 노령층의 건강이 명백히 개선되는 추세를 발견했다. 또한 노인학자들이 수십 년간 관찰해온 "생존 곡선의 직사각형화rectangularization"라는 현상을 확인했다. "건강이 아주 나쁜 상태로 사는 시기는 세상을 떠나기 직전의 짧은 기간으로 단축되고 있습니다. 예전에는 세상을 떠나기 전 6, 7년간 쇠약하고 병든 상태로 지냈지만 이제 그런 일은 드뭅니다. 사람들은 점점 오래 살며, 쇠약한 시기가 아니라 건강한 시기가 늘어나고 있습니다."[23] 커틀러의 말이다.

세상을 떠나기 전 몇 개월은 의료비가 가장 많이 드는 시기다. 대부분의 사람은 마지막 몇 개월 동안 평생 지출한 의료비를 합친 것보다 더 많은 의료비를 쓴다. 주된 이유는 생명이 경각에 달린 환자를 불과 며칠이나 몇 주, 기껏해야 몇 달 더 살리기 위해 온갖 첨단기술을 동원하고, 이런 노력을 영웅시하기 때문이다. 요양원에서 지내면서 이런 치료를 받으면 비용은 다시 껑충 뛰어오른다. 하지만 의학의 발달로 과거에 사람을 몹시 쇠약한 상태로 몰고 갔던 병에 걸려도 이제 그 정도로 상태가 나빠지는 일은 드물다. 커틀러는 심혈관계 질환을 예로 들었다. 심혈관 우회술과 콜레스테롤 저하제 덕분에 심장발작이 줄고 있으며, 실제로 심장발작이 일어나도 과거에 비해 훨씬 좋은 상태로 회복되는 사람이 많다. 과거에 비해 훨씬 좋은 건강교육을 받고, 노화 관련 질병을 예방하거나 지연시키는 방법을 잘 아는 것도 중요한 요인이다. 현재 초고령인 사람은 근본적 차원의 수명연장이라는 혜택을 누릴 수 없을지 모르지만, 적어도 세상을 떠나는 순간까지 그런대로 괜찮은 건강을 유지하며 독립적으로 생활할 수 있을 가능성은 높다. 우리 모두가 간절히 바라는 목표다. 현재까지 전통적인 의학이 이룬 업적을 돌아볼 때 머지않아 다가올 의학혁명의 시대에는 수명이 불과 몇 년 정도가 아니라 몇 곱절 늘어나며, 훨씬 건강하고 활력있는 삶을 누릴 가능성이 높다.

근본적 차원의 수명연장에 관심이 없는 사람의 마음속에는 노년에 대한 고정관념이 자리잡고 있다. 노인은 외롭고 우울하며 불행한 존재라는 생각이다. 하지만 오늘날의 노인은 젊은이만큼 행복한 정도가 아니라, **훨씬 더 행복하다는** 수많은 연구가 있다. 직관에 반하지만 심리학 연구에서 일관성있게 관찰되는 경향이다. 노인들은 긍정적인 경험에 초점을 맞추고 부정적인 경험은 그저 흘려보내는 데 능숙하다. 사회적 관계에서 더 큰 만족을 느끼며, 사람 사이의 갈등을 해결하는 데도 더 뛰어나다. 젊은이들에 비해 감정 조절에 능하며 정서적으로 더 안정되어 있다. 이런 모든 요소가 어우러져 지혜로운 노년이라는 개념을 확인해주는 것이다.

유명한 심리학자 로라 카스텐슨Laura L. Carstensen은 오랫동안 노인들의 정신건강을 연구한 끝에 이런 현상을 설명하는 이론을 개발했다. "사회정서적 선택이론socioemotional selectivity theory, SST" 또는 "생애주기별 동기부여이론life span theory of motivation"이라고 한다. 다른 연구자처럼 카스텐슨도 긍정적인 태도는 동기부여에 달려 있다고 믿는다. 보다 긍정적인 정보와 경험에 주의를 집중하기로 마음먹는 것이 중요하다는 뜻이다. 간단히 말해 노인들은 긍정적인 쪽에 집중하려는 편향을 갖는다. 일부 연구자는 이런 현상이 인지능력 저하에 따라 보다 단순하고 긍정적인 것에 집중해야 할 필요가 생겼기 때문이라고 주장하지만 카스텐슨의 설명은 다르다. 그녀는 시간이 유한하다는 것을 자각한 데 따른 행동으로 풀이한다. "SST는 시간이 유한하다는 점을 인식한 결과 나타나는 동기부여에 초점을 맞춘다는 점에서 다른 생애주기이론과 다르다."[24] 정신적 습관은 긍정적이든 부정적이든 삶과 관련하여 자신을 어떻게 보느냐에 따라 달라진다는 것이다.

하루를 살면서 그때그때 변하는 감정을 피험자가 직접 보고하는 방식으로 연령에 따른 정서를 연구한 결과, 카스텐슨은 노인이 긍정적 감정을 느끼는 빈도는 젊은이와 다르지 않지만 부정적인 감정을 느끼는 빈도는 나이가 들수록 크게 줄어든다는 사실을 발견했다. 사람은 나이가 들수록 부정적인 감정을 곱씹으며 한자리에 머물러 있는 것이 아니라, 툭툭 털고 일어나 해야 할 일을 실천하는 능력이 점점 좋아지는 것 같다. 카스텐슨은 이런 현상의 핵심이라고 할 만한 요인을 찾아냈다. 나이가 들수록 삶의 중심이 지식을 습득하는 데서 감정을 조절하는 쪽으로 옮겨간다는 것이다. 이런 변화는 스스로 삶이 얼마나 남았다고 생각하느냐에 따라 크게 달라진다.

살아갈 날이 얼마든지 남아 있다고 느끼는 젊은이는 최대한 많은 정보를 얻는 데 집중한다. "이들은 한계를 확장하고, 지식을 늘리며, 새로운 관계를 추구한다. 끊임없이 정보를 수집하는 것이다."[25] 반면, 시간의 지평선이 가까워졌다고 느끼는 노인은 정서적 만족을 선택한다. "이들은 확실한 것에만 투자할 가능성이 높다." 기존 관계를 보다 깊은 차원으로 발전시키고 삶을 음미하려고 한다.

리온 카스Leon Kass나 다니엘 캘러핸Daniel Callahan 같은 생명보수주의자들은 삶을 깊이 음미하는 단계, 시간이 쏜살같이 흘러간다는 사실을 인식함으로써 더욱 달콤해지는 이 시기를 강조한다. 수명이 크게 늘어나 죽음이라는 현상이 갖는 중요성이 퇴색하는 것을 경계해야 한다고 목소리를 높인다. 상상할 수 없을 정도로 수명이 늘어난다면 그만큼 삶의 가치가 떨어진다고 생각하는 것이다. 하지만 우리는 이렇게 물어야 한다. 보다 많은 정보를 수집하려는 젊은이의 마음과 정서적 만족을 중시하는 노인의 마음을 동시에 갖고, 그런 경험을 오래도록 누릴 수 있다면 어떨까? 오늘날의 짧은 수명으로 상상할 수 없는 삶의 새로운 측면이 펼쳐지지 않을까?

카스텐슨, 카스, 캘러핸이 공통적으로 파악한 사실, 즉 인간은 삶의 종점이 다가온다는 생각에 의해 가장 깊은 곳까지 영향받는다는 직관의 타당성은 의심의 여지가 없다. 카스텐슨은 이렇게 썼다. "몇 건의 연구를 통해 젊은이도 삶의 지평이 가까이 다가오면 노인과 비슷한 것을 선호하며, 노인 역시 시간의 지평이 확장되는 경우 젊은이와 비슷한 것을 선호한다는 사실이 드러났다... 주변 환경과 조건에 따라 삶의 기반이 취약하다고 느낄 때는 젊은이도 노인과 똑같이 정서적으로 의미있는 경험과 목표를 추구한다."[26] 어쩌면 사람은 양쪽의 전망과 태도를 동시에 누리고 싶어 하는지도 모른다. 수명이 아주 길어진다면 이미 정서적 안정과 지혜를 얻은 사람은 끊임없이 새로운 지식을 추구하는 방향으로 나아갈 수 있지 않을까? 이렇게 된다면 각자 사회와 문화와 정치와 교육에 얼마나 많은 공헌을 할 수 있을까?

2013년 플로리안 슈미데크Florian Schmiedek가 이끄는 독일 연구팀은 업무 유사 과제를 수행할 때 20~30세인 사람들의 전반적 인지 기능을 65~80세와 비교한 결과를 발표했다. 또 고정관념이 깨졌다. 고령의 노동자는 생산성이 떨어진다는 생각과 정반대 결과가 나온 것이다. 200명이 넘는 사람을 조사한 결과 노인은 젊은이보다 정서적으로 더 안정되었을 뿐 아니라 하루 종일, 그리고 매일, 더 일관성있는 인지 수행능력을 나타냈다. 슈미데크는 이렇게 설명했다. "자세히 분석한 결과 노인들의 일관성이 더 높게 나타난 것은 풍부한 경험을 바탕으로 한 문제 해결 전략, 더 높은 동기부여, 조화롭고 규칙적인 일상과 안정된 정서 덕분이었다."[27]

막스 플랑크 연구소의 연구자 악셀 뵈르슈-주판Axel Börsch-Supan은 자동차 산업 노동자에 대한 연구를 통해 젊은 노동자가 나이든 동료에 비해 심각한 실수를 훨씬 많이 저지른다는 사실을 밝혔다. 뵈르슈-주판은 이렇게 말한다. "모든 것을 감안할 때 나이든 노동자의 생산성과 신뢰성이 젊은 동료들보다 높다."[28] 모두 좋은 소식이다. 직장의 연령 차별이 근거없는 고정관념에 불과하다는 사실을 보여주는 또 다른 예이기도 하다.

하지만 노년에 접어들면 전반적으로 인지기능이 떨어지는 것은 사실 아닌가? 보통 '깜빡한다'고 표현하는, 단어가 입안에서 뱅뱅 돌 뿐 정작 머릿속이 얼어붙은 것처럼 느껴지는 순간이 점점 자주 찾아온다는 것은 누구나 알지 않나? 기억은 이를 통해 나이 들었다는 사실을 잔인하게 일깨우지 않던가. 정말 그럴까? 수많은 연구 결과 나이든 성인이 정보 처리 속도가 떨어지고, 따라서 뇌에 저장된 정보를 불러오는 데 시간이 걸리는 것은 사실이다. 왜 그런지 생각해본 연구자는 최근까지 거의 없었다. 그러나 2014년 독일 언어학 연구팀에서 발표한 논문이 언론의 헤드라인을 장식하면서 이런 통념에 근본적인 의문이 제기되었다.

나이든 사람이라면 누구나 잘 아는 사람의 이름이 떠오르지 않아 당황스럽고 민망한 순간을 겪게 마련이다. 이름을 기억하고 불러준다는 것은 사회적으로 매우 중요한 일이므로 깜빡하는 순간은 가장 성가시고 끔찍한 노년의 경험이다. 미하엘 람슈카어 Michael Ramscar가 이끄는 언어학 연구팀은 심리측정(지식이나 지능 등 심리적 차이를 측정하는 기법)을 응용하여 젊은이와 노인의 단어 회상 능력을 객관적으로 측정하고, 엄청난 양의 데이터를 전혀 새로운 차원에서 해석했다. "심리측정 검사는 경험이 통계학적으로 왜곡되거나, 경험에 의해 지식이 축적되는 방식을 고려하지 않는다. 따라서 이 검사를 통해 서로 다른 연령군을 비교하면 인지발달을 잘못 이해할 수 있다."[29] 쉽게 말해서, 지금까지 나이든 사람과 젊은 사람을 비교할 때 노인이 훨씬 많은 정보를 갖고 있다는 사실을 고려하지 않았다는 뜻이다. 훨씬 풍부한 어휘를 지닌 사람이 단어를 회상하는 데 필요한 시간을 고려하여 측정 방법을 새로 고안하자 회상 속도의 차이가 거의 없었다. "이렇게 하자 600명의 생일을 95퍼센트의 정확도로 회상해 낸 사람이 여섯 명의 생일을 99퍼센트의 정확도로 회상해 낸 사람에 비해 기억력이 떨어진다는 결과가 더이상 나오지 않았다."

람슈카어 연구팀은 엄청난 양의 데이터베이스를 마이닝하는 한편, 컴퓨터 시뮬레이션을 통해 정보 처리 부담이 회상 속도에 얼마나 영향을 미치는지 알아보았다. 전통적 기억력 검사에서 노인이 단어를 회상하는 데 더 긴 시간이 걸리는 것은 사실이었다. 하지만 그들은 70세 노인의 경우 20세 젊은이와 달리 풍부한 어휘와 일생에 걸쳐 축적된 경험 및 지식 때문에 회상 과정이 느려질 수밖에 없음을 입증했다. 일상적인 기억력 검사에서는 어휘력이 제한적인 젊은이가 잘 아는 흔한 단어들을 사용하며, 나이든 사람에게 친숙한 자주 쓰이지 않는 단어나 특이한 단어를 배제하기 때문에 편향된 결과가 나온다는 것이다. 어떤 단어를 떠올리려고 할 때, 노인은 젊은이보다 훨씬 크고 복잡한 마음속의 '데이터베이스'를 검색해야 한다. 그 데이터베이스에는 수많은 동의어, 비슷한 뜻을 가진 단어, 관련된 경험, 발음이 비슷한 단어, 철자가 비슷한 단어, 어떤 식으로든 관련이 있는 단어와 개념, 훨씬 미묘한 뉘앙스를 지닌 단어들이 존재한다. 사실 노인들은 단어의 섬세하고 엄밀한 의미 같은 몇몇 범주에서 젊은이들을 압도했으며, 평균적인 20세 청년의 두 배가 넘는 어휘력을 지닌 경우도 많았다.

연구를 시작할 때는 람슈카어 자신도 나이가 들면 인지능력이 떨어진다는 개념을 당연하게 생각했다. 하지만 데이터를 거듭 분석해봐도 "나이든 성인의 수행능력이 인지능력 저하가 아니라 더 많은 지식을 반영"하는 결과가 나오자 놀라지 않을 수 없었다. 논문의 결론은 이렇다. "애초에 우리는 고령화가 문제라고 생각했다. 나이든 성인이 사회에 부담이 되리라 걱정했다. 사실은 인지능력 저하라는 오해 때문에 인간의 잠재력과 인적자원을 터무니없이 낭비한다고 보아야 할 것이다."

물론 더 많은 연구가 필요하지만 람슈카어의 논문에 의해 노화와 인지능력 저하라는 문제는 전혀 새로운 시각을 갖게 된 것 같다. 적어도 고령층의 인지 수행능력에 대한 연구에서는 평생 축적한 엄청난 양의 정보라는 요인을 반드시 고려해야 할 것이다. 초고령자가 점점 늘어나는 사회가 이들의 잠재력을 충분히 활용하려면 축적된 경험과 지식과 지성이 서로 결합하여 시너지 효과를 내는 상태, 즉 보통 '지혜'라고 부르는 것의 가치를 재평가하고 존중할 필요가 있다.

• • •

이번 장에서 논의한 노화의 지연과 건강수명연장이라는 주제는 의학의 발전에 따른 긍정적인 측면만 바라본 것이다. 장차 건강수명이 근본적인 차원에서 늘어난 세상이 어떤 모습일지 대략 그려보고자 했다. 융합기술과 항노화의학이 본격적으로 펼쳐지면서 사회가 혁명적인 변화를 겪을 것이라는 예상에 비해 매우 보수적인 전망이다. 새로운 사회는 전례없는 사회적, 경제적, 기술적 변화의 시대였던 20세기조차 우스워 보일 정도로, 완전히 다른 모습일지도 모른다. 많은 사람이 오랜 세월, 예를 들어 수백 년씩 살게 된다면 사회는 근본적인 변화를 겪을 수밖에 없다. 80세가 지금의 20세

정도로 생각되고, 가족 중에도 수많은 세대가 같은 시대를 살게 될지 모른다. 까마득한 손자의 손자들이 자라는 모습을 직접 보고 그들을 사랑하며, 젊은이들 역시 수많은 친척에게서 지혜로운 교훈과 따뜻한 지지를 얻게 될지 모른다.

반면 일생 동안 학교와 대학을 여러 번 다니면서 수많은 직업과 경력을 거치고, 심지어 결혼도 몇 번씩 하고, 한 번의 결혼도 훨씬 오래 지속되면서 지금 생각하는 핵가족을 벗어나 훨씬 넓은 범위의 집단과 가족관계를 맺게 될지도 모른다. 생물학적으로든, 결혼을 통해 맺어진 관계든 가까운 친족조차 다 알지 못하는 세상이 올 수도 있다. 2014년 《애틀랜틱The Atlantic》에 실린 〈우리 모두 백 세까지 산다면 어떤 일이 벌어질까?What Happens When We All Live to 100?〉라는 제목의 기사에서 그렉 이스터브룩Gregg Easterbrook은 사람들이 아주 오래 산다면 가족보다 오래 가꾼 우정을 중심으로 살 것이라고 내다보았다. "건강수명이 연장된다면 핵가족은 지금처럼 중심적인 위치를 유지하지 못할 수 있다. 자식을 낳아 기르는 일은 더이상 모든 것을 바쳐야 하는 중대사가 아닐 것이다. 자식들을 다 키우고 나면 수십 년간 우정의 시대가 이어질 것이다. 강렬한 감정에도 불구하고 쉽게 소진되는 젊은 날의 유대감보다 이 시기가 훨씬 충만할지 모른다. 이런 변화는 근로시간이나 보건의료의 변화보다 사회에 훨씬 큰 영향을 미칠 것이다."[30]

미래에는 여성이 진정으로 해방될 것이다. 수명이 극적으로 늘어난다는 것은 여성이 아기를 낳고 키우는 시기를 넘어 훨씬 더 오래 산다는 의미이므로 정계나 재계, 문화 및 자선 부문에서 여성의 진출이 두드러질 것이다. 인구구조가 크게 변하면서 출산율이 크게 떨어진다면 어린이가 더욱 소중히 여겨지고, 아이를 양육한다는 것이 삶에 있어 가장 중요하고 결정적인 일로 평가될 것이다. 여성이 아이를 키우느라 경력이 단절되거나 직업적 성취를 뒤로 미룬다 해도 삶의 경험이란 측면에서 다른 것을 압도하는 독특한 가치를 성취했다고 여길 수도 있다. 과학의 힘으로 가임기가 크게 늘어난다면 출산과 양육을 할지 말지는 물론, 언제 아기를 낳아 기를 것인지에 대해서도 선택의 폭이 크게 넓어질 수 있다.

근본적 차원의 수명연장에 반대하는 사람들이 내놓는 암울한 전망 중 하나는 초고령자가 늘면서 사회보장이나 의료보험 등 사회적 안전망이 포화되고, 비용을 감당해야 할 젊은 세대에게 엄청난 부담이 된다는 것이다. 그러나 나이든 사람이 계속 건강해진다면 노동 가능 연령이 65세를 훨씬 넘어설 가능성이 높다. 현재도 통념과 달리 건강수명이 늘어난다면 노인뿐 아니라 국가 전체의 부가 증가한다는 사실이 전 세계적으로 많은 연구를 통해 입증되었다. 의심의 여지없이 '사망의 압축compression of mortality'이란 경향과 관련된 현상이다. 동물과 인간 양쪽에서 모두 관찰된 이 현상은 오래 사는 개체일수록 삶의 종말이 가까워질 때까지 더 건강한 상태를 유지하기 때문에 보건의료 비용이 크게 줄어든다는 것이다.[31] 거듭 강조하지만 지금 이 순간에도 일어나고 있는 일이다. 융합기술이 발전하고 수명이 극적으로 연장될수록 이런 효과도 훨씬 커질 것이다. 수명연장을 비판적으로 보는 사람들은 파국적인 보건의료 비용의 상승을 경고하지만, 그런 위험은 융합기술의 발달에 의해 상쇄될 가능성이 높다. 현재만 관찰해도 앞으로 더욱 평화롭고 규칙이 잘 지켜지는 세상이 되리라 기대할 이유는 많다. 오하이오 주립대학의 정치학자 존 뮬러John Mueller는 나이든 사람일수록 전쟁을 싫어하며, 대부분의 나라에서 인구 전체가 고령화되고 있으므로 더 평화로운 미래를 기대할 수 있다고 주장한다. 대다수 범죄는 젊은이들이 저지르기 때문에 범죄율 역시 떨어질 것이다. 그렉 이스터브룩Gregg Easterbrook은 마침내 쇼핑에 혈안이 된 소비문화를 극복할 수 있을 것이라고 주장했다. "건강한 노년층에 대한 신경학적 연구 결과 나이가 들수록 보상을 추구하는 뇌 영역의 활성이 떨어진다. 눈길을 끄는 새로운 패션이든 선풍적인 인기를 끄는 먹거리든 나이든 사람은 젊은이나 중년층에 비해 뭔가를 강렬하게 소유하려는 욕망이 덜하다. 오랜 세월 동안 수많은 성직자와 작가들이 지적했듯 엄청난 잉여는 모든 유혹을 물리친다. 수명의 극적인 증가가 마침내 물질주의의 균형추가 될 가능성이 있는 것이다."[32]

근본적인 차원에서 수명이 늘어난 세상이 어떤 모습인지 그려볼 때는 아주 나이가 많은 사람도 젊은이와 똑같이 보이고, 똑같이 느낀다는 사실을 염두에 두어야 한다. 그들은 젊은이가 추구하는 활동을 계속 추구할 것이다. 세대를 초월한 사랑이라는 말도 완전히 다른 차원의 의미를 갖게 될 수 있다. 오늘날 23세인 젊은이와 68세인 노인 사이에는 거의 공통점을 찾을 수 없다. 하지만 사람이 수백 년씩 산다면 150세와 220세 사이의 차이는 거의 없어질지도 모른다. 세대가 사회적, 문화적으로 뚜렷하게 갈리는 현상이 없어지고, 연령에 따른 차별도 크게 완화될 것이다. 결국 관심사와 취미,

그리고 직업을 중심으로 사회적 집단이 형성될 것이다. 이 정도는 그리 큰 변화라고 할 수 없지만, 과학기술의 발전에 따라 인류는 훨씬 큰 변화에 적응해야 할 수도 있다.

일부 미래학자는 인간이 불멸의 존재가 될 가능성을 얘기하지만, 생산적인 논의를 위해 생물학적 불멸까지는 달성할 수 없다고 가정해보자. 자연은 우리가 성취할 수 있는 한계를 확실히 보여준다. 어쨌든 영생불멸하는 생물학적 존재는 없지 않은가? 매우 오래 살며 노화를 겪지 않는 생물도 있지만, 우리가 아는 한 생물은 결국 죽는다. 이 문제를 깊이 생각하는 사람 중 일부는 근본적 차원의 수명연장과 불멸성을 굳이 구분하지 않는다. 철학자 토드 메이Todd May처럼 불멸의 존재가 된다면 삶의 어떤 계획도 급할 것이 없기 때문에 결국 인간은 성취욕을 잃어버릴 것이라고 주장하는 사람도 있다. 하지만 우리에게 주어진 시간의 지평선이 영원히 먼 곳에 있다고 해도 여전히 보다 나은 미래를 만들려는 욕구는 남을 것이다. 결국 그 속에서, 그것도 매우 오랫동안 살아야 하기 때문이다. 나는 인간의 수명이 매우 길어져도 이 점만은 변함이 없을 것이라고 믿는다. 하지만 그 밖에도 근본적 차원의 수명연장에 반대하는 논리는 한두 가지가 아니다.

철학자 존 데이비스John K. Davis는 〈멜더스적 반대론Malthusian objection〉이란 글에서 근본적 차원의 생명연장술이 널리 보급된다면 극심한 인구과잉과 천연자원부족 등 심각한 부작용이 뒤따를 것이라고 지적했다. 당장은 도움이 될지 몰라도 인류 전체의 복지가 감소할 것이란 주장이다.[33] 2005년《의학철학저널Journal of Medicine and

Philosophy》에 게재된 논문에서 데이비스는 사회 내에 원하는 사람과 원하지 않는 사람이 공존할 때 수명연장의 윤리를 논하면서 몇 가지 시나리오를 제시했다. 수명연장술은 불가피하게 지구 자원에 영향을 미칠 것이므로 혜택을 누릴 권리는 마땅히 공공의 이익에 견주어 판단해야 한다는 것이다. 시나리오 중 한 가지는 "강요된 선택"이다. 세계의 자원을 오랜 기간 소비하는 효과를 상쇄하기 위해 아기를 낳지 않겠다고 서약한 사람만 수명연장이 가능하다. 언뜻 합리적인 것 같지만, 그런 선택을 강요한다면 민주사회에서 허용할 수 있는 범위를 훨씬 넘어 개인의 자유를 침해하게 될 것이다. 자기 수명을 연장하는 대가로 아기를 낳지 않기로 서약한다는 식으로 개인의 삶을 침해하는 것은 민주 사회 어디서도 상상하기 어렵다. 생명연장을 선택한 사람이 스스로 아기 갖기를 포기한다면 훨씬 마음이 편하겠지만, 현실 속에서는 결국 모든 사람이 아기를 원하게 되어 있다.

멜더스적 반대론이 타당하며 극심한 인구과잉과 자원부족, 사회적 및 정치적 불안정 속에서 훨씬 오래 살게 될 것이라고 생각한다면 많은 사람이 근본적 차원의 수명연장을 원하지 않을지도 모른다. 삶의 질이 보장되어야 더 오래 사는 의미가 있기 때문이다. 다시 말해 멜더스적 세계에서 삶의 질이 일정 수준 이하로 떨어진다면 수명연장을 선택하는 사람이 훨씬 적어지리라 예상할 수 있다. 물론 과학기술이 합리적 해결책을 내놓는다면, 예를 들어 인류가 지구를 떠나 다른 행성에서 살 수 있게 된다면, 수명연장에 반대하기는 훨씬 어려워질 것이다. 하지만 근본적 차원의 수명연장은 인류가 그런 능력을 갖기 전에 실현될 가능성이 높다. 머나먼 미래를 얼마든지 장밋빛으로 그려볼 수 있지만, 여전히 모든 자원이 제한된 행성에 살고 있다는 현실을 바탕으로 판단할 수밖에 없다.

수명연장이 사회에 미칠 폭넓은 영향을 예측할 때는 모든 사람이 그런 방식을 선택하지 않을 수 있으며, 선택하지 않을 권리 또한 보장되어야 한다는 점을 반드시 고려해야 한다. 예를 들어, 종교적인 사람이라면 천국의 삶이 지상에서 수백 년을 사는 것보다 훨씬 낫다고 생각하여 그런 선택을 거부할 가능성도 얼마든지 있다. 과학기술이 발전한 시대에도 완치할 수 없는 심각한 병에 걸려 삶을 연장하는 것이 의미가 없다고 생각하는 사람도 있을지 모른다. 우울증처럼 심각한 정신질환을 지닌 사람에게 매우 긴 수명이란 종신형과 같을 수도 있다. 소중한 사람이 세상을 떠나 삶의 의미를 잃어버린 사람 역시 수명연장을 원하지 않을 것이다. 자원이 고갈되는 멜더스적 세계를 맞기 전에도 수명연장을 선택하지 않을 수많은 이유가 있는 것이다.

따라서 사회적 및 의학적 문화가 모든 사람이 근본적 차원의 수명연장을 원한다는 가정하에 변해가는 데 주의해야 한다. 수명을 크게 연장하는 치료가 시나브로 하나 둘 표준 관행이 되고, "한정된 치료finite care"는 점점 찾기 어려워져 일종의 대체의학이 될지 모른다. 수명을 연장하지 않는 치료는 비용이 많이 드는 말기 질병 상태를 예방할 수 없다는 이유로 보험급여가 거부되는 상황을 생각해보라. 오늘날 사람들이 의지에 반해 심폐소생술을 받고, 환자 입장에서는 고통을 연장하는 데 불과한 온갖 수명연장 치료가 영웅시되는 사실은 잘 알려져 있다. 똑같은 의료문화적 편향이 미래에도 존재하여 생명이 위태로운 환자가 선택하지 않았는데도 수명을 연장해주는 치료를 받게 될 수 있지 않을까? 수명연장치료를 스스로 선택했다고 해도 나중에 어떤 일이 생겨 크게 후회하는 경우는 없을까? 삶을 이어가는 것보다 죽는 편이 낫다고 생각할 때 죽을 수 있는 권리를 가져야 하지 않을까? 이런 질문은 책의 범위를 벗어나지만 현재 합의에 도달하지 못했으므로 모든 사람이 스스로 결정할 수 있는 권리를 빼앗지 않도록 주의해야 한다.

그 밖에 데이비스가 고려하는 두 가지 시나리오는 윤리적 문제가 완전히 해결될 때까지 근본적 수명연장에 관한 모든 행동을 더 이상 진행시키지 않기로 합의하는 것과 원하는 사람은 누구나 자유롭게 수명연장치료를 받을 수 있도록 하는 것이다. 그는 간절히 원하는 사람에게 수명연장을 거부한다면 부당하게 수백 년의 삶을 빼앗는 것이라고 전제한 후, 수명연장을 원하는 사람이 잠재적으로 잃어버릴 수명과 원하지 않는 사람이 누릴 수명을 수학적으로 계산하여 원하는 사람 누구나 치료를 받을 수 있도록 하는 것이 최선이라고 결론내렸다.

• • •

근본적 수명연장에 관련된 윤리적 문제는 생명윤리학자, 인구통계학자, 과학자, 작가, 기타 다양한 분야의 사상가 사이에서 상당한 관심을 끌고 있지만 대중에게는 아직도 친숙하지 않다. 이미 의식하지 못한 채 수명을 크게 늘려줄 결정을 내리고 있음을 감안하면 큰 문제가 아닐 수 없다. 현대의학은 앞으로도 계속 새로운 치료가 나올 때마다 수명을 크게 연장하는 방향으로 우리를 몰고갈 것이다. 결국 많은 사람이 완전히 이해하지 못했던 결과를 맞게 될 수도 있다. 아니, 그럴 가능성이 높다. 임종을 맞는 사람에게 매우 복잡한 시나리오는 이미 눈앞에 펼쳐지고 있다. 한 가지 예만 더 들어보자. 알츠하이머병이 중간 정도 진행된 79세 남성에서 상당히 진행된 대장암이 발견되었다. 수술과 항암치료를 시행하여 그나마 자신과 주변에서 무슨 일이 일어나는지 알 수 있는 마지막 몇 개월을 고통으로 채우는 것이 나을까, 아니면 알츠하이머병이 진행하기 전에 암이 목숨을 거두어 가도록 치료를 포기하는 편이 나을까? 자신이나 가족의 생명을 놓고 이런 어려운 결정을 내려야 할 가능성은 갈수록 높아진다. 우리가 가장 두려워하는 몇몇 질병은 아직 완치 방법이 없으므로 갈수록 많은 사람이 어떤 병으로 죽을지 결정해야 할 것이다.

또한 앞으로 우리 대부분이 수명을 연장할지 선택해야 하며, 선택의 결과는 점점 더 예측하기 어려워질 것이다. 어떻게든 사는 쪽을 택한다면 의학은 점점 더 많은 수명연장 옵션을 가져올 것이다. 그러니 이렇게 물어야 한다. 근본적 수명연장은 개인과 사회와 이 행성에 좋은 것인가? 지금까지는 긍정적인 측면으로 이 문제에 답했지만, 그렇지 않다고 한다면 백신이나 관상동맥 우회술도 받지 말아야 할까? 우리는 평균 건강수명이 수백 년에 이를지 모르는 시대의 문턱에 서 있다. 그리고 우리의 결정은 전 세계적인 차원에서 자원의 분배와 경제, 사회구조에 엄청난 영향을 미칠 것이다.

2007년 자유주의 싱크탱크인 카토 연구소Cato Institute는 웹사이트 카토 언바운드Cato Unbound에 〈우리는 죽음이 필요한가? 근본적 차원의 수명연장이 가져올 결과Do We Need Death? The Consequences of Radical Life Extension〉라는 글을 포스팅했다. 논의에는 네 명의 사상가가 참여했는데 두 명은 긍정, 두 명은 부정적인 입장에서 논지를 전개하며 수명연장에 대해 대부분의 사람들이 취하는 입장을 선명하게 보여주었다.

첫 번째 글에서 오브리 디 그레이는 우리 중 약 90퍼센트가 노화에 의해 사망하며, 모든 논쟁은 결국 죽음이 아니라 노화에 맞서 싸워야 하느냐로 귀결된다고 했다. 노화를 멈출 수 없다면 근본적 수명연장이란 잔인한 농담에 불과하다. 그는 노화를 멈추는 것이 생물학적으로 가능할 뿐 아니라 도덕적 지상명령이라는 입장을 분명히 했다. "오늘날 우리는 뜻밖의 행운에 기대지 않고도 노화를 물리칠 수 있는 수준에 근접해 있다. 더 일찍, 더 열심히 그런 노력을 시작하고 지속할수록 더 빨리 성공할 것이다. 지금 당장 행동에 나서지 않으면 무고한 생명, 수많은 생명을 대가로 치르게 될 것이다."[34]

로욜라 칼리지Loyola College의 정치학자 다이애너 쇼브Diana Schaub는 〈늙지 않는 인간Ageless Mortals〉이라는 에세이로 디 그레이의 주장에 답했다. "과학자와 의사들은 노년에 찾아와 고통을 안겨주는 질병들에 대한 완치법을 찾고 있다. 모든 노력이 환영할 만하다. 어떤 생물종에서 가장 오래 산 개체의 수명을 최대 수명이라고 볼 때 현재 인간의 수명은 122세다. 그러니 기대수명을 따라잡기 위해 엄청난 노력을 기울이는 중이라고 할 수 있을 것이다."[35] 그녀는 첨단과학이 "인간의 수명을 공학적으로 혁신할 가능성을 열었다."며 못마땅한 어조로 논의를 이어간다. 글을 읽는 동안 문득 122세라는 나이 또한 공학적으로 혁신된 수명이란 생각이 들었다. 어떤 사람이 그 나이까지 살았다면 의심할 여지없이 어느 시점엔가 현대의학의 도움을 받았을 것이기 때문이다. 어쨌든 1900년 당시 우리는 훨씬 낮은 인간의 수명을 별다른 거부감 없이 받아들였고, 로마 시대로 거슬러 올라가면 그 숫자는 다시 훨씬 낮았다. 그녀가 왜 인간의 수명을 25세나 150세, 심지어 200세가 아니라 122세로 정했는지는 분명치 않다. 사실, 의학이 더이상 대안이 없다고 선언할 때까지는 인간 수명의 진정한 한계를 알 수는 없을 것이다.

쇼브는 역시 정확한 이유를 대지 않은 채 이렇게 말한다. "나는 우리가 1000살까지 살 수 있다면 세상이 암울한 디스토피아가 될 것이라는 의심을 떨칠 수 없다." 그리고 확실한 대답을 하지 않은 채 계속 비관적인 감정을 부추긴다. 가장 설득력있는 주장은 이렇다. "삶이란 신체뿐 아니라 정신의 문제다. 1000년을 산다면 그간 겪게 될 실망과 배신과 상실의 대차대조표는 어떻게 될까?" 다시 성공과 승리와 만족의 대차대조표는 언급하지 않은 채 질문을 이어간다. "정신은 늙는데 신체는 여전히 활력을 유지하는 경험은 어떤 것일까? 양쪽 세계의 최선, 즉 젊음의 활력과 노년의 지혜가 결합된 것일까? 아니면 양쪽 세계의 최악, 즉 노년에 특징적으로 나타나는 악덕과 그것을 남들에게 실제 행동으로 옮기려는 강력한 의지가 결합된 것일까?"[36]

이어지는 글에서 로널드 베일리는 쇼브가 언급한 "노년의 특징적인 악덕"이 정확히 무엇인지, 그리고 "정신이 늙어간다"는 것은 정확히 무슨 뜻인지 묻는다. 쇼브는 질문에 답하지 않았지만 베일리는 이렇게 지적한다. "정신적 에너지의 감퇴는 대개 신체적 에너지의 감퇴와 밀접한 연관이 있다." 근본적 수명연장에 대한 낙관적 지지자로서 그는 이렇게 말한다. "21세기가 되면 삶의 계획과 선택에 관한 메뉴판이 계속 늘어날 것이다. 현재 표준적으로 인간의 일생이라고 생각하는 시간으로는 지적, 예술적, 심지어 영적 성장의 가능성조차 다 실현할 수 없을 것이 확실하다."[37] 개인적 염원 차원에서 동의하지 않을 수 없지만 나는 모든 사람이 지적, 예술적, 영적 성장을 그토록 갈망하지는 않는다는 점을 지적하고 싶다. 매우 긴 수명을 누린다는 데 큰 흥미를 느끼지 못해 수명연장을 선택하지 않는 사람의 권리를 보호하는 것은 매우 중요하다. 이 점에 대한 논의는 드물지만 대부분의 생명윤리학자가 동의하리라 믿는다.

다니엘 캘러핸은 현재보다 훨씬 긴 수명을 누리는 것이 분명 진화와 자연의 의도가 아니라는 가정을 기본 전제로 베일리의 주장에 답했다. 그는 "수명과 삶에 대한 만족 사이에는 명백한 상관관계가 있는 것은 아니"라고 주장했지만, 앞에서 지적했듯이 연구 결과는 그렇지 않다. 일반적으로 오래 살수록 더 행복하다. 캘러핸은 말한다. "늙지 않기를 바라는 이상론자들이 합리화라는 동화 속에서 살고 있지는 않은지 모르겠다. 반드시 근본적 수명연장 같은 것이 가능하다고 믿기 때문이 아니라, 그것이 인간이라는 존재로서 우리에게 좋을 것이라고 믿는다는 점에서 그렇다. 나는 오래 산다고 해서

꼭 좋을 것이라고 믿을 이유를 전혀 찾을 수 없으며, 추측컨대 누구도 그런 증거를 제시할 수 없을 것이다. 그런 생각은 그저 믿음, 그것도 맹신에 불과하다."[38] 다시 한번 캘러핸은 오래 사는 것, 특히 신체적 및 인지적 건강을 유지하며 오래 사는 것에 분명 큰 만족이 따른다는 수많은 연구 결과를 무시하고 있다. 수명연장에 대한 낙관적인 예측에는 일정 부분 믿음이라는 요소가 있는 것도 사실이지만, 캘러핸과 비슷한 주장을 하는 사람들의 미래에 대한 비관적인 관점 역시 일정 부분 믿음을 근거로 한다. 우리는 알 수 없는 미래를 다루고 있다. 일정 부분 믿음에 의존하는 것은 언제나 그랬고, 앞으로도 그럴 것이다.

베일리는 미래를 내다보고 계획을 세우는 데 고유한 불확실성이 존재하는 것은 삶의 불가피한 측면이라고 인정한다. "인류가 농경, 전기, 자동차, 항생제, 위생, 컴퓨터 등을 사용하면서 수반된 모든 문제를 미리 해결하지는 못했다. 우리는 시행착오를 겪고, 그때그때 생기는 문제를 바로잡아 가며 전진해왔다."[39] 일부 생명보수주의자는 이런 불확실성을 섬뜩한 장애로 인식할지 모르지만, 불확실성이란 끝없이 새로운 사실을 발견하는 과정에서 느끼는 짜릿한 흥분의 일부라고 생각하는 사람도 많다. 물론 그렇다. 근본적 수명연장으로 나아가려면 미래가 품고 있는 무한한 가능성과 문제가 생길 때마다 해결해온 우리의 능력을 믿고 눈을 질끈 감은 채 몸을 날려야 한다. 베일리가 지적했듯이 우리가 아주 오랜 시간을 누리게 되리라 기대하는 사람은 전쟁, 빈곤, 환경 등 거대한 문제를 해결하는 데 훨씬 큰 관심을 갖게 될 것이다.

캘러핸은 이렇게 글을 마친다. "자연선택을 통해 우리 모두 늙고 죽도록 정리하는 과정에서 자연은 자기가 무슨 일을 하는지 안다. 그것이야말로 생물종이 생존과 활력을 유지하기 위해 치러야 하는 대가이며, 이런 과정은 지금까지 아무 문제없이 잘 작동해왔다. 나는 인간이 이보다 더 좋은 시나리오를 만들 수 있으리라 믿지 않으며, 그렇게 하려고 노력한다면 분명 많은 해를 끼칠 것이다."[40] 사실 생물학자들은 생식 기간 이후의 수명에 대해 자연이 특별한 방향을 선택하리라고 믿지 않는다. 자연선택 압력은 생식을 하고 자녀를 키우는 시기가 끝날 때까지만 작용하며, 그 뒤로 일어나는 일에는 다소 무관심하다. 또한 캘러핸은 우리가 이미 오래 전에 인류의 수명을 연장시키려는 계획에 뛰어들었음을 무시하고 있다. 현대 의학과 기술생리적 진화를 통해 이미 우리는 야생 상태로 존재했을 때 누린 수명보다 훨씬 오래 산다. 수명은 자연이 정한 바에 따른다는 캘러핸의 주장을 받아들인다면 오늘날 의학 발전에 힘입어 80세까지 산다는 사실을 어떻게 정당화할 수 있을까? 생명보수주의자들은 우리가 어떤 임의의 연령까지만 살아야 하며, 그 숫자가 자연스럽게 현재 인류의 수명과 일치하리라 믿는 것 같다. 하지만 그 연령은 자연에 의해 결정되지 않는다. 그것은 문명의 소산이다. 이제 문명은 우리의 수명과 건강수명을 훨씬 더 연장할 것이라고 약속한다. 캘러핸의 중심 주장은 문명보다 자연을 믿는 쪽이지만, 자연이 모든 것을 결정하던 시기에 우리는 동굴에서 살면서 야생 동물을 잡아 근근이 생계를 이어가다 20대에 죽었다. 설사 문명을 거부하고 싶어도 이미 늦었다. 인간 수명연장이라는 이름의 배는 오래 전에 돛을 올리고 항구를 떠났다.

 지금 근본적 수명연장에 적응하는 것은 앞으로 오랜 세월 지속될 적응 과정의 시작일 뿐이다. 융합기술 덕분에 미래 사회는 다민족은 물론, 현재 상상할 수 없는 다양한 형태의 생명으로 구성될 것이다. 생물학적 인간과 유전공학적으로 변형된 인간, 안드로이드, 그리고 인간과 기계 사이의 회색지대에서 살아가는 존재들이 공존하게 될지 모른다. 인간이 지구를 떠나 새로운 세상에서 운명을 개척한다면 물밑이나 극한적으로 추운 곳 등 지구와 전혀 다른 환경에서 생존할 수 있도록 공학적으로 적응시킨 존재가 되어야 할지도 모른다. 동물의 유전자에서 필요한 것들을 찾아 게놈에 삽입한다든지, 동물에게 인간 유전자를 삽입하는 방식으로 인간-동물 키메라가 탄생할 가능성도 높다. 결국 수세기에 걸쳐 끊임없이 늘어나는 다양한 존재들에게 법적, 도덕적, 사회적으로 '인간성'을 부여하는 기준이 계속 변하고, 끊임없는 진화의 열린 미래를 위해 그런 존재들의 탄생과 어디까지 인간으로 인정할 것이냐는 기준의 개정이 필수적인 요소로 인식되는 세상이 올지도 모른다.

 이런 전망은 일면 멋지게 들리지만, 인간 스스로 본성의 적대적인 측면을 변화시키지 않는다면 극히 위험할 수도 있다. 오랜 역사 속에서 우리는 민족이든 인종이든, 문화적으로든 정치적으로든, 자신과 다르다고 규정한 존재에게 온갖 범죄를 저질렀다. 서로 근본적으로 다른 존재들이, 상상할 수 없을 만큼 다양한 사회를 구성하는 것이 우리의 미래라고 생각해보자. 이런 사회가 올바로 작동하려면 이미 시작된 생물학적, 기술적 혁명을 빠른 속도로 따라잡는 문화적 혁명이 필요할 것이다. 변함없이 폭력과 테러와 전쟁을 통해 갈등을 해결하려고 한다면 우리의 미래는 실로 암울할 것이다. 우리는 상상해본 적도 없는 문화적 변화를 받아들여야 하며, 이를 위해 현재보다 훨씬 더 높은 수준으로 지성을 강화해야 한다. 현재보다 한 차원 높은 세계로 나아가야 하는 것이다. 그것은 틀림없이 트랜스휴먼의 세계일 것이다.

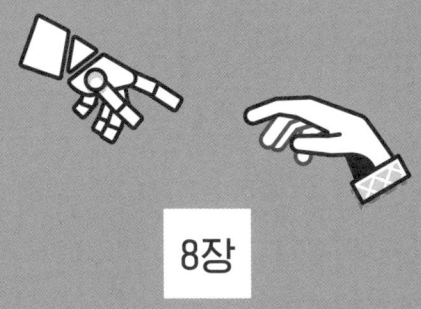

8장

사회적 로봇의 시대

오전 8시 7분, 빅터는 아파트 문을 열고 집에 들어서자마자 그대로 주저앉는다. 피곤하고 우울한 표정이다. 지금 막 도시위생국에서 일을 마치고 교대한 참이다. 눈에는 눈물이 고였고, 코는 하도 풀어서 빨갛다. 갑자기 아파트에 불이 들어오며 비서 로봇 힐다Hilda가 문가로 나와 그를 맞는다. 이미 빅터의 차를 알아보고 기다리고 있던 모양이다.

"오셨어요?" 목소리는 거의 사람처럼 반기는 기색이 뚜렷하다. 165센티미터인 로봇은 매끈한 여성 휴머노이드의 체형을 지녔다. 힐다는 다양한 감정도 표현하지만, 빅터가 그녀를 고른 까닭은 아직도 약간 마네킹 같은 외모 때문이었다. 인터넷에는 훨씬 인간화된 모델도 많다. 하지만 막상 그런 모델을 보면 그는 오싹했다. 너무 인간을 닮은 로봇은 왠지 시체나 좀비와 이야기를 나누는 느낌이 들었다. 로봇에게 뭐랄까, 다소 건강하지 못한 애착을 갖는 친구도 몇몇 있었다. 그렇게 되기는 싫었다. 힐다는 인간처럼 자연스럽게 어울릴 수 있지만, 동시에 경이로운 전자제품일 뿐이란 사실을 끊임없이 환기시켰다. *진실을 끊임없이 알리는 존재*. 빅터는 생

8장. 사회적 로봇의 시대

각했다.

빅터는 한마디도 않고 외투를 벗어 힐다의 팔에 내던지듯 건넸다. 그녀는 문간에 있는 옷장을 열고 외투를 걸었다. 움직임은 자연스러웠지만 바닥에 뭐가 놓여 있을 때 밟지 않으려는 동작은 다소 과장된 편이었다. "오늘 하루는 어땠어요?" 그녀는 옷을 걸으며 물었다.

"하루가 아니라 밤이지." 빅터는 질문을 바로잡았다. "끔찍했어. 집엔 별일 없었나?"

"시스템을 모두 점검했어요. 모든 파라미터가 만족스럽고, 네트워크 시그널도 강하게 잡혀요. 부엌을 청소하면서 쓰레기를 500그램 정도 압축했어요. 아무 문제없었어요. 하지만 골디Goldie가…" 빅터가 갑자기 재채기를 하는 바람에 힐다는 말을 멈추더니 급히 티슈를 두 장 뽑아 건넨다. 그는 티슈를 받아 들고 소파에 털썩 주저앉으며 큰 소리로 코를 푼다. 코 푼 휴지를 힐다에게 건네자 그녀는 위생적으로 처리한다.

"호흡기에 문제가 있으신 것 같군요."

"죽을 것 같아." 빅터는 웅얼거린다.

"활력징후를 체크해보니 코감기에 걸리신 것 같네요." 'ㄹ' 발음이 살짝 뭉개지는 것이 몹시 신경에 거슬린다. "코감기로 죽을 확률은 0.0001입니다."

"나도 알아, 이 깡통 같은 녀석아. 비유법도 못 알아듣다니!"

"'깡통 같은 녀석'이란 말씀은 제가 어딘지 고장났다는 것처럼 들리네요. 제조사 AS 팀에 연락해볼까요?"

"지금은 전혀 그럴 기분이 아니라고!" 그는 침실로 들어가더니 속옷에 티셔츠만 걸친 모습으로 나온다. 이런 버릇 때문에도 너무 진짜 같지 않은 로봇을 골랐을지 모른다. 약간 특이하다면 특이한 행동을 마음대로 하고 있을 때 너무 진짜 같은 뭔가가 자기를 뚫어져라 바라본다는 건 영 마음에 들지 않았다. "집안이 너무 덥군, 힐다. 온도를 좀 낮추라고."

"실내 온도를 3도 낮췄습니다. 스캔해보니 체온이 37.8도네요. 그래서 덥게 느껴지시나 봐요. 그건 그렇고, 기분은 어떠세요?"

"끔찍하지. 좋을 리 없잖아. 머릿속에 물이 가득 찬 기분인 데다 해머로 얻어맞은 것 같다고."

"머리를 스캔해보니 둔탁한 걸로 얻어맞은 외상은 전혀 없고, 수분 공급 상태도 모든 항목이 정상입니다."

"거참 고맙군 그래!"

"별말씀을요. 닭고기 스프 같은 거라도 좀 드릴까요?"

"됐어. 의사를 만나야 돼. 뇌수막염 같은 건지도 몰라. 전화 걸어서 예약을 잡아줘. 지금 당장!"

"머리를 스캔해본 결과 수막에 염증은 나타나지 않았습니다."

"아, 됐어. 머리가 아파 미치겠다고." 빅터는 이마를 문지른다.

"활력징후를 체크한 결과 상기도에 바이러스 감염이 있는 것 같습니다. 점막이 붓고, 맑은 콧물이 나오고, 전신적으로 나른한 게 특징이죠. 3~5일 정도면 좋아질 겁니다." 빅터가 다시 재채기를 하기도 전에 힐다는 티슈 두 장을 건넨다.

"에취! 감기라고? 말도 안돼. 이런 게 그냥 감기일 리 없지! 핑커튼 박사에게 전화해서 제일 빠른 날짜로 예약을 잡아줘. 간호사에게 직접 만나서 진료받고 싶다고 해. 아주 급하다고!"

"이미 주인님의 증상과 활력징후를 핑커튼 박사에게 보냈습니다. 병원에서는 충혈제거제와 진통제를 드시고, 물을 많이 마시고, 푹 쉬라는데요. 약을 갖다 드릴게요."

"충혈제거제라고? 이런 젠장! 뇌출혈이라도 생긴 것 같다고!" 그는 또 코를 푼다.

"머리를 스캔해본 결과…"

"아, 됐다니까. 이건 그런 게 아냐! 사람하고 얘기를 해봐야겠어." 빅터는 문득 일레인에게 이런 투로 말을 했다면 집에서 쫓겨나 싸구려 여관에서 자야했을 것이란 생각이 들었다. 하지만 도무지 자제할 수가 없었다. 온갖 변덕을 아무렇지도 않게 받아주는 것, 그것이 오히려 짜증스러웠다. 왜 이 녀석은 항상 옳은가? 아니, 왜 항상 이토록 **정확한가**? 힐다는 항상 정확했다. 하지만 그것을 **옳다**고 할 수는 없었다. 사람을 미치게 만들 뿐이었다.

"안녕하세요!" 갑자기 높고 활기찬 목소리가 인사를 건넸다. 빅터의 로봇 애완견이다. 작고 털이 복슬복슬한 포메라니안이 자연스럽게 곁으로 다가와 재롱을 부렸다. "쓰다듬어 주실래요?"

"조금 있다가, 골디 Goldie. 지금은 기분이 좋지 않다고."

"멍! 멍! 알았어요." 골디는 실망한 표정으로 "침대", 그러니까 충전 크래들로 돌아가 충전 모드에 들어갔다.

"힐다, 핑커튼 박사의 간호사를 연결해줘. 사람과 대화하고 싶다고 했잖아."

힐다의 가슴에 있는 터치 스크린에 간호사의 얼굴이 나타난다. "수아레즈Suarez 씨, 저는 10분 전부터 여기 있었습니다. 그리고 충혈제거제와 진통제를 드시고, 물을 많이 마시고, 푹 쉬시라는 처방을 내렸습니다. 가정 도우미가 말씀드린 것과 마찬가지로요."

"뭐라고요? 왜 진작 말하지 않았소?" 그는 소파 위에 놓여 있던 쿠션을 집어 황급히 팬티를 가렸다. 그리고 누가 빼앗기라도 할 듯 꼭 붙잡았다. "남의 사생활 같은 건 안중에도 없다는 거요?" 분노와 당혹감으로 얼굴이 벌겋게 달아오른다.

"닷새 내로 호전되지 않으면 가정 도우미에게 다시 연락하라고 하세요." 간호사의 말투가 약간 퉁명스러워진다. "그리고 선생님의 몸에서 제가 보지 못한 건 아무 것도 없다고요, 수아레즈 씨."

"잠깐만... 이건 그냥 감기가 아니에요. 뭔가 훨씬 더 심각한 병이라고!"

"활력징후를 보면 체온이 약간 높을 뿐입니다. 해열진통제를 드시면 좋아질 겁니다. 그럼 안녕히."

힐다의 터치 스크린이 즉시 홈 화면으로 돌아간다.

"잠깐 기다려요. 이런 염병할!"

골디가 벌떡 일어나더니 공을 물고 와 발치에 떨어뜨린다. "멍! 멍! 공을 던져주세요!"

"좀 기다리라고 했잖아, 골디! 네 침대로 가!" 골디는 다시 시무룩한 표정을 지으며 침대로 돌아간다. 힐다가 알약 세 알과 물컵을 건넨다. 어느새 부엌에서 챙겨온 모양이다. 빅터는 알약을 삼킨 뒤 소파에 깊게 몸을 파묻는다.

• • •

힐다 같은 로봇은 융합기술의 핵심이다. 인공지능, 무선통신, 기계공학, 언어학, 수학, 의료 영상기술, 신경과학, 심지어 심리학이 자연스럽게 통합되어야 가능하다. 그런 로봇은 보다 깊은 차원에서 기술의 혜택을 누리게 해줄 뿐 아니라, 마인드 업로딩이 정말로 가능해진다면 분명 자기 마음을 휴머노이드 로봇에게 이식하려는 사람들이 나올 것이다. 결국 미래에 로봇은 우리가 가장 기본적으로 관계를 맺는 대상이 될 것이다. 힐다는 미래의 기술처럼 보이지만, 이런 로봇을 만드는 데 필요한 모든 기술이 이미 존재하거나 개발 중이다. 수많은 로봇공학자와 인공지능 전문가, 그리고 빌 게이츠 Bill Gates까지 우리가 현재 1980년대의 퍼스널 컴퓨터 혁명에 버금가는 퍼스널 로봇 혁명의 문턱에 서 있다고 입을 모은다.

1980년대만 해도 많은 사람이 이렇게 말했다. "도대체 내가 왜 퍼스널 컴퓨터가 필요하겠어?" 누구에게나 PC가 필요하다는 사실은 PC가 어디에나 존재하고 인터넷 기술이 성숙하여 모든 컴퓨터가 연결되고 나서야 분명히 드러났다. 이메일과 소셜 미디어가 삶에서 이토록 중심적인 역할을 하리라고 예측한 사람은 거의 없다. 퍼스널 로봇 역시 PC나 스마트폰과 비슷해질 것이다. 우선 보건의료 영역을 통해 도입될 가능성이 높다. 그러나 집안 관리, 가사, 마음대로 움직일 수 없는 사람의 일상 관리, 통신, 오락, 치료, 놀이 등 로봇을 활용할 수 있는 영역은 무궁무진하다.

오래 전부터 로봇은 제조업에 널리 사용되었다. 최근 들어서는 로봇수술 영역에서 폭발적 혁신이 일어났다. 전 세계적으로 다빈치 로봇수술을 받은 사람은 150만 명이 넘는다. 불과 몇 년 전만 해도 수술이라는 위험하고 정교한 영역에서 로봇이 핵심적인 역할을 하리라고 생각한 사람은 거의 없었다. 하지만 외과의사의 눈과 손이 움직이는 대로 정밀하게 작동하는 다빈치 시스템은 몇몇 중요한 기능에 있어 기계가 끊임없이 인간을 넘어서고 있다는 사실을 입증했다.

다빈치 시스템을 이용하여 수술할 때 외과의사는 환자 곁에 서지 않는다. 콘솔에 앉아 아주 작은 카메라를 통해 형성된 3차원 고해상도 영상을 보며 계기판을 조작하여 한치의 흔들림도 없이 극도로 정밀하게 움직이는 네 개의 로봇팔을 통제한다. 수술 중에 환자가 깨어난다면 몸 위에서 움직이는 다빈치 로봇을 위협적으로 느낄지 모르지만, 이 장비는 극히 작고 정밀한 수술 기구들을 상상할 수 없을 정도로 능수능란하게 다룬다. 수술 결과 또한 전통적인 수술보다 우수하다.

로봇수술의 장점은 여러 가지다. 우선 기구를 초소형화할 수 있다. 그래도 손의 떨림이 없어 훨씬 정밀하게 수술하면서도 주변 손상이 줄어든다. 초소형 수술 기구를 사용한다는 것은 곧 절개를 최소화한다는 뜻이다. 심지어 내시경 수술보다 더 작게 절개할 수도 있다. 다빈치 웹사이트에 다빈치 로봇이 얼마나 정밀한지 보여주는 영상이 올라 있다. 포도알 한 개를 앞에 둔 채 작고 섬세한 기구들을 조작하여 조심스럽게 껍질을 벗겨내는 장면이다. 과육은 조금도 건드리지 않고 껍질만 벗겨낸다. 손으로도 거의 불가능한 일이다. 실제로 로봇수술의 결과는 절개술이나 표준 내시경 수술의 성적을 뛰어넘는다. 로봇수술을 받은 환자는 입원 기간이 짧고, 더 빨리 회복되며, 합병증도 더 적어 장비에 투자한 비용을 충분히 상쇄한다. 적용 범위도 날로 넓어져 관상동맥 우회술, 대장결장, 부인과 영역, 두경부, 폐, 콩팥, 요로계를 비롯해 수많은 분야에서 성공을 거두고 있다.

　제조사는 가까운 시일 내에 로봇이 의사를 대체할 수는 없다고 말한다. 그러나 점점 많은 시술이 로봇에 의해 수행될 것은 틀림없다. 2008년 이후 수술 시 마취제 투여에 맥슬리피McSleepy라는 애칭으로 불리는 마취 로봇이 사용되었고, 2011년에 케플러 기도삽관 시스템Kepler Intubation System, KIS이라는 원격조종 로봇팔이 등장하여 기관삽관(인공호흡을 위해 기도 내에 관을 삽입하는 것)을 시작했다. 로봇팔이 목구멍에 튜브를 밀어넣는다면 겁이 나지만 똑같은 술기를 마취전문의가 했을 때보다 더 안전하고 정확하다는 사실이 입증되어 있다.

　보건의료 영역에서 로봇을 활용하는 데 외과수술은 빙산의 일각일 뿐이다. 미국에서는 팔다리를 잃은 사람이 로봇팔다리를 이식받는 일이 늘고 있다. 사지마비 환자의 물리치료에 로봇외골격을 활용하기도 한다. 물건을 운송하는 로봇이나 수색구조 로봇은 험한 지형이나 눈사태 후, 방사능 오염 지역 등 인간이 접근하기 어려운 곳에서 임무를 수행한다. 머지않아 살균로봇이 병원이나 치명적인 감염에 노출된 곳을 살균소독하고, 조제로봇이 처방전에 따라 약을 조제할 것이다.[1]

로봇은 질병을 진단하는 데도 매우 유용하다. 제퍼디(Jeopardy, 미국의 인기 퀴즈 프로그램-역주)에서 강력한 인간 경쟁자들을 물리친 것으로 유명한 IBM의 인공지능 왓슨Watson은 현재 메모리얼 슬론 케터링 Memorial Sloan Kettering 병원에서 진단에 활용할 수 있을지 검증하고 있다. 인간 의사처럼 환자를 대할 때 세련된 매너를 기대할 수는 없겠지만, 왓슨은 증례연구를 포함해 초당 6천만 페이지에 달하는 문서를 처리한다. 학습기능을 갖추어 적어도 이론적으로는 '경험'을 활용해 질병을 진단하고 치료방법을 권고할 수도 있다. 아직 체계적인 연구는 없지만 의사들이 때때로 진단 오류를 저지르는 탓에 환자는 물론 모든 사람이 적지 않은 대가를 치른다는 사실은 잘 알려져 있다. 그토록 엄청난 양의 의학적 정보를 빠른 시간 내에 처리하는 왓슨이 더 뛰어난 진단 능력을 보일 가능성은 얼마든지 있다. 어쩌면 모든 의사가 왓슨과 비슷한 로봇을 필수적인 보조장치로 사용해 환자와 자신을 오진으로부터 보호하는 시대가 올지도 모른다.[2]

물론 왓슨이 어떤 의사도 따라가지 못할 정도로 많은 정보를 검토 분석한다면 그렇게 발견된 데이터로 인해 전통적인 진료 시보다 훨씬 많은 검사를 시행하고 총 의료비가 급격히 상승할 수 있다. 2013년 《애틀랜틱》에 실린 기사에서 조너선 콘Jonathan Cohn은 이렇게 썼다. "왓슨이 이미 알고 있는 지식만 알려주거나, 별다른 이유없이 훨씬 많은 검사를 하게 만든다면 오히려 방해가 될 것이다."[3] 하지만 콘은 미국 국내총생산의 1/6을 차지하는 보건의료 분야가 급격한 변화를 목전에 두고 있음을 인정했다. 앞으로 30년간 은퇴할 것으로 예상되는 미국인은 7,700만 명이 넘으며, 고령화로 인해 보건의료 분야의 경제적 부담은 갈수록 커지는 형편이다. 로봇과 왓슨 같은 컴퓨터는 급증하는 의료수요에 대처하는 방법이 될 수 있다. 전자 의무기록을 자동 업데이트하는 동시에 분석하여 바쁜 의사들의 일손을 크게 덜어줄 수 있기 때문이다.

의료 분야의 많은 제조업체들은 의료인력을 대체하는 것이 아니라 오히려 여유를 주어 인간적인 관계에 전념할 수 있도록 해준다고 주장한다. 하지만 어떻게 일자리가 줄지 않는다는 것인지 알 수 없다. 기술적 혁신에는 반드시 대가가 따른다. 의료 분야에서 이토록 많은 일자리가 감소하는 데 대한 대책은 보이지 않는다. 또 다른 문제는 일상적인 의료 절차에서 인간 사이의 상호관계가 로봇과의 관계로 대체되면서 고령자나 장애인이 훨씬 큰 사회적 고립을 겪게 될 수 있다는 점이다. 이 문제는 이들과 관련된 가장 중요한 역할, 즉 일상생활을 보조하는 역할과 관련하여 가장 두드러질 것이다.

퍼스널 로봇이 가장 먼저 활용되는 영역은 만성 질환자와 고령자의 가정 간호 및 일상생활 보조일 것이다. 로봇은 활력징후를 측정하고, 약 복용 시간을 알려주며, 침대에서 빠져나오는 것을 돕고, 기타 건강 관련 기능을 수행할 수 있다. 나아가 집안 청소나 빨래 등 필수적인 서비스도 제공할 것이다. 고령자의 절대 다수가 자기 집에 그대로 머물며 '살던 대로 나이들기'를 원하지만, 나이가 들면 결국 집안일을 감당할 수 없다. 나중에는 혼자 목욕을 하거나, 옷을 갈아입거나, 심지어 음식을 하기도 어려워 요양원 신세를 지게 된다. 가까운 장래에 로봇이 이런 일을 대신한다면 많은 사람이 정든 집에 그대로 머물면서 요양원에 들어가는 것보다 훨씬 오래도록

'존엄을 지키며' 살 수 있을 것이다.

연구는 상당히 진행되어 있다. 퍼스널 로봇이 가정에 도입되면 다양한 영역에서 이내 필수적인 존재가 될 것이다. 빌 게이츠는 이미 2007년에 머지않아 모든 가정이 로봇을 갖게 될 것으로 내다보았다. 《사이언티픽 아메리칸》에 기고한 기사에서 그는 로봇산업이 "30년 전 컴퓨터 산업과 똑같은 방식으로 발전하고 있다. 오늘날 자동차 조립 공정에서 제조용 로봇이 차지하는 위치가 과거 중앙 컴퓨터가 수행했던 기능과 동일하다는 점을 생각해보라… 우리는 새로운 시대의 문턱에 서 있는지 모른다. 머지않아 PC가 책상 위를 벗어나 우리는 굳이 현장에 있지 않아도 온갖 사물을 보고, 듣고, 만지고, 조작할 수 있을 것이다."[4]라고 썼다. 이론적으로는 외과적 수술까지도 수천 킬로미터 떨어진 곳에 있는 의사가 집도할 수 있다.

가정 간호 로봇이 보편화되면 로봇-인간 상호작용이 현재의 스마트폰처럼 일상화되면서 인류는 전인미답의 경지에 발을 들여놓게 된다. 로봇은 융합기술의 핵심일 뿐 아니라 머지않아 '사물 인터넷'에서도 엄청나게 큰 부분을 차지할 것이다. 고도로 발달한 네트워크를 통해 인간이 전화기, 컴퓨터, 자동차, 각종 웨어러블 기기, 그리고 환경과 상호관계를 맺는다는 뜻이다. 퍼스널 로봇이 모든 기술과 연결된다면 삶은 보다 안전하고 편리하며 즐거워질 수 있다. 수많은 로봇을 설계하고 프로그램하고 제작하고 수리하는 일은 하나의 거대산업이 될 것이다. 로봇 제조산업의 규모는 현재의 PC나 자동차 산업만큼 성장하여 상당 기간 수많은 일자리를 제공할 수 있다. 그러나 과거 로봇기술의 발달 과정을 돌아볼 때, 로봇 제조 역시 결국 로봇의 손으로 넘어갈 가능성이 크다.

로봇은 틀림없이 우리 삶을 변화시키겠지만 새로운 기술이 진정 변혁적인 힘을 가지려면 하나의 문화적 현상이 되어야 한다. 일상생활 속에서 일하고 놀고 소통하는 자연스러운 활동의 일부가 되고, 그 사용을 사람들이 즐겨야 한다는 뜻이다. 이렇게 되는 순간 로봇은 산업 기계의 영역에서 소비자의 마음을 사로잡는 상품의 영역으로 넘어간다. 휴머노이드 로봇이 가정이나 직장, 보건의료 환경에서 매우 개인적인 역할을 수행하려면 먼저 인간과 정서적으로 동화될 필요가 있다. 이를 위해 로봇은 사용자가 자신에 맞게 조절할 수 있는 기능을 갖추고, 인간과 상호작용을 통해 학습하면서 관계를 발전, 심화시키는 능력이 있어야 한다. 이런 기능은 현재 소프트웨어 알고리즘을 통해 성취되고 있다. 갓난아기와 어린이처럼 로봇도 관찰과 상호작용을 통해 학습하는 시대가 열리고 있는 것이다. 우선 로봇 산업이 어떻게 해서 애플이나 구글 등 거대 기술기업의 엄청난 투자와 지원을 받게 되었는지 살펴보자.

● ● ●

2013년 12월, 애플은 로봇과 자동화 장비 서플라이 체인에 105억 달러를 투자한다고 발표하면서 기술기업인 프라임 센스Prime Sense를 3억 5천만 달러에 인수했다고 확인했다. 프라임 센스는 로봇의 핵심요소인 3D 센싱 기술을 보유한 기업이다. 하지만 애플은 아이폰, 아이팟, 컴퓨터로 그랬듯 직접 퍼스널 로봇 소비시장을 파고들 마음을 굳힌 것 같다. 2013년 6월에 열린 애플 세계개발자회의Apple Worldwide Developers Conference의 키노트 세션 중 장난감 회사인 안키Anki를 공개한 데서 이미 눈치챈 사람도 있었을 것이다. 도대체 왜 애플이 장난감 회사에 관심이 있으며, 왜 중요한 회의의 중요한 대목에서 그 회사를 소개했을까? 키노트 세션 중 열리는 깜짝 행사는 애플의 모든 것이다. 그날도 그랬다. 아이폰에 탑재된 앱으로 조종하는 네 대의 장난감 자동차(!)가 신나게 트랙을 달리며 레이싱을 펼칠 때까지는 말이다.

타원형 트랙을 달리는 장난감 자동차가 별스럽지는 않다. 하지만 그것은 사실상 자율주행이었다. 자동차들은 주변 환경과 트랙 형태와 다른 차의 움직임을 실시간으로 감지하고, 경주에서 이기기 위해 그때그때 '중요한 결정'을 내리고, 심지어 다른 차를 방해하기도 했다. 모든 과정이 아이폰 앱으로 작동했다. 세 대의 차가 힘을 합쳐 가장 빠른 차의 앞을 가로막자, 가장 빠른 차는 장착된 '무기'를 사용하여 앞을 달리는 차들을 하나씩 트랙 밖으로 밀어내버렸다. 카 레이싱 게임을 즐기는 사람에게 매우 익숙한 장면이다. 안키는 비디오 게임의 화면이 아니라 실제로 구현했다는 점이 다를 뿐이었다. 소형 로봇을 인간의 가장 흔한 활동인 놀이에 맞게 변형시킨 것이다. 놀랍게도 이 자동차를 제작하는 데는 값비싼 부품이 전혀 들어가지 않았다. 가격이 1.2달러를 넘는 부품은 하나도 없었다.

애플 회의에서 로봇 자동차를 선보인 후, 안키의 CEO 보리스 소프먼Boris Sofman은 《애틀랜틱》 기자인 알렉시스 마드리걸Alexis Madrigal과 인터뷰를 했다. 기사를 보면 애플이 작은 로봇공학 회사에 왜 그토록 큰 관심을 보였는지 명확히 알 수 있다. 마드리걸은 이렇게 썼다. "소프먼에게 장난감을 이용한 오락은 로봇공학을 소비자의 삶에 끌어들이기 위한 방편에 불과하다. 그는 자신의 상품이 많은 면에서 자율주행 자동차 및 머지않아 등장할 다양한 소비자용 로봇과 기본적으로 동일하다고 주장한다. 다만 이런 미래적 역량을 구현하는 데 상향식bottom-up 접근법을 취했을 뿐이라는 것이다."[5]

안키의 장난감 자동차와 이들이 개인 소비시장 진입을 위해 오락이라는 분야를 택한 것은 로봇이 어떻게 우리 삶에 통합될 수 있는가에 대한 하나의 원형을 보여준다. 장난감 자동차 자체가 서로 결합하여 훨씬 복잡한 로봇을 만들어내는 융합기술의 예이다. 소프먼은 이렇게 말한다. "안키 드라이브 속에는 산업 디자인, 기계공학, 전기공학, 임베드 시스템, 낮은 수준의 펌웨어 개발, 제어 알고리즘, 센서 기술, 무선통신, 로봇공학, 인공지능, 모바일 기술 같은 것들이 집약되어 있습니다. 이런 제품을 만든다는 것 자체가 거대한 연결인 셈이죠." 그가 말한 "상향식" 접근이란 이미 존재하는 기술과 부품을 조합하여 로봇이 작동하는 데 필요한 모든 것을 해냈다는 뜻이다. "로봇공학의 핵심적인 문제는 위치 제어, 추론, 계획, 실행 능력입니다. 풀어서 말하면 정확히 어디 있는지 파악하고, 그 정보를 이용하여 지능적인 결정을 내리고, 무슨 일을 할지 검색 및 선택하고, 실제로 동작을 수행하는 겁니다. 이 문제만 해결되면 어떤 로봇이든 실생활에 적용할 수 있죠."[6] 로봇이 아무리 복잡하고 다양한 기능을 수행한다고 해도 위치 제어, 의사결정, 결정한 것을 실행에 옮기는 기본적인 능력을 통합한 것에 불과하다는 뜻이다.

안키의 또 다른 전략인 가격 역시 애플로서는 놓칠 수 없는 매력이었다. 대량생산에 의해 가격이 떨어질대로 떨어진 저비용 부품만 사용했던 것이다. 소프먼은 이렇게 말한다. "1.2달러가 넘는 부품은 없습니다. 모터도 싼 값에 구했죠. 배터리, 마이크로 컨트롤러, 50Mhz 컴퓨터, 광학 센서. 좀 웃기는 얘기지만 [센서는] 아이폰의 전면 카메라를 떼다 쓴 겁니다."[7] 결국 이 장난감의 독특한 점은 게임의 핵심적인 부분을 실현한 소프트웨어에 있다.

하지만 안키 드라이브의 본질적 가치는 차원이 다른 기능성을 선보였다는 점이다. 안키는 통신, 오락, 유용성, 생활 보조 등 일상적 활동을 한데 아울러 완전히 새로운 산업의 탄생을 예고할 정도로 신선한 지능적 제품의 가능성을 보여주었다. 디지털이나 게임의 세계에 존재했던 것들을 현실 세계로 옮겨 놓은 것이다. 소프먼은 앞으로 로봇이 왜 매력적인 존재가 될 수밖에 없는지 정확히 알고 있다. "인간에게는 직접 만질 수 있는 사물과 연결되고 싶은 욕망이 내재되어 있습니다. 사회적인 욕망이죠. 화면 속 뭔가를 물끄러미 바라보는 것은 자연스럽지 않습니다. 손으로 만질 수 있는 것과 연결된다는 느낌은 어떤 것으로도 대신할 수 없지요."[8]

어떤 사람은 안키의 전략에서 뛰어난 마케팅 감수성을 발견하겠지만, 불길한 쪽을 보는 사람도 있다. 새로운 차원의 기술이 부지불식간에 삶의 모든 면에 스며들게 계획된 영리한 접근법 아닌가! 이 기술은 재미와 오락과 편리성을 매개로 판매되고, 분명 귀중한 서비스를 제공할 것이다. 삶을 풍요롭게 만들고, 제어와 상호작용을 통해 우리의 능력을 엄청나게 확장할 수도 있다. 하지만 동시에 로봇에 의존하도록, 어쩌면 지나치게 의존하도록 만들 수 있다. 인간과 상호작용하는 로봇은 그렇지 않아도 점점 모호해지는 인간성과 기술 사이의 구분을 더욱 희미하게 할 것이다. 사이보그는 물론 사회적으로 상호작용하는 로봇들이 우리의 사회적 관계, 심지어 가족이라는 범주 내에 포함될 수 있는 것이다.

장차 로봇이 삶의 모든 부분에 물밀듯이 도입될 가능성에 가장 크게 베팅한 곳은 구글이다. 수많은 컴퓨터 과학자를 고용하고 거물급 지식인 레이 커즈와일과 피터 노빅Peter Norvig을 각각 공학 및 연구 부문 책임자로 앉힌 구글은 2013년 마침내 로봇공학 회사 여덟 개를 인수했다. 하나같이 핵심기술 보유 업체다. 구글은 어떤 기술기업보다 보안이 철저하기로 유명하지만, 인수한 회사들의 면면을 보면 앞으로 어느 쪽으로 나아갈지 몇 가지 힌트를 얻을 수 있다.

가장 유명한 회사는 보스턴 다이내믹Boston Dynamics, BD이다. 어떤 지형에서도 이동성이 탁월하고, 심지어 벽을 기어오르는 사족보행 또는 인간 형태의 로봇을 제작하는 업체다. BD는 DARPA에서 비용을 지원한 프로젝트와 작전명 샌드 플리(Sand Flea, 모래 벼룩이라는 뜻 – 역주) 등 다양한 미군 프로젝트에 참여하여 네 바퀴로 달리면서 장애물이 나타나면 공중으로 약 10미터를 점프해서 뛰어넘는 500그램짜리 로봇을 제작한 것으로 유명하다. 가장 유명한 작품은 휴머노이드 로봇 애틀러스Atlas다. 2015년 DARPA 로봇경연대회DARPA Robotics Challenge에 출전한 몇몇 로봇공학 회사에서 애틀러스를 모델로 삼거나 개조한 모델을 선보여 화제가 되기도 했다. DARPA 로봇경연대회는 야외에 모의 재난지역을 조성한 후 각 회사에서 출품한 이족보행 로봇을 투입해 다양한 문제 해결 능력을 평가하는 국제적인 행사다.

2015년 DARPA에는 5개국에서 23종의 로봇이 출전하여 폴라리스 전천후 차량 조종, 차량에서 내리기, 문 손잡이 조작하기, 밸브 돌려 잠그기, 벽면 기어오르기, 소켓에서 플러그를 뽑아 다른 소켓에 끼워넣기, 돌무더기 타고 넘기, 계단 오르기, 잔해 청소, 합판을 톱으로 켜기, 소방용 호스 사용 등의 과제를 놓고 우열을 가렸다. 평가 항목으로 과제 완수는 물론, 각 과제에 얼마나 시간이 걸렸는지를 측정했다. 그해에는 한국과학기술연구원KIST 팀이 제작한 DRC-허보DRC-Hubo라는 로봇이 다양한 동작을 매끄럽게 수행하며 불과 45분 만에 모든 과제를 마쳐 우승했다. 하지만 무엇보다 눈에 띈 것은 가장 크고 유명한 로봇공학 회사가 경연에 불참했다는 점이었다. 바로 구글이다.

2013년에 인수한 일본 로봇공학 회사 샤프트Schaft의 이족보행 로봇이 DARPA 경연대회를 앞두고 열린 시범경기에서 우승했다는 사실을 감안하면 구글의 불참은 더욱 눈에 띈다. 실제 대회에서도 우승이 유력한 상황에서 구글은 불참을 선언하며 군사 목적으로 로봇을 제작하지 않겠다는 이유를 댔다. DARPA에서 일상적인 서플라이 체인을 벗어난 로봇 제조업체를 찾고 있음은 두말할 필요도 없다. 일각에서는 미국방부와 경쟁업체들을 모욕하려는 뜻으로 해석하기도 했지만, 로봇 산업계는 비밀주의를 고수하고 경쟁자들과 정보공유를 꺼리는 평소 성향이 드러난 것으로 보았다.[9] 이유가 어떻든 로봇 설계, 프로그래밍, 제조 분야가 대부분 민간 섹터에서 발전하고 있다는 사실은 앞으로 경쟁 압력이 점점 더 심해질 것을 시사한다. 어떤 기술이든 소비시장과 가까워질수록 공유되는 정보는 줄게 마련이다.

    인수한 업체 중 세 곳이 휴머노이드 로봇을 전문으로 한다는 사실에서 구글의 향후 계획을 엿볼 수 있을지 모른다. 한 곳은 샤프트고, 다른 한 곳은 머리 부분에 그저 부속품을 쌓아놓은 여느 로봇과 달리 인간의 머리 형상을 만드는 것으로 유명한 메카 로보틱스Meka Robotics다. 메카는 물건을 쥐거나 조작하는 부위도 손과 팔 형상으로 제작하여 인간과 상호반응하는 퍼스널 로봇 분야에서 유망한 업체다. 로봇이 소비자 시장에 진입하는 데는 하드웨어적인 면이 인간의 감성에 맞도록 설계하는 것도 중요하지만, 다른 로봇과 구별되는 진정한 개성을 갖추려면 소프트웨어가 훨씬 중요하다. 《로보틱스 비즈니스 리뷰Robotics Business Review》의 칼럼니스트 셀레스트 레콤트Celeste LeCompte는 2013년 말 구글의 인수 작업에 대한 기사에 이렇게 썼다. "가장 중요한 공통점은 모두 소프트웨어에 집중하는 로봇 회사란 점이다." 폭발적인 기세로 성장하는 "사물 인터넷"을 언급한 후 그녀는 이렇게 덧붙였다. "로봇공학은 이런 추세의 중심에 확고히 자리를 잡고 디지털 세계와 현실 세계를 연결하는 데 핵심적인 역할을 한다."[10] 우리 몸속에 점점 더 많은 기술이 도입될수록 퍼스널 로봇 역시 온갖 기술이 촘촘한 네트워크로 연결된 세상에서 우리와 점점 깊은 관계를 맺을 것이다. 이제 디지털 세상은 실제 세상으로 걸어나와 우리와 실시간 상호작용을 시작했다. 이런 현상이 진행되면 어디까지가 현실이고 어디부터 현실이 아닌지 구분하기가 점점 어려워질 것이다.

· · ·

애플과 구글의 최근 움직임은 우리 시대를 대표하는 두 개의 거대 기술기업이 지금까지와 규모가 다른 차원에서 휴머노이드 로봇 사업에 뛰어들 채비를 하고 있다는 뜻이다. 기술적인 면에서든, 경제적인 면에서든 퍼스널 휴머노이드 로봇에서 소비산업의 미래를 지배할 엄청난 잠재력을 본 것이다. 그리고 이들은 가정은 물론 보건의료와 엔터테인먼트 영역에서 활용할 수 있는 퍼스널 로봇을 신속하게 개발, 제작, 보급시킬 충분한 자원을 갖고 있다. 하지만 로봇의 상호작용이란 측면을 얼마나 개발하여 인간과 사회적으로 동화시킬 수 있느냐에 많은 것이 달려있다. 퍼스널 로봇이 우리 삶에 받아들여지려면 우선 디자이너들이 인간의 자연적인 상호반응에 따르는 심리적 변화를 이해해야 한다. 로봇공학 분야에서는 이미 활발한 연구가 진행되고 있다. 요즘 흔히 쓰이는 말은 '사회적 로봇'이다. 로봇이 사회적으로 호감을 주려면 어떻게 해야 할까? 상당한 연구 성과가 쌓여 있지만, 개인 서비스 로봇은 이 부분이 가장 중요하다.

연구에 따르면 고령자를 포함하여 모든 사람은 로봇이 개인 서비스를 제공한다는 개념을 놀랄 정도로 쉽게 받아들인다. 반복적으로 관찰되는 소견은 사람들이 인간적인 감정을 쉽게 로봇에게 투사하며, 다른 사람을 평가할 때와 똑같은 방식으로 로봇을 평가한다는 점이다. 사람들은 재정적인 조언을 제공하는 등 특정 기능에 관해서는 지적인 얼굴을 지닌 로봇을 선호하며, 어린이처럼 귀여운 얼굴을 한 로봇을 보면 재미있고 즐겁다고 느낀다. 개인 건강 영역에서도 인간의 얼굴을 한 로봇이 선호된다. 하지만 자신의 로봇이 어떤 모양이어야 하는지에 관해서는 사람마다 특정한 한계가 있는 것 같다. 인간과 구분되지 않을 정도로 똑같은 얼굴을 한 로봇에 대해서는 많은 사람이 어딘지 이상하고 공포스럽다는 감정을 느낀다.

우리는 보통 감정지능emotional intelligence이 인간에 국한된 속성이라고 생각하지만, 로봇이 생활을 돌보고 건강 관련 문제를 도와주는 존재로 받아들여지려면 감정지능을 모방하는 능력이 가장 중요한 것 같다. 로봇공학자들은 로봇의 사회적 특성을 설계하기 전부터 수행해야 할 역할에 맞는 얼굴에 초점을 맞출 필요가 있다. 앞서 말했듯이 인간은 다른 인간을 대할 때와 마찬가지로 인격적인 특징을 로봇의 얼굴과 연관 짓는 경향이 있다. 아칸크샤 프라카쉬Akanksha Prakash는 조지아 공과대학 심리학과 대학원생 시절에 사람들이 다양한 능력을 지닌 로봇에서 어떤 얼굴을 선호하는지 많은 연구를 수행했다. 프라카쉬 연구팀은 2013년 구글이 인수한 메카로보틱스의 협력업체인 로봇공학 회사 윌로우 개러지Willow Garage에서 영감을 얻어 〈로봇 수용성의 이해Understanding Robot Acceptance〉라는 중요한 연구를 발표했다.

연구자들은 노인층과 젊은층이 선호하는 퍼스널 로봇의 외관이 크게 다르며, 그런 선호는 로봇에 기대하는 기능에 따라 달라진다는 사실을 발견했다. 대학생 연령과 보다 나이 많은 성인들의 행동을 관찰한 결과, 두 가지 연령군 모두 로봇이 제공하는 특정한 사회적 및 성격의 특성과 얼굴을 연관 짓는 경향이 있었다. 나이 많은 성인들은 인간과 비슷한 얼굴을 선호했으나, 젊은 성인들은 로봇 얼굴 또는 인간과 로봇의 얼굴이 혼합된 형태를 더 좋아했다. 하지만 로봇이 어떤 기능을 수행하기를 기대하느냐에 따라 더욱 흥미로운 경향이 나타났다.

바닥을 청소한다든지 식기 세척기에서 그릇을 꺼내 정리하는 등 가사 로봇의 외모에 대해서는 양쪽 연령군 모두 융통성이 있었다. 하지만 돈 관리를 돕는 등 '지성적' 기능을 수행하는 로봇에 대해서는 양쪽 모두 인간, 또는 인간과 로봇이 혼합된 얼굴을 선호했다. 외모를 지성과 연관 짓는 것이다. 연령군 사이에 가장 큰 차이가 나타난 것은 목욕 등 매우 친밀한 형태의 사적인 돌봄을 제공하는 로봇이었다. 일반적으로 인간과 비슷한 특성이 선호되었지만, 시험에 참여한 상당수가 "업무의 사적인 특성상 인간과 아주 닮은 존재가 목욕시켜 주기를 원하지 않았다."[11]

연구에서 분명히 밝혀진 사실은 나이든 성인들이 로봇의 도움과 자신의 노화를 연결시켜 생각한다는 점이다. 전체적으로 이들은 로봇이 집안을 청소하고 자질구레한 일을 돕는다는 데 전혀 거부감이 없었다. 오히려 나이가 들수록 보건의료인이나 다른 가족보다 로봇의 도움을 훨씬 쉽게 받아들였다. 조지아 공대에서 수행한 다른 연구에서도 나이든 성인들은 손이 닿지 않는 곳에 놓인 물건을 꺼내는 일은 물론 부엌을 청소하고, 바닥을 쓸고, 잠자리를 정돈하고,

창문을 닦는 등 일상적인 일조차 로봇의 힘을 빌리는 것을 자연스럽게 받아들였다.[12] 로봇 수용성은 어떤 기능을 수행하는지와 독립적으로 살 수 있는 능력에 어떤 영향을 미치는지에 달려 있었다. 이렇듯 연령대는 물론 심지어 성별에 따라서도 선호도가 뚜렷이 다르므로(여성이 로봇의 도움을 더 쉽게 받아들인다) 퍼스널 로봇은 어떤 시장을 표적으로 삼을 것인지를 염두에 두고 설계하는 것은 물론, 주문에 따라 맞춤제작할 필요도 있을 것이다.

세계적으로 로봇기술을 선도하는 일본에서는 빠른 속도로 고령화되는 추세에 맞춰 반려 로봇에 대한 연구가 한창이다. 일본의 발명가 시바타 다카노리柴田崇徳는 털이 북슬북슬하고 귀여운 파로Paro라는 로봇 물개를 만든 후 요양원에서 치료용 동물로 사용할 수 있는지 시험했다. 쓰다듬어 주면 행복한 소리를 내고, 거칠게 다루면 꽥 소리를 지르는 파로는 고양이나 개처럼 요양원 생활자들의 고립감을 줄이는 효과가 있었다. 파로는 주인에게 반응하면서 주인의 목소리와 몸짓을 인식하는 기능도 갖추고 있다.[13] 로봇 반려동물을 갖는 것이 실제 동물과 관계를 맺는 것만큼 유익한 효과가 있을지는 의심스럽지만, 더 깨끗하고 고령자도 관리하기 쉽다는 점은 분명하다. 파로는 일본뿐 아니라 이탈리아, 스웨덴, 미국에서도 임상적 유익성이 입증되었다. 현재 반려 로봇은 상당히 단순하고 감정 표현도 제한적이지만, 어린이가 학습하는 것과 비슷한 방식으로 학습하는 알고리즘이 발전하면서 머지않아 인간과 독특한 관계를 맺을 것이다.

일본의 거대 전자회사 파나소닉(이전의 마쓰시타)은 고양이나 테디베어 모양의 말하는 로봇을 만든다. 음성 인식 소프트웨어를 장착한 이 로봇들은 고령의 요양원 생활자가 말을 걸면 대답을 하며, 심지어 주인에게 질문했을 때 대답이 없으면 간호사에게 알리는 기능도 갖추었다. 고령의 부모가 잘 지내는지 체크하고 싶은 일본의 베이붐 세대라면 와카마루Wakamaru라는 로봇을 구입할 수도 있다. 90센티미터 정도의 키에 카메라 눈을 장착한 이 말하는 로봇은 부모를 모시고 살 수 없는 사람의 눈과 귀 역할을 하며, 약 복용 시간을 알려주기도 한다. 영상 통화 기능을 갖추고 가족들이 서로 얼굴을 보면서 대화할 수 있도록 도와주는 로봇도 있다.[14]

   취약한 고령층을 모니터링하는 기술이 유용하다는 것은 두말할 필요도 없지만, 고령자의 입장에서 24시간 누군가 자신을 지켜보는 것을 어떻게 생각할지는 분명치 않다. 지켜보는 사람이 가족이라도 마찬가지다. 누군가 언제든 자기 생활에 개입할 수 있으며, 이런 장치들을 통해 일거수일투족을 보고 들을 수 있다는 생각은 근본적으로 불편한 구석이 있다. 삶을 들여다보는 주체가 정부 등 권력을 지닌 존재가 아니라고 해도 사생활을 보호받을 권리는 절대 포기할 수 없다는 사람이 많을 것이다. 친척이라고 해서 이런 로봇을 나쁜 목적으로 사용하지 않는다는 보장은 없다. 고령자를 돌보는 데 로봇이 널리 쓰인다면, 결국 어린이나 십대들을 모니터링하는 데도 사용될 가능성이 높다. 한걸음 더 나가면 고용주가 노동자를 감시하고, 경찰이 시민을 감시하는 일이 벌어질지도 모른다. 이때 누가 감시받지 않을 권리를 보장할 것인가? 사생활이란 한낱 과거의 유물이 되고 말까? 우리는 사생활을 보호할 안전장치를 마련할 수 있을까?

　머지않아 네트워크에 의해 고도로 연결된 '스마트 홈'이 구현될 것이다. 로봇이 가장 중요한 요소가 될 것은 확실하다. 네덜란드 회사인 스마트 홈스Smart Homes는 스마트 홈에 통합될 로봇 동반자와 입기만 하면 건강 상태를 자동으로 모니터링하는 스마트 의복을 설계하는 다국적 개발계획을 이끈다. 모비서브Mobiserv라고 불리는 이 시스템에는 맞춤형으로 주문할 수 있는 팔없는 로봇이 포함된다. 로봇은 대형 터치스크린과 카메라, 다양한 센서, 오디오 장비를 갖추고 인지기능이 떨어지는 노인들을 돕는다. 약 복용 시간을 알리거나, 식사 시중을 들거나, 친구에게 전화를 걸어 사회적으로 고립되지 않게 하는 역할도 수행한다. 로봇이 최고의 효율을 발휘하는 것은 네트워크를 통해 스마트 센서와 광학 인식 유닛이 통합된 가정 환경과 연결될 때다. 이렇게 되면 조명이나 TV, 스피커를 켜고 끄며, 실내 온도를 조절하고, 식기 세척기 등의 가전제품을 작동시키는 다양한 기능을 수행할 수 있다. 심지어 침대 시트에 여러 개의 센서를 장착하여 수면 패턴을 모니터링할 수도 있다.[15]

　모비서브 같은 시스템이 도움이 된다는 사실은 명백하지만 잠재적인 단점 또한 뚜렷하다. 우선 그런 시스템을 이용할 여유가 있는 사람이 얼마나 될까? 대량생산이 가능해진다면 가격은 미화 4,500달러 수준까지 떨어질 것으로 예상된다.[16] 네덜란드 제조사는 모비서브 로봇이 보건의료 노동자를 대체할 수 없다고 주장하지만, 기능이 점점 향상되면서 일상 간호업무 정도는 틀림없이 대체할 것이다. 의료보험급여를 해준다면 많은 간병 인력이 일자리를 잃을지 모른다. 현재 인간이 제공하는 간병 서비스 비용을 생각하면 정부에서 보험급여를 제공할 가능성이 없는 것도 아니다. 어떻게 로봇을 프로그래밍하고 유지할지, 사용자가 점점 로봇에게 의존하게 되어 스마트 홈 관리 능력마저 잃어버리지 않을지에 관한 우려도 있다. 로봇의 기능에 이상이 생기면 스마트 홈의 다른 요소에도 영향을 미치고, 사용자는 문제를 해결해줄 기술자가 올 때까지 속수무책으로 기다려야 한다. 시스템에 문제가 생기거나 사용 방법이 너무 어렵다면 노인들의 삶을 편리하게 해주기는커녕 더 복잡하게 만들 가능성도 있다. 그리고 당연한 얘기지만 모비서브가 사용자를 24시간 감시하는 능력을 갖추게 된다면 축복이자 저주가 될 것이다.

어떻게 받아들이든 모비서브 로봇은 전통적으로 인간이 제공해왔으며, 매우 중요한 사회적 관계의 기초를 형성해 온 많은 기능을 대체한다. 앞으로 늙고 병든 사람은 점점 더 로봇에게 의존하고, 항상 바쁜 가족들 역시 어쩌면 지나치게 동반자 로봇에게 의존할 것이다. 실제와 비실제 사이의 경계는 갈수록 흐려지겠지만, 아무리 친절한 로봇을 프로그래밍해도 사용자가 실제 인간과 관계를 맺는 것은 아니다. 관계의 깊이 또한 실제 인간관계에 비할 바 아니다. 끝없이 복종하는 로봇의 속성이 사용자에게 아무런 사회적 어려움을 일으키지 않기 때문이다. 인간관계란 뒤죽박죽이고 예측할 수 없지만, 바로 그렇기 때문에 우리를 성장시킨다. 로봇과의 관계가 훨씬 쉽고 편하다면 그때도 인간끼리 진정한 관계 맺기를 추구할까? 사실 로봇과의 관계가 오래 지속될수록, 그리고 거기에 더 많이 의존할수록 사용자는 이타성이나 타인의 권리존중 같은 중요한 사회적 기술을 잃게 될 위험이 높다.

　인공지능이 빠른 속도로 발전하면서 점점 인간과 비슷하고 종국에는 구별하기 어려운 퍼스널 로봇이 등장할 것이다. 어떤 사람은 부모나 배우자처럼 가장 원초적인 관계조차 로봇이 대신하게 될지도 모른다. 인간은 배우자에게 마음이 떠날 수 있으며, 아무리 변덕을 부려도 말없이 순종하는 로봇과의 성적인 관계를 선호하게 될지 모른다. 로봇은 관찰과 시행착오를 통해 배울 수 있기 때문에 점점 지성적으로 행동하면서 실제 인간에 가까워질 수 있다. 사용자의 성격에 쉽게 적응하여 고도로 개인에 맞춰진 관계를 형성할 수 있는 것이다. 어쩌면 인간보다 '더 좋은' 동반자가 될 수도 있다. 로봇이 점점 인간과 비슷해지고, 어쩌면 인간 역시 점점 로봇과 비슷해져 여성과 남성과 기계 사이의 경계를 거의 알아차릴 수 없는 시대가 올지도 모른다.

· · ·

"사이보그가 된다는 것은 자신을 마음대로 구축하는 데 그치는 것이 아니다. 정말 중요한 것은 네트워크다." 철학자 도나 해러웨이Donna Haraway의 말이다.[17] 머지않아 인간은 몸속에 온갖 이식장치와 생체공학적 부품을 장착하고, 능력과 지능이 뛰어난 로봇을 비롯하여 주변 모든 것과 사물 인터넷을 통해 자연스럽게 상호작용할 것이다. 정교한 네트워킹을 통해 각자 타고난 힘과 능력을 훨씬 뛰어넘게 될 것이다. 인간이라는 정체성과 고유한 개성의 범위가 크게 확장되어 폭넓은 전자 생태계를 포함하게 되는 것이다. 앞으로도 철학자들은 인간이 무엇이냐는 논쟁을 계속하겠지만, 이미 로봇은 법적 권리와 책임을 급박하게 정의해야 할 정도로 온갖 영역에서 활약을 펼치고 있다. 결국 이 문제는 로봇을 법적 개인으로 인정할 것인가라는 근원적인 질문과 맞닿아 있다. 이미 로봇들은 주식을 거래하고, 비행기를 착륙시키며, 아마존과 이베이에서 상품을 판매하고, 군사작전을 수행하며, 의료보험 수급 자격을 심사한다. 하지만 로봇의 법적 지위와 윤리적 책임이란 문제가 가장 첨예하게 드러나는 것은 자율주행차다.

구글의 자율주행차는 이미 미국의 도로에서 40만 킬로미터가 넘는 주행 기록을 갖고 있다. 지금까지는 거의 문제가 없다. 하지만 자율주행차가 사고를 일으켜 사람에게 상해를 입히고, 재산상의 손실을 초래한다면 어떻게 될까? 누가 책임을 져야 할까? 차에 타고 있었지만 실제로 몰지는 않은 운전자일까? 차를 설계하고 프로그래밍한 구글일까? 아니면 자동차 자체인가? 다친 사람은 누구에게 보상을 요구하며, 도로교통법 위반이 있었다면 누구에게 티켓을 발부할 것인가? 현재 사법제도에서 책임 소재에 대한 판결은 인격을 인정하느냐에 달려 있으므로 몇몇 법률 전문가들은 드론과 자율주행차를 포함하여 로봇에게 법적으로 제한적 인격을 부여해야 한다고 권고한다. 부정확한 진단을 권고하여 환자에게 상해나 사망을 초래하는 경우에 대비해서 앞서 언급한 왓슨에게도 법적 권리와 책임을 지닌 인격을 부여해야 할지도 모른다.

법정 변호사이자 《로봇도 인간이다Robots Are People Too》라는 책을 쓴 존 프랭크 위버John Frank Weaver는 《슬레이트(Slate, 미국의 웹진-역주)》에 기고한 글에서 로봇에 대한 권고를 간략하게 요약했다. 기업에 제한적인 권리와 의무를 부여하듯 로봇에게도 법적 인격권을 부여하자는 것이다. 그는 경솔한 소송 제기 등의 문제에서 사람들을 보호하고 피해를 입은 사람이 신속하게 보상받을 수 있도록 로봇에게 다섯 가지 권리와 의무를 부여해야 한다고 주장한다.

첫째는 로봇에게 계약을 맺고 실행에 옮길 권리를 주는 것이다. 예를 들어, 아마존에서 드론을 이용하여 상품을 배송할 때 드론이 포장을 심하게 손상시키거나 엉뚱한 물건을 배송한다면 아마존에게 배상을 약속한다는 내용의 작은 계약을 맺는다. 아마존은 그 실수에 아무런 잘못이 없으므로 법적인 책임도 지지 않는다. 법적인 책임은 로봇에게 있다. 이와 밀접하게 연관된 로봇의 책임은 일을 시작하기에 앞서 반드시 보험을 들어야 한다는 것이다.

위버는 반드시 보험을 들어야 하는 로봇의 예로 자율주행차를 든다. 이 자동차들이 보험을 갖고 있다면(보험료는 자동차 소유주가 납부한다), 사고가 나더라도 소유주를 상대로 소송을 제기할 수 없기 때문에 안심하고 자율주행차를 구매할 수 있다. 소모적이며 어리석은 소송에 휘말리지 않을 수 있는 것이다. 한편 상해를 입은 사람은 신속하게 보험금을 수령할 수 있다.

앞으로 로봇과 기계가 그림을 그리고, 작곡을 하며, 글을 쓰는 등 창조적인 일을 하리라 내다보는 위버는 장차 로봇도 지적재산권을 가질 것이라고 예상한다. 그리고 이때도 제한적인 권리를 부여해야 한다고 권고한다. 로봇이나 프로그램을 발명한 사람이 모든 창작물에 대해 10년간 특허를 보유하고, 그 뒤로는 공공 영역에 귀속시키자는 것이다. 이렇게 하면 발명가들이 창조적인 프로그램을 설계하도록 장려하면서도 어쩌면 기계가 자동적으로 창작한 예술 작품에 영구적인 소유권을 허용하지 않을 수 있다.

또한 로봇은 특정한 상황에서 손해배상 책임을 져야 한다. 이렇게 해야 보험에 드는 의미가 있다. 자동차 사고가 발생한다면 소유주가 아니라 자동차의 보험회사에서 손해를 배상한다. 마지막 권고는 부모가 아이 돌보는 로봇을 이용하는 시대를 염두에 둔 것이다. 자녀를 그런 식으로 키우는 것이 바람직한지에 대한 논의는 일단 접어두자. 위버는 앞으로 이런 일이 일상화될 것으로 생각한다. 심지어 로봇의 권리에 미성년자의 보호자가 될 권리를 포함시키기까지 했다. 경악하기에 앞서 우선 염두에 둘 것이 있다. 법적으로 어린이의 양육권은 하루에도 몇 번씩 서로 다른 주체에게 넘어간다는 점이다. 위버는 이렇게 말한다. "현행 법 체계에서 어린이는 항상 누군가의 보호권 아래 있다. 보호권은 부모에서 학교로 넘어갔다가, 학교를 마치면 아이 돌보는 사람에게 넘어가며, 부모가 집에 돌아오면 다시 부모에게 넘어간다. 이런 일은 하루도 빠짐없이 일상적으로 일어난다."[18] 아이 돌보는 로봇에게 임시 보호권을 부여한다는 것은 뭔가 잘못되었을 때 로봇이 책임을 진다는 뜻이다. 이렇게 로봇에게 책임을 부여하면 제조업체에 가장 안전한 로봇을 만들어야 한다는 동기를 부여하는 데도 큰 도움이 될 것이다.

두말할 것도 없이 어떤 사람은 윤리적 의미를 들먹이며 로봇에게 제한적인 인격권을 부여하는 데 반대하겠지만, 법 전문가들이 아무 근거 없이 이런 권고를 하는 것은 아니다. 기존 법의 테두리 안에서 생각해도 그런 결론이 나온다. 에모리 법대 부교수 마크 골드페더Mark Goldfeder는 이렇게 썼다. "법적 인격은 도덕성이나 지각, 또는 생명이 있다고 주장하는 것이 아니다. 법인이 된다는 것은 계약을 맺거나, 자산을 소유하거나, 고소 및 피고소권을 갖는 등 일정한 법적 체계 내에서 법적인 권리와 의무를 가질 수 있다는 뜻이다. 모든 법인이 동일한 권리와 의무를 갖는 것도 아니어서, 일부 주체는 어떤 문제에 관해서만 '개인'으로 간주될 뿐 다른 문제에 관해서는 그렇게 간주되지 않는다."[19] 기업의 경우 제한적 인격권에 대한 법적 전례가 확고히 자리잡고 있다. 골드페더는 로봇이 인간과 매우 흡사해진 뒤에야 제한적 인격권을 부여해서는 안 된다고 강조한다. "인격권의 확립은 로봇이 어떻게 보이는지, 인간으로 취급할 수 있는지와는 아무 관련이 없다. 그저 의무와 권리를 부여하기 위한 절차로서 필요할 뿐이다."

법적으로 제한적 인격권을 부여받는다고 해서 사회적, 윤리적으로 로봇을 '인간'으로 규정한다는 뜻은 아니다. 로봇이 지닌 뚜렷한 장점 중 하나는 방사능이 오염된 지역이나 교전 중인 지역 등 인간이 견딜 수 없는 위험한 조건에서 일할 수 있다는 것이다. 아직까지 어느 누구도 로봇이 완전히 망가지는 일을 인간의 죽음과 동일시하지 않는다. 그러나 기술이 점점 발전한다면 로봇이 점차 더 많은 권리를 갖게 되고, 언젠가는 비활성화되지 않을 권리를 갖게 될지도 모른다. 로봇을 비활성화시키는 것이 범죄로 간주되고, 로봇을 보호하는 일이 오늘날 인간을 보호하는 일 정도로 생각되는 시대도 상상할 수 있다. 로봇의 존재가 삶과 밀접하게 얽힐수록 인간은 로봇과 깊은 관계를 맺게 되고, 그런 관계는 당연히 어떤 권리를 부여할지 결정하는 과정에 반영될 것이다. 로봇을 비활성화시키는 것이 가족의 죽음과 마찬가지로 고통스럽게 인식될 날이 오지 않으리라 장담할 수는 없다.

● ● ●

한 가지 불확실한 문제는 마인드 업로딩이 현실화되는 경우 로봇의 몸속에든, 다른 어떤 곳에든 업로드된 인간의 정신에 어떤 지위를 부여할 것인지이다. 법적, 윤리적으로 이렇게 재생된 인간이 원래의 인간과 동일한 권리와 의무를 갖게 될까? 업로드된 존재가 상속권을 행사하고, 자녀들의 법적인 부모 또는 살아남은 부인이나 남편의 배우자가 되며, 심지어 사망한 사람이 생전에 다녔던 직장에서 똑같은 지위를 누려야 할까? 아니면 완전히 백지 상태에서 '삶'을 다시 시작해야 할까?

불편한 시나리오는 또 있다. 사람이 생존해 있는 동안 정신의 상세한 복제본이 탄생하는 것이다. 과학의 전개 방향을 볼 때 이런 전망은 근거 없는 것이 아니다. 현재 연구자들은 뇌의 신경 구조를 정교하게 스캔하고, 그런 스캔을 이용해 뇌가 어떻게 작동하는지 밝혀냄으로써 사상 최초로 가상공간에서 뇌 자체를 시뮬레이션하는 연구에 박차를 가하고 있다. 이렇게 하여 인간 뇌의 디지털 복사본이 탄생한다면 어떻게 될까? 여기에도 법적 인격권을 부여해야 할까? 이런 복사본이 원래의 인간과 동시에 존재할 수 있을까? 그렇다면 복사된 뇌는 어떤 법적 권리를 갖게 될까? 복사본을 이용하여 제3, 제4의 복사본을 만들거나, 원래의 인간으로부터 수많은 복사본을 제작할 수도 있을까? 우리의 복사본은 우리가 '소유'하게 될까? 그렇다면 복사본을 이용하여 어떤 일을 할 수 있을까? 이런 질문을 하나하나 신중하게 살펴보는 것은 이 책의 범위를 넘어서는 일이지만, 그렇다고 마냥 뒤로 미룰 수도 없다.

위험하거나 파괴적인 로봇이 탄생할 가능성은 없을까? 인간을 공격하는 로봇은 오래도록 공상과학소설에 등장해왔다. 일부 연구자는 로봇에게 일종의 도덕 체계를 프로그래밍하여 이 문제를 해결하려고 한다. 로봇의 수많은 용도를 생각할 때 도덕적인 로봇이라는 개념은 그리 억지스러운 것도 아니다. 무인 자동차조차 인간도 내리기 어려운 도덕적인 결정을 내려야 하는 상황에 처할 수 있다. 예를 들어, 무인 자동차가 길 옆에서 유모차를 밀고 가는 젊은 여성을 감지했다고 상상해보자. 그녀를 피하려고 방향을 틀면 두 사람이 타고 있는 다른 차와 충돌할 것 같다. 이때 자동차는 엄마와 아기를 치어야 할까, 아니면 왼쪽으로 방향을 틀어 다른 차와 충돌해야 할까? 전쟁이나 자연재해가 발생했을 때 사람들을 피신시키고 구조하는 로봇도 비슷한 상황에 처할 수 있다. 부상자가 많다면 로봇은 누구를 먼저 구하고 먼저 치료해야 할지 어떻게 판단할까? 너무 늦지 않은 미래에 로봇에게 어떤 형태로든 윤리적인 프로그래밍이 필요하다는 사실을 쉽게 이해할 수 있을 것이다.

이 분야에서도 혁신을 이끄는 것은 군軍이다. 미군은 터프츠 대학, 렌셀러 공과대학Rensselaer Polytechnic Institute, 브라운 대학, 예일 대학, 조지타운 대학 등과 협력해 자율적으로 움직이는 로봇에 어떻게 윤리적 감각을 불어넣을지 연구하는 프로그램에 자금을 댄다. 이 프로젝트는 군용 드론 의존도가 갈수록 높아진다는 반증이기도 하다. 지금까지 드론은 모두 인간이 원격조종하는 방식으로 운용되었지만, 이제 군사 분야의 연구 방향이 자율무기 쪽으로 이동하면서 누가 전투원이고 누가 시민인지, 민간인의 부수적 피해를 어느 정도까지 허용할 것인지를 눈깜짝할 사이에 판단해야 할 필요가 생긴 것이다.

의심의 여지없이 군용 로봇은 기계가 도덕적 판단을 내릴 수 있을지 알아보는 성능 시험장이 될 것이다. 군은 이 분야에서 한참 앞서 있다. 군사적 판단은 국제적으로 널리 인정되는 교전수칙을 근거로 한다. 조지아 공과대학의 인공지능 전문가로《자율 로봇의 치명적 행동 관리Governing Lethal Behavior in Autonomous Robots》라는 책을 썼던 로널드 아킨Ronald Arkin은 군용 로봇이 인간 병사보다 더 나은 판단을 내릴 수 있다고 믿는다. 분노나 복수심에 사로잡히지 않기 때문이다. 또한 로봇은 실행 가능한 모든 행동과 결과를 신속하게 고려하여 가장 적절한 행동을 선택할 수 있다. 다른 쪽에서도 생각해보자. 로봇에게 실제 벌어질 수 있는 모든 시나리오를 프로그래밍하기는 불가능하다. 자살 폭탄 테러범이나 범죄자는 민간인 사이에 자연스럽게 섞여 들어가 도덕적으로 이러지도 저러지도 못할 상황을 유도함으로써 자율 로봇을 따돌릴 수 있다. 지명수배 중인 테러리스트가 민간인 복장을 한 채 병원이나 학교로 피신한다고 생각해보자. 로봇은 무고한 시민의 목숨을 희생해 가며 표적을 타격해야 할까? 로봇이 눈앞에서 무고한 생명이 희생되는 것과 향후 테러 활동에 의해 더 많은 사람이 희생될 가능성을 견주어 어느 한쪽을 선택할 수 있을까?

도덕적인 로봇을 설계하려는 노력에 회의적인 사람은 아무리 많은 것을 프로그래밍해도 전쟁이나 재난 등의 상황에는 로봇이 효과적으로 처리하기에 너무 많은 변수가 존재한다고 주장한다. 로봇공학 전문가인 노엘 샤키Noel Sharkey는 아무리 정교하게 설계해도 로봇이 도덕적 주체성, 즉 진정한 도덕적 판단을 내릴 의지와 능력을 가질 수는 없다고 단언한다.[20] 사실 인간도 수많은 선택이 가능하지만 진정 올바른 행동이 무엇인지 판단할 수 없는 경우가 얼마든지 있다. 현실 속에는 수많은 결정에 따라 어떤 결과가 나올 것인지 예측하기에 너무 많은 변수가 존재한다는 것이 문제다. 예측할 수 없는 것을 프로그래밍할 수는 없기 때문이다.

기계는 어쩌면 영원히 옳고 그름을 분별하지 못할지 모른다. 그저 예측 불가능한 상황을 포함하지 않는 범위에서 수많은 행동 방침 중 하나를 선택하는 정도만 가능할지 모른다. 하지만 생사가 좌우되는 상황에 자율 로봇을 투입한다는 것은 곧 로봇이 생사를 좌우하는 결정을 내리게 된다는 뜻이다. 로봇공학자들은 엔지니어, 언어학자, 프로그래머, 심리학자는 물론 윤리학자와 변호사, 정책입안자들과도 협력할 필요가 있다. 한 가지 방법은 생사가 좌우되는 상황에 아예 로봇을 관여시키지 않거나, 앞으로도 모든 의사

결정을 인간의 손에 맡기는 것이다. 위험 상황에서 인간이 아니라 로봇을 사용하는 주된 이유는 로봇을 소모품으로 간주하기 때문이다. 하지만 향후 기술이 발전을 거듭하면 일부 로봇은 보다 높은 수준의 가치를 내면화할 수도 있다. 특히 인간과 복잡한 관계를 맺는 등 가치있는 경험을 했을 때 더욱 그렇다. 그렇게 된다면 우리는 이런 사회적 또는 개인적 경험을 지닌 로봇에게 단순히 실용적인 로봇보다 더 높은 지위를 부여하고 거기에 맞게 대우하게 될지도 모른다.

과학자와 철학자들이 윤리적인 로봇을 만들 수 있느냐는 문제와 씨름하는 동안 우리 인간은 점점 더 로봇과 기술에 의존하게 된다는 문제를 붙들고 고심할 것이다. 로봇에게 점점 더 의존하게 되면서 잃어버리게 될 가장 중요한 기술은 사회성일 것이다. 우리는 사회적, 심리적으로 엄청난 피해를 입을지 모른다. 요람에서 무덤까지 로봇이 우리를 돌보게 된다면 가족과 사회적 연대감이 치명적으로 손상될 수도 있다. 로봇이 유모이자 친구이자 하인이자 연인이 된 세상에서 우리는 여전히 서로를 필요로 할까? 이런 의존성은 거의 틀림없이 조용히 삶 속에 스며들 것이다. 요란한 팡파르 따위는 울리지 않을 것이다. 그리고 우리가 사회적, 정서적, 영적 발달에 문제가 생겼다는 사실을 깨닫기 시작할 때쯤이면 이미 늦을 것이다. 로봇에 의존하는 삶에서 벗어나고 싶어도 벗어날 수 없을 것이다. 어떻게 인간관계를 맺는지 이미 잊어버렸을 것이기 때문이다. 어쩌면 현재는 인류 역사상 마지막으로 의존성이라는 눈가리개를 쓰지 않은 상태에서 로봇의 사용이 우리에게 어떤 영향을 미칠지 평가할 기회인지도 모른다. 로봇은 우리를 더욱 강하게 만들까, 아니면 우리를 몰락시킬까?

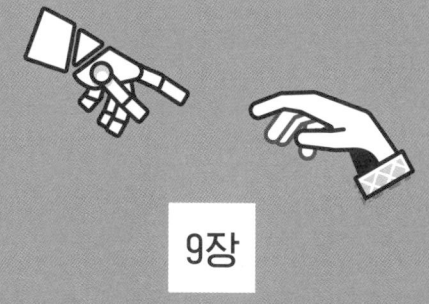

9장

트랜스휴머니즘을 넘어

오늘날 진정한 트랜스휴머니스트는 이 책에 소개된 모든 기술은 물론, 그것을 넘어서는 기술까지 적극적으로 포용한다. 마인드 업로딩과 극저온냉동학cryogenics* 등을 너무 열렬히 지지한 탓에 주류 과학계 밖으로 밀려났을 뿐 아니라, 약간 맛이 간 사이비 집단 취급을 받기도 했다. 하지만 이제는 광적인 숭배의 태도를 버린 덕에 더 진지하게 받아들여지며, 동시에 주류 과학계 또한 트랜스휴머니즘적 관점에 조금씩 가까워지고 있다. 옥스퍼드 대학의 철학자 닉 보스트롬 등 몇몇 트랜스휴머니스트 사상가는 세계 유수의 대학에서 열렬한 환영을 받으며, 사려 깊은 에세이를 통해 "제한없는 확장, 혁명적 자기개조, 역동적 낙관주의"로 점철된 인류의 미래를 그려낸다. 트랜스휴머니즘이 주류 학문으로 급부상한 배경에는 융합기술의 발전이 있다. '트랜스휴머니스트'라는 말만 들어도 외면했던 사람들이 이제 융합기술이 제공하는 다양한 치료를 거부

---

* 사망한 인간의 몸을 얼렸다가 먼 훗날 해동하여 부활시키는 기술을 연구하는 학문.

감없이 받아들인다.

 트랜스휴머니즘은 혁명적이지만 요란한 팡파르를 울리지 않는다. 어지간한 사람은 들어본 적도 없을 것이다. 하지만 2004년에 프랜시스 후쿠야마가 썼듯이 "오늘날 수많은 생의학적 연구 주제에는 어떤 형태든 트랜스휴머니즘적 사고가 잠재되어 있다."[1] 의사와 병원과 대학과 미군, 국가 지원을 받는 연구기관을 통해 다가오는 것이다. 트랜스휴머니스트를 자처하는 사람은 많지 않지만, 여기 속하는 기술은 무병장수, 넘치는 활력, 아름다움 등 예로부터 인류가 공통적으로 열망해온 것들을 일깨운다. 트랜스휴머니즘이 의학적 치료라는 형태로 삶에 들어오는 한 추세는 역전될 것 같지 않다. 널리 사용되는 인공장기, 심박동조율기, 의학적 보조장치와 정신작용제를 통해 무의식 중에 자연스럽게 받아들여지는 것이다. 물론 우리는 고통과 치유, 장애와 정상적인 능력, 삶과 죽음을 의식적으로 선택한다. 하지만 그 선택과 함께 인간강화와 수명연장이라는 옵션이 하나의 패키지로 딸려오는 것이다.

 트랜스휴머니즘에 대한 반대 역시 뿌리 깊다. 특히 인간적 오만을 금기시하는 전통과 신의 영역을 침범해서는 안 된다는 종교적 관점이 가장 두드러진다. 하지만 대부분의 종교는 영적 변화를 통한 완벽의 추구에 높은 가치를 부여하며, 보수적 윤리학자들은 이런 가치와 근본적 차원의 자기개조를 금기시하는 전통 사이의 모순을 조화롭게 해석하지 못한다. 생명보수주의자를 괴롭히는 것은 완벽을 추구하는 노력이 영적인 사후세계가 아니라 바로 지금, 눈앞에서 벌어진다는 점이다. 그들은 영적인 삶에 있어서는 완벽에 대한 추구를 얼마든지 허용하지만, 인간의 영적 열망과 지상에서 가능한 최선의 삶을 추구하는 태도 사이에 내재적 갈등이 있다는 사실을 인정하지 않는다.

끊임없이 향상되어야 한다는 인류 공통의 심리는 인간강화라는 개념을 환영한다. 미래에 대한 공포와 전통적으로 지켜온 한계를 넘었을 때 어떤 문제가 생길지 모르기 때문에 적극적으로 추진하지 못할 뿐이다. 두려움이 너무 커서 근본적 차원의 자기 향상을 추구하려는 충동을 압도하는 사람도 있다. 하지만 더 건강해지고, 힘이 세지고, 똑똑해지고, 오래 살 수 있다는 유혹을 뿌리치지 못하는 사람이 훨씬 많다. 실질적으로 환경을 좌우할 수 있게 되었기 때문에 이제 현재 상태와 끊임없이 갈망하는 완벽한 상태 사이에 가로놓인 장벽이라고는 우리 스스로 정한 한계만 남아 있을 뿐이다. 물론 아무리 노력해도 완벽한 상태에 이를 수 없다고 주장할 수 있지만, 가장 소중한 가치를 지닌 뭔가를 위해 끊임없이 분투하는 것이 인간의 궁극적 의미라고 주장할 수도 있다.

후쿠야마는 보편적 평등이라는 민주적 개념이 인종, 성별, 심지어 지능의 차이를 초월하는 인간적 본질이 존재한다는 가정에 근거를 두며, "그런 본질을 변화시키는 것이야말로 트랜스휴머니스트 프로젝트의 핵심"이라고 주장한다.[2] 하지만 그를 비롯한 생명보수주의자들은 인간의 본질이 무엇인지도 정의하지 않은 채 수십 년간 비슷한 주장을 반복해왔다. 명확한 정의가 없기 때문에 주장 자체가 모호한 수준을 벗어나지 못한다. 사실 그들이 그토록 오랫동안 똑같은 주장을 반복하는 것은 그 가설을 검증할 길이 없기 때문이다. 그러나 이제 기술은 인간이라는 유기체를 근본적으로 변화시킬 수 있고, 고도로 발달한 인공지능을 창조하는 쪽으로 나아가기 때문에 그간 인간의 본질이라고 가정했던 많은 것이 머지않아 검증의 시험대에 오를 것이다. 정신질환이라는 부작용을 일으키지 않으면서 기억과 의사결정 능력과 전반적인 기분을 근본적으로 향상시킬 수 있다면, 무엇이 나의 본질이라고 주장할 수 있을까? 그런 변화 뒤에도 주관적 의식이 전혀 변하지 않는다면 어떨까? 이런 질문은 결국 인간강화 프로젝트를 매우 조심스럽게 진행하면서 결과를 직접 경험해 보지 않고서는 답할 수 없을 것이다.

리온 카스는 인간강화기술에 반대하는 이유를 들면서 스스로 "지혜로운 반감"이라고 명명한 개념을 자세히 설명했다. "결정적인 경우들을 놓고 생각할 때…반감이란 깊은 지혜, 즉 이성의 한계를 넘어 완벽하게 설명할 수 없는 지혜가 정서적으로 표현된 것이다… 우리는 즉시, 그리고 의심할 여지없이 매우 소중한 것들이 침해되었다는 사실을 직감한다… 그때 느끼는 전반적인 공포와 혐오야말로 뭔가 잘못되었고 공정하지 않다는 직관적 증거다."[3]

카스의 주장도 일리가 있다. 명확히 설명하지 못해도 그것이 옳다는 강력한 느낌이 들 수 있다. 하지만 그런 느낌을 명확히 따져볼 수 있도록 언어로 표현하는 것이 바로 생명윤리학자가 할 일이다. 아무리 사적인 생각이라고 해도 카스 같은 학자가 명확히 설명할 수 없는 느낌을 근거로 삼아 여러 가지 가정을 늘어놓는 것은 자신의 논리를 이해시키는 데 아무런 도움이 되지 않는다. 혐오감을 느끼는 것이 마땅한 반응이라고 해도, 그 반응 자체를 면밀히 검토해

볼 필요가 있다는 뜻이다. 누군가에게 강한 혐오감을 일으키는 것이 다른 사람에게는 아무 문제가 없을 수도 있다. 스테이시 수만딕의 목사는 인공심장 소리에 혐오감을 느꼈지만, 그녀와 가족에게 그 소리는 무엇과도 비교할 수 없는 축복이었다. 새로운 개념에 반감을 느꼈다가 찬찬히 살펴본 뒤에는 반대하거나 두려워할 이유가 없음을 깨닫는 경우도 얼마든지 있다.

전반적인 반감이라는 개념을 주장하면서 카스는 맹목적인 편견을 변호하는 쪽에 위험할 정도로 가까이 다가선다. 우리는 무엇보다 반감이 문화에 따라 달라진다는 사실을 염두에 두어야 한다. 일부 중동 문화권에서는 머리에서 발끝까지 가리지 않은 여성의 모습에 혐오감을 느끼지만, 다른 모든 지역에서 그런 반응은 정당화될 수 없다. 새로운 기술, 개념, 관습, 관행의 목록이 끝없이 늘어나는 현상은 많은 사람에게, 때로는 사회 전체에 반감을 일으킨다. 새로운 것이라면 무조건 퇴짜를 놓고 보는 보수주의가 어떤 면에서 사회 통합을 유지하는 접착제 역할을 한다고 볼 수도 있다. 하지만 그렇게 형성된 관념이 검토의 대상이 될 수 없다면, 주장은 이내 힘을 잃고 만다.

인간강화에 반대하는 사람 중 일부는 혼자 반대하는 데 그치지 않는다. 위험이 너무나 커서 모든 사람이 마땅히 반대해야 한다고 믿는다. 하지만 근본적 차원의 강화를 받아들이지 못하게 막으려는 욕망 또한 성장하고 창조하고 진보하려는 인류의 자연스러운 충동을 억압하는 것으로 볼 수 있다. 모든 사람이 자신을 강화하는 데 반대할 천부적 권리를 갖는다는 데는 누구나 동의하겠지만, 스스로 강화되기 원하는 사람을 막을 권리가 있느냐는 질문에 대해서는 대부분 부정적일 것이다.

인간의 능력을 근본적으로 확장시키는 새로운 기술에 반대하기 위해 흔히 동원되는 논리에는 또 다른 모순이 있다. 1997년에 출간된 저서 《신을 흉내내기? 유전적 결정론과 인간의 자유Playing God? Genetic Determinism and Human Freedom》에서 신학자인 테드 피터스Ted Peters는 첨단기술에 반대하는 주장에서 흔히 관찰되는 비합리적 경향을 살펴보았다. 피터스의 관점에서 인간은 절대로 신의 권능을 훔칠 수 없다. 그러나 종교적 생명보수주의자들은 신이 전능한 존재라고 주장하는 동시에, 인간이 자기 손으로 진화를 통제하는 것은 신의 권능을 빼앗는 행동이라고 주장한다. 논리적 모순이다. 지구상에 존재하는 생명을 보다 매력적으로 만들려는 노력에 대한 반감도 만만치 않다. 그 밑바닥에는 어떤 식으로든 하늘이 부여한 영광을 훔치는 짓이라는 암묵적 가정이 깔려 있다. 하지만 그런 논리라면 인간은 천국을 본뜬 세상을 지상에 건설해볼 엄두도 낼 수 없을 것이다. 이렇듯 어떤 방식으로든 전지전능한 신의 권능을 인간이 축소시킬 수 있다는 개념은 조금만 파고들면 자가당착에 빠지고 만다. 생명보수주의자들은 명백히 트랜스휴머니즘에 반대하지만, 전세계 다양한 종교들의 관점은 훨씬 미묘하다.

종교와 인간강화 사이에는 근본적 갈등이 내재되어 있다고 보는 사람이 많다. 하지만, 삶에 접근하는 두 가지 방법론 사이에 공통점이 없는 것은 아니다. 앞서 말했듯 많은 종교가 완전성을 추구하는 행위를 성스러운 것으로 간주한다. 신도들에게 영적으로 완벽하게 다시 태어나라고 격려할 뿐 아니라, 지상에서 가능한 최선의 삶을 누려야 한다고 가르친다. 물론 이 말은 주로 최선의 영적인 삶을 의미하지만, 많은 종교가 영적 자기개발이 깊어질수록 삶의 모든 면이 향상된다고 가르친다. 또한 치료와 강화가 밀접하게 얽혀 있기 때문에 병든 자들의 고통을 덜어준다는 영역에서도 공통적인 기반을 찾을 수 있다.

세계적 주요 종교들은 인간강화에 대해 어떤 입장을 취할 것인지 아직 논의를 시작하지도 않았지만, 핵심이라 할 수 있는 근본적 수명연장에 관해서는 관심을 갖기 시작했다. 수명연장에 관한 종교계의 생각을 보면 앞으로 인간강화에 대해 어떤 관점을 확립할지 힌트를 얻을 수 있다. 2013년 퓨연구소는 다양한 종교와 기독교 교파에 속한 사상가들이 근본적 수명연장술이란 문제에 어떻게 접근할 것인지 알아보았다. 공통적으로 나타나는 맥락이 있었다. 질병과 고통을 경감시키는 것은 바람직하지만, 육신이 영생을 누리는 것은 영적인 차원의 부활을 회피하는 셈이 되므로 바람직하지 않다는 것이었다.

몇몇 기독교 종파에서는 건강한 생활습관을 지키며 사는 데 높은 가치를 부여했다. 교회가 마땅히 해야 할 일을 수행하는 능력 또한 향상된다는 이유였다. 제7일 안식일 예수재림교회 보건국장인 앨런 핸디사이즈Allan Handysides는 이렇게 말한다. "우리가 더 오래 살고 더 건강해진다면 마땅히 해야 할 일을 더 잘할 수 있을 것이다."[4] 퓨연구소에서 조사한 다른 모든 종교 집단과 마찬가지로 제7일 안식일 예수재림교회 또한 생명연장술이 평등하게 보급될지 우려를 표한다. 이런 우려는 모든 종교에 공통적이지만 역사적으로 평등의 문제 때문에 첨단의학기술의 개발이 중단된 예는 전무하다. 그러나 이러한 우려는 기우에 그칠 수도 있다. 새로운 기술이 항상 그렇듯 생명연장술과 인간강화기술도 처음에는 부자들에게 보급되겠지만 시간이 지나면 결국 모든 사람이 이용하게 될 것이다. 보편적 이용까지 시간이 걸릴 것이라고 해서 혁신을 가로막는 것은 비합리적이다.

특히 그런 기술이 의료의 영역에 속한다면 모든 사람이 이용하는 것은 시간 문제다. 사실 의학적 치료와 인간강화 사이의 경계가 흐릿해지는 현상은 어느 정도까지는 좋은 일이다. 치료의 영역에 속하는 한 보험 혜택을 받게 될 가능성이 높고, 다른 의료기술과 마찬가지로 대중적인 논의를 촉발시킬 것이기 때문이다. 기대수명이 크게 늘어나 그보다 일찍 사망하는 것이 의학적 문제라는 인식이 널리 확산된다면 이를 막기 위한 치료에 자연스럽게 보험이 적용될 것이다. 1900년에는 60세에 세상을 떠나는 것을 아무도 부자연스럽게 생각하지 않았다. 하지만 오늘날 누군가 60세에 죽는다면 누구나 너무 이른 죽음이라고 느끼며, 막을 수 있다면 막아야 한다고 생각한다.

기독교 외의 주요 종교들 또한 생명연장에 대해 공식적인 입장을 표명한 적은 없지만 대부분 긍정적이다. 유대교 신학자이자 윤리학자 배리 프룬델Barry Freundel은 이렇게 말한다. "유대교는 삶에 대해 매우 긍정적인 관점을 갖고 있다... 더 많이 누릴수록 더 좋은 것이다... 유대교의 목표는 세상을 더 좋은 곳으로 만드는 것이며, [수명이 연장된다면] 우리는 그런 일을 더 많이 할 수 있을 것이다."[5] 종교학 교수인 아이샤 무사Aisha Musa는 신이 모든 사람을 위해 신성불가침한 계획을 마련해두었다는 것이 모든 무슬림의 믿음이라고 강조한다. "어느 누구도 신이 준비해둔 계획을 침범할 수 없기 때문에, 생명연장술 또한 아무 문제가 없습니다. 그것도 신의 뜻이니까요... 우리가 어떤 일을 하든 신의 손길이 미칩니다."[6] 하지만 무슬림은 영원불멸을 추구하지는 않는다. "마음 깊은 곳에 죽음은 축복이라는 믿음을 지니고 있기" 때문이다.[7]

불교 승려였다가 환속한 제임스 휴즈에 따르면 "수명이 극적으로 늘어난다는 것은 좋은 일이다. 지혜와 자비를 깨닫고 열반에 도달할 수 있는 시간이 더 많이 주어지기 때문이다."[8] 하지만 비구니인 카르마 렉쉬 소모Karma Lekshe Tsomo에 따르면 긴 수명을 누리는 것은 양날의 검과 같아서 고결한 삶을 살지 않는다면 오히려 나쁜 일이 된다. 오래도록 고결한 삶을 누린다면 나쁜 업보를 갚고 덕업을 쌓게 되지만, 그렇지 못한 삶을 오래 누린다는 것은 더 많은 악업을 쌓게 될 뿐이라는 것이다.

• • •

인간강화에 대해 어떤 입장을 취하든, 우리는 트랜스휴머니즘이라는 땅에 발을 들여놓고 여행을 시작했으며, 사회적으로도 이미 오래 전에 기본적인 전제들을 받아들였다. 지금까지 우리는 교육과 훈련과 명상과 약물, 기타 전통적인 수단을 통해 자신을 강화하려는 노력을 기울여 왔다. 육종을 통해 가축을 개량하고, 신중하게 배우자를 선택하여 유전적 형질을 개선하고, 기술생리적 진화와 현대의학을 통해 생명을 연장하고, 심부 뇌자극, 심박동조율기, 이식형 제세동기를 통해 인공장치와 신체를 통합시키고, 신체적 통증과 정신적 고통을 누그러뜨리는 기술을 받아들였다. 트랜스휴머니즘은 어디서든 진행 중이며, 우리는 기꺼이 그것들을 삶 속에 끌어들인다. 인간의 수명과 능력이 비교할 수 없을 정도로 크게 늘어나고 향상되는 변화에 공정하고, 공평하며, 합리적이고, 지속 가능한 방식으로 적응하는 방법을 아직 찾지 못했을 뿐이다.

이제 트랜스휴머니즘에 필요한 변화들을 시작해야 할 시점이다. 융합기술이 진정 인간을 해방하려면 더이상 삶을 연장하는 것이 지나친 부담이 될 때 누구나 죽을 권리가 있다는 생각을 사회가 받아들여야 한다. 말은 쉽지만 사실 힘겨운 싸움이다. 죽음에 대해 논의하는 것보다 더 널리 퍼져 있는 금기는 없다. '모든 것을 포기하고' 정해진 죽음을 맞아서는 안 된다는 의학적인 편향은 확고하기만 하다. 더이상 치료해봐야 소용이 없고 고통만 가중되는 상황에서도 그렇다. 하지만 우리는 각자의 죽을 권리를 반드시 인정해야 할 뿐 아니라, 어떻게 죽을 것인지를 결정하는 문제를 다루어야만 하며, 좋든 싫든 그 결과에 순응하는 법을 배워야 한다.

무엇보다 인공 이식장치를 어떤 조건에서 어떻게 비활성화시킬 것인지 확실히 할 필요가 있다. 체외 생명유지 장치와 마찬가지로 생명을 구하거나 생명 기능을 강화하는 이식장치도 환자 스스로 비활성화 결정을 내릴 수 있어야 한다. 환자가 결정 능력을 상실했다면 지정된 가족이 대신 결정해야 한다. 그렇게 되려면 모든 사람이 사전 의향서(유언장)에 자신의 뜻을 정확히 밝혀두어야 하며, 환자의 의향에 따르는 의사나 간호사, 병원이나 호스피스가 법적 보호를 받아야 한다. 가장 중요한 것은 교육이다. 인공장기나 이식장치를 지니고 있을 때 삶의 마지막이 어떤 식으로 전개될 수 있는지 모든 사람에게 알려야 한다. 죽어가는 환자의 뇌를 인공적으로 자극하는 행위를 막을 근거도 마련해야 한다. 인공 이식장치가 빠른 속도로 도입되고 있으므로, 이만하면 '좋은 죽음'을 맞을 수 있으리라 확신하기까지는 아직도 갈 길이 멀다.

치료와 강화를 구분하는 것은 논의를 진행하는 데 편리하지만, 융합기술이 지닌 강력한 잠재력 때문에 장차 치료는 빠른 속도로 강화가 될 것이다. 정상이 무엇인지 명백하게 정의할 수 없고, 존재의 정상적인 상태와 강화된 상태를 구분하는 경계가 명확하지 않으므로 '치료는 받아들여야 하고 강화는 거부해야 한다'는 식의 주장은 무용하다. 강화를 원칙적으로 인정하고 나면, 논점은 어떻게 더 높은 수준의 강화를 달성할 수 있는가 하는 쪽으로 빠르게 바뀔 것이다. 강화 수준이 한 단계씩 진전할 때마다 뉴 노멀이 확립되고, 이내 새로운 뉴 노멀로 대체될 것이다. 수많은 시나리오를 생각할 수 있지만 인류가 생물학적, 영적, 심리학적 한계에 도달할 것인지, 끝없이 새로운 것을 추구할 것인지는 알 수 없다. 미래가 확실했던 적은 한 번도 없지만 융합기술이 힘을 얻으면서 우리의 미래는 어느 때보다도 불확실하다.

많은 사람이 근본적 차원의 강화가 널리 보급된다면 인간의 본성 자체가 변할 것이라 예상한다. 하지만 융합기술이 우리의 특성을 강화할 뿐 질적인 변화를 초래하지는 않을 가능성도 얼마든지 있다. 어쨌든 융합기술과 트랜스휴머니즘이 삶의 문제들을 해결해주지는 못할 것이다. 짝사랑, 가족의 죽음으로 인한 상실감, 경제권 경쟁, 실망, 누구에게나 찾아오는 불운은 여전히 존재할 것이다. 하지만 절망에서 회복하거나 실수를 통해 배울 시간은 훨씬 많이 주어질 것이다.

트랜스휴머니즘의 시대가 진행되면서 우리는 새로운 단계의 기술생리적 진화를 겪을 것이다. 수명이 상상할 수 없을 정도로 길어진 상태로 이 행성에서 계속 살아가려면 출생률이 훨씬 낮아져야 한다. 그것은 곧 후세에 전달되는 유전적 돌연변이가 줄어 자연적인 진화 속도가 느려질 수 있다는 뜻이다. 자연적 진화가 멈춘 곳에서 유전자치료의 역할은 더욱 강력해질 것이다. 인간은 배아 유전자치료를 통해 스스로의 생물학적 미래에 대한 통제를 점점 더 강화할 것이다.

수많은 기술이 개별적으로 연구되는 것이 아니라 융합되고 있다. 장차 인류의 삶이 얼마나 극적으로 변할지 이해하려면 기술들의 통합 효과를 고려해야 한다. 지난 수세기 동안 과학은 끊임없이 전문화되었지만, 오늘날 가장 앞서가는 사상가들은 모든 첨단기술을 융합하는 것만이 학문과 사상과 창조의 새로운 르네상스를 열어갈 길이라 믿는다. 생물학자는 엔지니어처럼 생각하고, 엔지니어는 의사처럼 생각하며, 의사는 유례없이 강력한 첨단기술을 이용할 수 있어야 한다. 이렇게 융합기술의 성과를 창출하는 데 필요한 다학제적 팀을 구성하려면 극도의 전문화를 추구하는 교육 시스템의 방향을 바꿔 학제적 교육을 지향해야 한다. 전 세계적으로 경제적 경쟁이 갈수록 치열해지고 있으므로 교육 시스템의 개혁은 빠를수록 좋다.

근본적 차원의 강화가 널리 보급된다면 인간의 정체성을 위협할 것이라고 우려하지만, 사실 '인간'을 어떻게 정의할 것인지조차 명확하게 논의된 적이 없다. 몸속에 수많은 인공부품과 인간이 아닌 존재의 DNA를 보유한 키메라는 더이상 인간이 아니라고 주장하는 사람도 있다. 근본적인 차원이든 아니든 인간의 몸에 지금까지 보지 못했던 변화가 보편화되는 데다 수많은 인간적 특징을 갖춘 안드로이드와 로봇이 개발되는 지금, 인간을 인간이라고 규정할 수 있는 유일한 특징은 결국 내면적인 품성으로 옮겨갈 수밖에 없다. 주관적 자기인식, 성격, 윤리적 감수성, 친절함, 연민, 유머, 창의력 등이 중요해지는 것이다. 또한 우리는 사랑, 창조주에 대한 숭배, 신뢰, 의심, 그리고 우리의 궁극적인 유한성을 깨닫는 데 대한 반응 등 영적인 특징들을 인간의 가장 기본적인 정체성으로 인식해야 한다. 첨단기술이 발전할수록 우리의 영적 본성(또는 그런 본성이 존재하지 않음)을 살피는 것이 훨씬 더 긴급한 일이 될 수 있다.

생명보수주의자들은 우리가 어떤 능력을 갖는 것이 신(또는 자연)의 의도라면 우리는 그 능력을 부여받았을 것이라고(또는 진화를 통해 획득했을 것이라고) 주장한다. 하지만 신이나 자연이 그런 능력을 부여한 것은 스스로 원하는 방향으로 마음껏 진화하기를 바랐기 때문이었다고도 얼마든지 주장할 수 있다. 우리는 완성되지 않은 존재로 계속 진화하며, 끊임없이 새로운 기술을 발명하고 활용하려는 왕성한 욕구는 인간 본성의 본질적인 일부로서 처음부터 우리의 진화 과정에 통합되도록 예정되어 있었다고 생각하는 것이다. 그 보편성을 고려할 때 끊임없이 불만을 느끼고 끊임없이 개선하려는 성향은 우리 유전자 자체에 각인되어 있는지도 모른다. 그렇다면 일시적으로 사회적 및 경제적 혼란을 일으키거나 궁극적으로 예상치 못한 결과를 초래한다고 해서 특정한 발전을 의도적으로 배제하는 것이 오히려 부자연스러운 일이 아닐까? 그런 결과를 수습하려는 노력 자체가 아예 변화를 추구하지 않는 것보다 우리를 더 똑똑하고, 더 강하고, 더 훌륭한 존재로 만드는 것은 아닐까?

정말로 걱정스러운 것은 거대한 부의 불균형이 존재하는 세상에서 분배의 정의에 관한 문제다. 부유한 국가에서는 인간강화기술이 널리 보급되는 반면, 가난한 국가에서는 접근성이 크게 떨어진다면 결국 심각한 불평등이 야기되어 세상이 크게 불안정해질 것이다. 부유한 국가 내에 존재하는 부의 불평등 또한 비슷한 우려를 낳는다. 융합기술에 의한 인간강화를 공정하게 분배하는 한 가지 방법은 국가에서 주도하는 보편적 의료를 통하는 것이다. 미국 같은 나라는 보건의료 시스템을 크게 바꾸어야 하겠지만, 정부 입장에서는 근본적 수명연장술과 첨단의학을 널리 보급해야 할 충분한 이유가 있다. 국민 전체가 건강과 수명연장이라는 혜택을 누릴 수 있기 때문이다. 미국뿐 아니라 어느 나라도 향후 수십 년간 베이비붐 세대에게 현 수준의 사회 보장과 의료 혜택을 제공할 능력이 없다. 어떤 사회보장 제도도 퇴직 후 20년, 30년 이상 혜택을 제공하도록 설계되지 않았다. 수명이 보편적으로 늘어나고 노인이 훨씬 오래 일할 수 있을 정도로 건강해진다면 은퇴 연령 역시 상향되어 사회적 안전망 구성 비용을 상쇄할 수 있다. 융합기술을 통한 치료가 보편적으로 제공된다면 모든 면에서 사회에 큰 도움이 될 것이다.

근본적인 차원에서 인간이 강화된다는 전망은 결국 질병과 건강, 치료와 강화를 구분하는 새로운 방법을 찾아야 한다는 뜻이다. 발기부전이나 ADHD 등 질병으로 분류해서는 안될 상태조차 지나치게 '의료화'되었다고 생각하는 사람이 많다. 하지만 행정 규제나 보험 적용이란 면에서 현재 사회 시스템은 강화를 적절히 취급할 수 없다. 치료인 동시에 강화인 상황을 적절히 분류할 방법이 필요하다. 이런 치료를 새롭게 정의하지 않는다면, 특히 정신과적 영역에서 수많은 새로운 질병이 나타날 것이다. 그때가 되면 많은 사람이 어떤 형태로든 강화의 혜택을 받기 위해 함부로 질병이라는 낙인을 찍어서는 안 된다고 주장할 것이다.

• • •

생명윤리 분야에 몸담고 있는 사람 중 일부는 '생명보수주의자'라는 용어를 경멸적으로 생각할지 모르지만 내 의도는 전혀 그렇지 않다. 더 적절한 용어가 없었을 뿐이다. 생명보수주의는 너무나 중요하며 반드시 논의할 가치가 있다. 이 책을 쓴 것은 인간강화에 찬성하든 반대하든 모든 주장을 성실하게 탐구해보기 위해서였다. 그 과정에서 반복적으로 생명보수주의에 입각한 주장들의 설득력이 떨어진다는 사실을 발견했을 뿐이다.

트랜스휴머니스트 사상가들은 자유주의 쪽으로 강하게 기우는 경향이 있다. 흥미롭게도 많은 자유주의 지식인은 그들의 생각에 반대한다. 2009년 《뉴 애틀랜티스The New Atlantis》 편집 차장인 아리 슐먼Ari Schulman은 이렇게 주장했다. "강화기술이 널리 사용되면서 어떻게든 그런 경향에 순응하고 경쟁에서 살아남아야 한다는 사회적 압력이 거세졌다. 이런 압력 역시 자유를 제한한다."[9] 사회적 압력은 개인이 얼마나 많은 선택을 하든 결국 존재한다. 이런 압력이 있다고 해서 강화를 거부하고 싶은 사람이 완전히 무력한 상태로 받아들일 수밖에 없는 것은 아니다. 슐먼은 간접적으로 인간강화를 거부하는 것만으로는 충분치 않다고 주장한다. 다른 사람의 선택이 내게 부당한 영향을 미치지 않도록 각자가 다른 사람에게 선택의 기회가 주어지는 것까지 부정할 수 있어야 한다는 뜻이다. 그렇다면 다른 사람에게 압력이 될 수도 있는 선택은 절대로 하지 말아야 할까? 이런 주장은 자유주의적 지식인에게 기대할 만한 것이 아니며, 《뉴 애틀랜티스》의 자유주의적 성향에도 역행한다. 우리는 다른 사람이 결코 내리지 않을 것 같은 결정을 내려서는 안 되며, 누군가 자신의 선택에 만족하지 못한다면 그 선택을 바꿔야 한다는 말처럼 들리는 것이다.

강화기술이 널리 보급된다면 반대하는 사람이 경쟁적 압력을 느끼게 된다는 말은 사실일 것이다. 하지만 자기가 좋다고 느끼는 쪽을 선택하는 것은 모든 사람 각자의 책임이자 권리다. 다른 사람을 만족시키기 위해 누군가의 선택을 제한하는 것이 사회의 책임일 수는 없다. 자신의 선택에 만족하지 못한다고 해도 그것이 실제로 좋은 선택이었는지 판단하는 것은 그에게 달린 일이다. 슐먼은 모든 사람이 자기 소신을 확고히 지켜나갈 용기를 가져야 한다고 주장하고 싶었던 것 같은데, 결과적으로 모든 사람의 자유에 반대한 셈이 되고 말았다. 강화를 거부하는 것이 좋은 선택이라면, 거기에는 의심의 여지없이 보상이 내재되어야 할 것이다.

2011년 역사가인 벤저민 스토리Benjamin Storey 역시 《뉴 애틀랜티스》에 이렇게 썼다. "자녀의 지능을 유전적으로 강화하거나 약물을 사용해 생산성을 높이는 것이 도덕적으로 옳다고 믿는 날이 온다면, 그렇게 하지 않는 것은 오늘날 담배를 피우거나 자녀에게 예방접종을 하지 않는 것처럼 사회적 터부로 생각될 것이다."[10] 개인이 다수가 선호하는 방식에 따르지 않을 자유를 지닌 민주적 사회라 할지라도 다수는 사회적 압력을 통해 반대자에게 여전히 일종의 독재를 행사할 수 있다는 알렉시 드 토크빌Alexis de Tocqueville의 주장을 연상시킨다. 분명 일말의 진실이 있지만 그렇다고 사회가 무엇을 용인할 것인지 결정할 때 소수의 가치 판단에 따라야 할 의무가 있을까? 슐먼과 스토리는 사회가 인간강화를 받아들이는 데 반대하지만, 왜 반대하는 사람은 자유로운 선택을 할 수 있어야 하고 찬성하는 사람은 안 되는지 설명하지 못한다.

스토리는 또 다른 에세이를 통해 역사적 흐름이 긍정적인 방향으로 옮겨가고 있다는 로널드 베일리의 주장을 조목조목 반박했다. "그는…훨씬 오래 사는 대신 알츠하이머병이라는 끔찍한 현실 속에서 죽는 사람이 점점 늘고 있다는 사실을 언급하지 않는다. 알츠하이머 재단에 따르면 알츠하이머병의 발생률은 수명연장과 직접적인 관계가 있으며, 지난 10년간 무려 66퍼센트나 증가했다."[11] 물론 이런 현상은 깊이 우려할 만한 것이지만, 스토리는 역사가로서 보다 큰 그림을 보았어야 했다. 이제 전체 인구에서 고령자의 비율은 역사상 어느 때보다 높으며 이로 인해 당연히 알츠하이머병의 발생률이 높아질 수밖에 없다. 사람들이 훨씬 오래 사는 것은 사실이지만 고령층에서 알츠하이머병이 발생하는 **비율** 자체는 전혀 변하지 않았다. 또한 그는 자신이 반대하는 생의학적 기술이 알츠하이머병 발생에 엄청난 영향을 미칠 수 있다는 사실을 고려하지 않는다. "이탈리아, 스페인, 일본이 겪고 있는 인구구조의 위기는 진정 존재론적 위기일 수 있다. 이들 사회가 치명적인 쇠퇴를 겪는다면 부분적으로는 20세기의 생명공학적 발전을 적극적으로 받아들였기 때문일지도 모른다."[12] 이 말은 몹시 불편하다. 이들 국가에서 사람들이 너무 오래 산다는 뜻이 되기 때문이다. 페니실린이나 개심술, 장기이식이 없는 세상이 더 좋다는 것일까?

    미래에 대한 막연한 반감과 두려움 때문에 진보에 반대하는 사람이 있다고 해서 역사의 수레바퀴가 멈출 가능성은 거의 없다. 아무런 논의도 없이 모든 형태의 인간강화를 적극적으로 받아들여야 한다는 뜻은 아니다. 인간의 능력을 강화하는 첨단기술은 제안될 때마다 활발한 논의를 거쳐야 하며, 보다 다양한 사회 구성원이 논의에 참여하는 방향으로 확장되어야 한다. 과학자와 철학자만 참여할 것이 아니라 종교, 정치, 환경, 법률, 규제, 의료 분야는 물론 대중이 두루 참여하는 대화의 장이 마련되어야 한다는 뜻이다. 인문학 분야의 사상가들도 참여해야 전문적 시야를 벗어나는 범위까지 담론이 확장될 것이다. 결국 사회에서 인간강화의 영향을 받지 않는 영역이 없어질 것이므로 널리 논의되어 사회적, 정치적, 경제적 생태계가 융합기술을 인간의 필요에 맞게 건설적으로 이용할 수 있어야 한다.

융합기술이 경제적 공정성을 담보하고, 융합기술의 산물인 제품과 서비스가 널리 보급되는 환경을 만들려면 적절한 감독과 규제가 필요하다. 미국립 과학기술위원회U.S. National Science and Technology Council, USNSTC 산하 나노과학 공학기술Nanoscale Science, Engineering and Technology 분과위원회 창립위원장인 미하일 로코는 융합기술 제품에 대한 다학제적 토론과 국가 간 공정 경쟁을 위한 국제적 거버넌스의 조정이 동시에 필요하다고 촉구한다. 2007년《나노입자 연구 저널Journal of Nanoparticle Research》에 게재된 논문에서 그는 이렇게 썼다. "다양한 연구 개발의 결과를 나중에 조정하려고 애쓰는 것보다 관련된 정부들이 후원하는 기구를 만들어 융합기술의 혁명적 의미에 관련된 장기적 문제들을 조기에 논의하는 편이 훨씬 낫다."[13] 필경 융합기술에 의한 사회적 변화는 넓고 깊으며 근본적인 차원에서 진행될 것이라고 지적하며 그는 이렇게 덧붙였다. "우선 기술들을 융합하는 것이 목표다. 또 하나의 목표는 그렇게 탄생한 기술과 인간의 필요를 통합하는 것이다." 그는 나노기술처럼 강력한 기술들이 널리 보급되면서 "삶의 가장 기초적인 부분까지 영향을 미치는 수많은 변화가 일어날 수" 있다고 인정한다. 작은 변화들이 어떤 식으로 일어날지 예측하기는 매우 어렵다. 그럼에도 인구과잉의 시대에 유전자치료와 지속가능성을 사회적으로 어떻게 받아들일지 등 예상되는 문제에 적극적으로 해결책을 제시해야 한다. 또한 로코는 전 세계적인 차원에서 최대한 평등하게 융합기술에 접근할 수 있도록 국제적인 규칙이 필요하다고 강조한다.

버지니아주 알링턴의 미국립과학재단에 있는 로코의 사무실에서 어떻게 융합기술을 국제적으로 규제할 수 있을지에 관한 생각을 직접 들을 기회가 있었다. 국가 간에 존재하는 모든 문화적 차이를 조화시켜 일관성있는 원칙에 도달한다는 것은 두말할 것도 없이 엄청나게 어려운 일이다. 미국과 유럽 국가들 간에 협력을 모색할 때도 문화적 차이로 인한 어려움을 겪는다. 하지만 장기적인 관점에서 로코는 모든 국가 사이에 기술뿐 아니라 문화적인 융합이 일어나 융합기술에 의한 치료와 다른 응용 분야가 개발되고 사용될 수 있기를 바란다.

"문화적 차이를 극복한다는 것은 빠른 시일 내에 가능한 일이 아닙니다. 하지만 우리는 점점 더 상호의존하므로 협력이 세계적인 추세가 될 것은 확실합니다." 그는 국제적 기구를 만들어 상명하달식 규칙을 시행하는 방식은 실패할 가능성이 매우 높다고 지적했다. "그렇게 해서는 미래가 없습니다." 지배하고 통치하는 것보다 국제적인 거버넌스가 필요하다는 뜻이다. 전 세계의 과학자, 공학자, 의사들이 협력해야 할 필요를 존중하는 바탕 위에 각국이 자발적으로 협조하는 분위기가 마련되고, 모든 의견이 수렴되는 상향식 의사결정 구조가 있어야 한다는 것이다.

융합기술에 힘입어 엄청난 양의 민감한 정보를 저장하게 될 전자

건강기록을 어떻게 관리할지에 관한 로코의 생각이 특히 궁금했다. 그는 사이버보안에 관해서는 간단한 해결책이 있을 수 없다고 전제한 뒤, 이렇게 지적했다. "보다 많은 정보를 공유해야 한다는 쪽으로 의견이 모이고 있습니다. 의료정보는 의사들 사이에 공유되어야 하며, 그런 추세는 갈수록 보편화될 겁니다." 전자건강기록의 공유를 통해 앞으로는 세계 어느 곳에 있는 의사에게도 진료받을 수 있는 시대가 열릴 것이다. 산간벽지에 사는 환자가 인터넷을 통해 세계 최고의 간암 전문의에게 진료를 받을 수도 있다. "정보공유를 통해 귀중한 생명을 살릴 수 있습니다. 이런 이점과 사생활 침해 위협을 견주어 판단해야겠죠. 누군가 내 정보를 볼 수도 있다고 생각하면 께름칙하지만, 죽는 것보다는 낫지 않을까요?"

로코는 말을 이었다. "2000년만 해도 페이스북이 절대로 성공할 수 없다고들 했습니다. 사생활을 침해한다는 이유였죠." 현재 페이스북을 통해 자신에 관한 온갖 정보를 전 세계와 공유하며 행복하게 살아가는 사람은 수십억 명에 이른다. "2000년에는 자신이 어디를 가든 GPS로 추적할 수 있다는 사실을 아무도 받아들이지 않았습니다. 이제 휴대폰 덕분에 모든 사람의 이동 경로를 추적할 수 있지만 그걸 당연하게 받아들이죠. 서로 반응을 주고받는 사회의 일원이 되려면 점점 더 많은 개인정보가 컴퓨터에 입력될 수밖에 없습니다." 전혀 안심이 되는 말이 아니다. 엄청난 양의 전자화된 개인정보를 해킹 위험에서 보호하기가 극히 어렵다는, 아니 실질적으로 불가능하다? 그의 말은 사생활 보호와 편리성 중에 어느 한쪽을 선택해야 한다면 우리는 편리성 쪽에 끌릴 것이며, 이런 성향은 새로운 기술을 조심스럽게 받아들여야 한다는 측면에서 치명적인 약점이 될 수도 있다는 사실을 잘 보여준다.

● ● ●

　많은 사람들이 규제와 씨름하지만, 인간강화에 대한 윤리적 논쟁 또한 시급하기는 매한가지이다. 2001년 스웨덴의 철학자이자 트랜스휴머니스트인 안데르스 산드베리는 "형태학적 자유", 즉 몸을 원하는 대로 바꾸거나 바꾸지 않을 자유에 대해 설명하면서 이렇게 요약했다. "각 개인이 그럴 권리를 갖는다고 해서 서로에 대한 의무를 면제받거나, 서로 필요하지 않다는 것은 아니다. 하지만 윤리적으로 의무와 필요가 기본적인 권리에 우선할 수는 없다. 사회적 상황이 어떻든 살아갈 권리나 형태학적 자유를 가로막을 수는 없다. 형태학적 자유(그 밖에 어떤 자유라도)가 사회에서 하나의 권리로서 인정받으려면 상당한 관용이 필요하다."[14]

　관용이야말로 인간강화에서 자기표현의 수단을 발견한 사람과 그것을 부정하는 사람을 모두 보호하는 데 반드시 필요한 사회적 자산이다. 관용의 원칙은 최초로 민주적인 형태의 정부가 수립된 이래 가장 중요한 가치였다. 다행히 민주적인 사회는 하나같이 폭넓은 다양성을 수용하는 방향으로 움직인다. 이제 사회의 모든 분야에서 여성과 소수자 집단이 보다 많은 기회를 누리고, 보다 존중받는다. 수많은 방식으로 자아를 강화하는 것은 시대를 막론하고 자신을 표현하는 수단이었으며, 점점 많은 기술이 보다 저렴하고 보다 널리 보급되면서 자기표현의 수준 또한 전례없는 차원으로 도약할 것이다. 미래 사회에는 매우 다양한 인간과 인공물의 하이브리드가 존재할 가능성이 높다. 이렇듯 다양한 존재에 개인이라는 자격을 부여한다면 개인성이라는 개념이 인간성과 다른 의미를 지니게 될 수도 있다. '인간'이라는 존재가 완전히 새롭게 규정되지는 않더라도 어느 정도 개정될 수 있고, 그런 상태로 오랜 세월이 지나면 우리 스스로 호모 사피엔스라는 종의 일부라고 생각하지 않게 될지도 모른다. 이런 말은 불편하지만 트랜스휴머니즘이라는 여정이 상당히 진행된 후에는 완전히 다른 평가 기준을 갖게 될 가능성이 있다. 어쩌면 인간 존재를 구성하는 특성 중 어떤 것이 가장 기본적이며 가장 변함없는지를 보다 분명히 알게 될지도 모른다. 마침내 진정한 인간의 정수가 무엇인지 정의할 수 있게 되는 것이다.

호주의 윤리학자 니콜라스 아가Nicholas Agar는 2011년에 출간한 저서 《인류의 종말-왜 우리는 근본적 차원의 인간강화를 거부해야 하는가Humanity's End: Why We Should Reject Radical Enhancement》에서 '자연'이란 기준을 내세운다. 어떤 것이 자연적인지 따진 후, 자연적이라면 바람직하다고 판단하는 것이다. 물론 자연은 충분히 존중받을 만한 가치가 있지만, 자연 속에서도 영원히 지속되는 생물종은 없다. 네안데르탈인이 영속할 수 있는 힘을 지녔다면 틀림없이 그렇게 했겠지만, 오늘날 그들이 멸종했으며 대신 우리가 번성했다는 사실을 유감스럽게 생각할 사람은 거의 없다. 인간의 진화는 진행 중이므로 호모 사피엔스가 인류의 궁극적인 종점인지도 결코 알 수 없다. 이제 첨단기술을 통해 진화의 방향을 더 쉽게 통제할 수 있으므로 우리가 앞으로 어떤 존재가 될 것인지 결정하는 데는 우리 스스로 가장 중요한 역할을 하게 될지 모른다.

산드베리는 이렇게 말했다. "특정한 인간성이라는 개념을 받아들인다 해도, 인간성 속에는 어떤 것이 보다 중요한 측면인지 스스로 정의하고, 거기에 맞춰 변화하려는 의지가 내재되어 있는 것 같다. 이런 특성을 갖지 않은 인류는 어떤 문화권에서도 존재한 적이 없다. 스스로, 또는 다른 사람에게 이런 특성이 있음을 부정하는 것이 오히려 인간성에 반하는 것이다."[15] 변화를 향한 인간의 의지라는 특성이 개인적 및 집단적 삶에 매우 크게 작용한다는 사실을 무시함으로써 생명보수주의자들은 트랜스휴머니즘을 효과적으로 반박하는 데 실패했다. 산드베리에 따르면 혁명적 자기개조를 끊임없이 추구하는 성향은 인간의 가장 본질적인 특성으로, 존재가 새로운 차원을 획득한다면 이런 특성에 의해 필연적으로 인식 자체가 변할 것이다. 오늘날 인류가 하나같이 자녀를 키 크고 금발이며 탄탄한 몸매로 만들기를 원한다고 해도, 그들은 자녀에게 전혀 다른 특성을 원할지 모른다. 신체를 점점 더 자유롭게 통제할 수 있게 된다면 용모가 아닌 다른 특성이 점점 더 중요해질 것이라고 생각하는 편이 합리적이다. 산드베리는 결국 우리 사회가 형태학적 자유에 대해 강력한 확신을 갖게 될 것이라고 예상한다. 그렇게 된다면 인간강화를 받아들이는 사람만큼 거부하는 사람도 보호하게 될 것이다. 강화를 위해서든, 강화에 반대하기 위해서든 어떤 행동을 강요하기란 매우 어려워질 것이기 때문이다.

형태학적 자유에 관한 논의 중 거의 주목받지 못하는 한 가지 문제는 신체를 근본적인 차원에서 변화시키는 결정이 인간관계에 미치는 영향이다. 결혼처럼 가장 기본적인 관계는 엄청난 조정이 필요할 것이다. 그런 관계를 시작했을 때 남녀 각자 특정한 신체를 소유하고 있으며, 우리는 사랑하는 사람의 신체에 매우 깊은 차원에서 애착을 형성하기 때문이다. 물론 사회도 형태학적 자유를 받아들이기 위해 일정한 조정의 시기를 거치겠지만, 그런 자유가 널리 받아들여진 사회에서 우리는 사랑하는 사람의 신체가 지금보다 훨씬 길어진 삶 동안 몇 번이고 크게 변할 것을 알기 때문에 필연적으로 내면적인 자질을 중시하게 될 것이다. 한편 인간강화에도 여러 가지 한계가 존재할 가능성이 높다. 중요한 점은 더 건강하고, 똑똑하고, 아름다운 상태로 더 오래 사는 인간을 만드는 것이지 인간을 해파리로 변화시키는 것은 아니다.

우리는 질병의 근본적 완치를 환영하지만 모든 사람이 그런 변화를 받아들이리라 가정할 수는 없다. 산드베리는 청각장애인 공동체에 속한 사람이 인공와우 이식을 거부하는 것을 예로 들어 정체성 자체가 장애와 밀접하게 얽혀 완치를 존엄성과 정체성을 잃고 공동체에서 배제되는 것으로 간주하는 사람들이 있음을 지적한다. "완치를 위한 치료와 강화적 치료 사이의 경계가 희미해지고, 자기표현이 혁명적 자기개조의 영역으로 점점 깊게 들어가고, 어떤 사람에게는 바람직하지만 다른 사람에게는 그렇지 않은 치료(인공와우 이식술이나 유전자치료 등)가 가능해지면 어디까지가 자연적인 신체이고 어디서부터 자발적으로 변형한 신체인지 구분하기가 점점 어려워진다... 완전한 형태학적 자유로 나아가는 길은 변화를 원치 않는 사람, 다른 형태의 신체를 지닌 사람, 신체를 변화시키고 싶은 사람을 모두 보호하면서도 훨씬 단순한 윤리적 지침을 만드는 것이다."[16] 또한 그는 형태학적 자유가 인간성에 대한 정의에 어떤 영향을 미칠 것인지에 관해 이렇게 말한다. "내가 보기에 형태학적 자유는 인간성을 말살하는 것이 아니라 진정으로 인간적인 것을 훨씬 깊은 차원으로 표현하게 해주는 것이다."[17]

형태학적 자유라는 개념은 민주사회의 핵심가치에 잘 들어맞는다. 그러나 불만 없는 시스템이란 존재할 수 없다. 다른 사람에게 직접적인 해를 끼치는 개인적 선택은 피할 수 있고 마땅히 피해야 하지만, 어떤 사람이 자발적 선택에 의해 스스로 해를 입는 일을 사회가 책임질 수는 없다. 사회가 할 수 있는 최선은 스스로 가장 도움이 된다고 생각하는 방향으로 자유롭게 행동할 권리를 보호하는 것이다. 어느 누구도 선택의 결과로 인해 고통을 겪지 않기를 원하는 사람도 있을지 모르지만, 민주적이고 자유로운 사회가 할 수 있는 일에는 한계가 있다.

・ ・ ・

니콜라스 아가는 《인간성의 종말 Humanity's End》에서 인간강화를 완전히 받아들이거나 금지하는 것 외에 제3의 길이 있다고 주장한다. 온건한 강화는 받아들이고 근본적 차원의 강화는 금지하자는 것이다. 온건한 강화란 우리 종의 개체 가운데 자연적으로 달성한 가장 높은 수준을 뜻한다. 예를 들어 인간이 가장 오래 산 기록이

122년이라면 122세를 수명연장의 상한선으로 잡는 것이다. 하지만 그의 제안은 이내 문제에 부딪힌다. 누군가 123세까지 산다면 어떻게 해야 할까? 또한 기술이 계속 발전했을 때 근본적 차원의 강화가 무엇을 뜻하는지 누가 판단하며, 근본적인 강화를 금지한다는 결정을 어떤 방식으로 집행할 것인가?

치료와 강화 사이의 경계는 이미 흐릿하며, 기술이 발달하면서 무엇이 정상인가에 대한 관점 또한 끊임없이 변한다. 인간의 어떤 특성을 예로 들어도 무엇이 정상인지 합의된 의견이 존재하는 경우는 거의 없다. 더욱이 어떤 사람은 근본적이라고 생각하지만 일부에서는 그렇게 생각하지 않는 어떤 강화를 금지한다면 민주사회의 핵심 가치들을 손상하게 될 것이다. 결국 모든 규제는 임의적일 수밖에 없다. 예를 들어 최대 수명이나 최고 수준의 지적 능력(어떻게 측정할지는 일단 미뤄두자)을 규제한다면, 이런 임의적 판단은 기술이 계속 발전하면서 이내 쓸모 없어지고 말 것이다. 또한 정부나 어떤 기구에서 그런 금지령을 내린다면 지금까지 어떤 민주사회도 허용하지 않았던 규모로 사생활과 개인의 자율권을 침해하게 될 것이다. 권리 침해가 어쩔 수 없다고 생각한다면 그것은 곧 나쁜 선례가 되어 수많은 권력의 남용을 불러들일 수 있다. 사실 근본적 차원의 강화를 강제로 금지한다면 생명권, 자유권, 행복추구권 등 헌법이 보장하는 모든 기본권을 파괴하게 된다. 본질적으로 근본적 강화를 금지하면서 동시에 민주주의를 유지할 수는 없다.

또한 니콜라스 아가와 생명보수주의자들은 금지령이 시행될 때 나타날 명백한 문제를 간과한다. 적어도 미국에서는 대부분 영리를 추구하는 민간 부문에 의해 의료가 전달된다. 환자는 고객이며, 보건의료기관은 사업체다. 따라서 자유시장의 유지에 관한 질문이 뒤따른다. 근본적 차원의 강화가 초기에는 비용을 지불할 수 있는 사람만 누릴 수 있는 혜택이라고 해도 많은 사람이 원한다면 의료기관도 서비스를 판매하고 싶을 것이다. 생명공학회사, 제약회사, 의료기 제조사, 병원, 의사, 기사들은 모두 이윤을 추구하는 속성이 있으므로 기술적 진보를 최대한으로 보급할 자유를 끊임없이 요구할 것이다. 이 분야의 이해 당사자들은 워싱턴에 로비를 펼칠 수 있는 상당한 힘을 지니고 있으며, 인간강화기술을 이용하여 전례없는 이윤을 거두리라는 기대에 사로잡혀 있다. 결국 끊임없이 국립보건원에서 주도한 연구의 혜택을 누릴 권리, 그들의 발명품에 대한 특허권, 사업을 영위할 권리, 새로운 기술과 치료를 판매할 권리를 요구할 것이다. 일각에서 급진적이라고 판단한다는 이유로 강화기술을 금지하는 것은 미국 보건의료 시스템과 민주주의 자체를 송두리째 뒤집는 일이다.

근본적인 강화를 장려한 국가는 금지한 국가에 이내 비교우위를 갖게 될 것이다. 치료를 보급시킨 국가는 특히 의료관광이 성행할 가능성이 높다. 경제적 여유가 있지만 강화치료가 금지된 국가에 사는 사람들이 끊임없이 유입될 것이기 때문이다.

인간강화를 금지한다면 진보를 향한 철학적 지향은 훨씬 근본적인 차원에서 변화를 겪을 것이다. 이미 지적했듯 인류는 유사 이래 끊임없는 자기 향상을 추구했다. 이런 현상의 지속성과 보편성을 고려할 때 자기 향상에 대한 열망은 우리 종의 유전자에 깊숙이 각인되어 있다. 이런 성향은 모든 문화권에 깊숙이 스며 있으며, 이제 시대가 달라졌다고 해서 갑자기 다른 입장을 취한다는 것은 비현실적이다. 근본적 차원의 강화를 널리 받아들이는 것이 불가피한 일이라고 생각하는 데는 다음과 같은 이유가 있다.

사람들은 이미 다양한 의학적 이식장치와 첨단의료기술을 받아들이기 시작했으며, 이런 현상은 상당한 추진력을 갖게 되었다. 정상이 무엇인지에 합의가 없는 상황에서 건강과 질병, 치료와 강화를 뚜렷하게 구분한다는 것은 불가능하다. 수명연장 기술과 치료를 통해 의학적 치료와 강화 사이의 경계는 흐릿해졌으며, 시간이 갈수록 더욱 흐릿해질 것이다. 한편 산업화 이후 민주주의 속에서 개인의 선택을 존중하고 보호하는 문화가 확고히 자리잡았으며, 근본적 강화를 금지하는 것은 이런 민주적 가치를 완전히 뒤집는 일이 된다. 자유시장 경제의 고객이기도 한 민주화된 시민에게 상당 부분 그들이 납부한 세금으로 개발된 치료를 아무리 원해도 받을 수 없다는 사실을 어떻게 설명해야 할까?

신체가 인공적인 존재가 될수록 우리는 생물학적 존재로서 인간과 인간의 본성을 점점 더 뚜렷하게 구분할 것이다. 몸과 뇌를 강화하는 것이 인간의 본성을 변화시키는 것이라고 생각하는 사람은 인식하든 인식하지 못하든 인간성이 생물학적 조건을 근거로 한다고 믿는 것이다. 하지만 신체를 강화한다고 해서 인간의 본성이 변할지는 더 두고 보아야 한다. 오늘날 존재하는, 또는 개발 중인 기술들은 인간이 이미 지닌 능력을 증강시키는 것이다. 여기까지는 확실하다. 인간의 지적 능력, 또는 어떤 능력이라도 소위 티핑 포인트가 있어 거기 도달하면 우리가 질적으로 다른 어떤 존재가 될 것인지는 어느 누구도 예단할 수 없다.

생명보수주의자들은 기술이 종교와 경쟁하려든다는 맥락에서 인간강화에 반대한다. 기술을 통해 인간을 강화하고, 심지어 영원한 생명을 얻을 수 있다면 더 이상 신이 필요하지 않다는 애매한 가정이 없는 것은 아니다. 그러나 이런 가정은 다시 어떻게든 기술이 삶의 의미와 초월에 관한 인간의 갈망을 충족해주리라는 밑도 끝도 없는 가정을 근거로 한다. 모든 트랜스휴머니스트가 이렇게 생각하지는 않는다. 유명한 생명보수주의자들의 글을 읽어보면 보수적 윤리학자야말로 신은 진정 전능한 존재이며, 인간의 본성은 생물학적 유기체로서의 인간을 넘어선다는 사실을 확신하지 못한다. 기술이 영적인 조건을 송두리째 바꿀 수 있고, 행복과 완벽에 대한 모든 욕망을 충족시킬 수 있다는 생각은 단 한 번도 입증된 바 없다. 그렇게 가정하려면 얼마나 많은 논의를 거쳐야 할지 알 수 없다. 그렇다고 기술이 그 어느 때보다 삶을 더 풍요롭고, 의미있고, 더 깊은 경험으로 만들어줄 수 없다는 뜻은 아니다.

이제 수십 년간의 교착상태를 넘어 인간강화에 대한 논의를 새로운 차원으로 진전시킬 시점이다. 혁신적인 융합기술이 속속 등장하면서 이제 과학은 신을 들먹이며 쓸모없는 음풍농월에 빠진 사람들을 저만치 추월해간다. 우리는 스스로의 공동창조주라는 생각에 익숙해질 필요가 있다. 트랜스휴머니즘의 불가피성을 받아들이고 의식적으로 통제하려는 노력을 기울이지 않는다면 근본적인 차원에서 의무를 도외시하는 셈이다. 인류가 스스로 운명을 개척해야 할지, 모든 것을 우연에 맡겨두어야 할지에 관해 의미없는 논쟁을 계속한다고 해서 시급히 해결해야 할 사회적 및 윤리적 문제들이 저절로 사라지지는 않는다. 인류는 오래 전부터 스스로 운명을 통제해 왔다. 차이가 있다면 이제 똑같은 일을 하는 데 진정 강력한 도구들을 쥐고 있다는 것뿐이다. 기술은 엄청난 속도로 발전한다. 더 이상 스스로 운명을 통제할 용기를 내야 할지 말아야 할지를 두고 소득없는 논의를 계속할 것이 아니라, 어떻게 그렇게 할 수 있을지를 주제로 삼아야 한다.

생명보수주의자들은 이미 그렇게 하고 있지만, 인간강화 계획을 인간을 대상으로 하는 거대한 실험이라고 생각할 수 있다. 그들은 실험 결과를 알 수 없다고 경고하지만 융합기술 덕에 우리는 그 어느 때보다 인간의 본성을 제대로 탐구할 수 있다. 사실 결과가 어떻게 될지 예측하려는 모든 시도는 기대에 미치지 못할 수밖에 없다. 경험이 너무 부족하기 때문이다. 하지만 기술생리적 진화에 의해 사회가 어떻게 변했는지, 인간이 점점 오랜 수명을 누리는 상황에 심리적으로 어떻게 적응해왔는지 돌이켜보면 몇 가지 단서를 얻을 수 있다. 지상낙원을 만들지는 못했지만, 인류의 삶은 전반적으로 더 나아졌다. 최소한 더 오래, 더 건강하고 풍요롭게 살게 되었다. 이제 인류는 사색하고, 가족과 더불어 즐기고, 자아실현을 추구할 시간을 훨씬 많이 갖게 되었다. 이런 일반적 경향이 앞으로도 계속될 것이라고 조심스럽게 짐작해볼 수 있을 것이다.

우리 앞에는 수많은 질문이 놓여있다. 여정을 계속하여 인간강화라는 영역에 훨씬 깊숙이 발을 들이기까지 이 질문 중 어느 한 가지도 제대로 답할 수 없을 것이다. 인간이란 무엇이냐는 질문에 모두가 수긍할 만한 답에 도달한 사람은 아직 아무도 없다. 답은 계속 변하며, 미래에도 여전히 변할 것이다. 결국 우리는 어떻게 살아왔는지보다 앞으로 무엇이 되기를 원하느냐에 의해 규정될지도 모른다. 철학자와 과학자들은 인간의 본성이 무엇인지 끊임없이 논쟁을 벌이겠지만, 어쩌면 우리는 훨씬 앞선 존재가 된 후에야 백미러를 통해 지금의 모습을 볼 수 있는 존재인지도 모른다.

참고문헌

1장 • 인간과 기술이 합쳐질 때

1. Bailey, Ronald, "Transhumanism: The Most Dangerous Idea? Why Striving to Be More Than Human Is Human," Reason, accessed August 5, 2013, http://reason.com/archives/2004/08/25/transhumanism-the-most-dangero.

2. Francis Fukuyama, "Transhumanism," Foreign Policy, September 1, 2009, accessed March 2, 2016, http://foreignpolicy.com/2009/10/23/transhumanism/.

3. Anders Sandberg, "Morphological Freedom—Why We Not Just Want it, but Need It," accessed August 23, 2013, http://www.aleph.se/Nada/Texts/MorphologicalFreedom.htm.

4. Courtney S. Campbell et al., "The Bodily Incorporation of Mechanical Devices: Ethical and Religious Issues," part I, Cambridge Quarterly of Healthcare Ethics 16 (2007): 227–37.

5. Mark S. Frankel and Cristina J. Kapustij, "Enhancing Humans," The Hastings Center, accessed September 5, 2013, http://thehastingscenter.org/Publications/BriefingBook/Detail.aspx?id=2162&terms=n.

6. Y. J. Erden, "ICT Implants, Nanotechnology and Some Reasons for Caution," BioCentre, accessed March 2, 2016, http://www.bioethics.ac.uk/news/ICT-Implants-nanotechnology-and-some-reasons-for-caution.php.

7. Nick Bostrom, "A History of Transhumanist Thought," Journal of Evolution and Technology 14, no. 1 (2005): 7.

8. Ibid., 12.

2장 • 원래 심장보다 더 좋아요

1. The National Network of Organ Donors, accessed July 1, 2013, http://www.organdonor.gov/index.html.

2. L. A. Jansen, "Hastening Death and the Bound aries of the Self," Bioethics 20 (2006): 105–11, doi:10.1111/j.1467-8519.2006. 00481.x.

3. Rob Stein, "Devices Can Interfere with Peaceful Death," The Washington Post, December 17, 2006.

4. Erden, "ICT Implants, Nanotechnology, and Some Reasons for Caution."

5. James E. Russo, "Deactivation of ICDs at the End of Life: A Systematic Review of Clinical Practices and Provider and Patient Attitudes," American Journal of Nursing 3, no. 10 (October 2011): 32.

6. Nathan E. Goldstein et al., "That's Like an Act of Suicide: Patients' Attitudes Toward Deactivation of Implantable Defi brillators," Journal of General Internal Medicine 23, supplement 1 (January 2008):7–12, accessed on July 22, 2013, http://www.ncbi.nlm.nih.gov/pmc/articles/PMC2150628/.

7. Nathan E. Goldstein et al., "It's Like Crossing a Bridge: Complexities Preventing Physicians from Discussing Deactivation of Implantable Defi brillators at the End of Life," Journal of General Internal Medicine 23, supplement 1 (January 2008): 2–6, accessed July 22, 2013, http://www.ncbi.nlm.nih.gov/pmc/articles/PMC2150631/.

8. Russo, "Deactivation of ICDs at the End of Life," 29.

9. Richard A. Zellner et al., "Controversies in Arrhythmia and Electrophysiology: Should Implantable Cardioverter- Defi brillators and Permanent Pacemakers in Patients with Terminal Illness Be Deactivated?" Circulation: Arrhythmia and Electrophysiology 2 (2009): 340–44.

10. Daniel P. Sulmasy, "Within You/Without You: Biotechnology, Ontology, and Ethics," Journal of General Internal Medicine 23, supplement 1 (January 2008): 69–72.

11. Ibid.

3장 • 콩팥, 폐, 간 질환을 정복하라

1. D. Martins, N. Tareen, and K. C. Norris, "The Epidemiology of End-Stage Renal Disease Among African Americans," American Journal of Medical Science 323, no. 2 (February 2002): 65–71.

2. Organ Procurement and Transplantation Network, accessed March 2, 2016, https://optn.transplant.hrsa.gov/.

3. Erin Allday, "Kidney Designers Take Cues from Nature," SFGate, accessed March 2, 2016, http://www.sfgate.com/health/article/Kidney-designers-take-cues-from-nature-4458059.php.

4. Yosuke Shimazono, "The State of the International Organ Trade: A Provisional Picture Based on Integration of Available Information," Bulletin of the World Health Organ ization, accessed October 23, 2013, http://www.who.int/bulletin/volumes/85/12/06-039370/en/.

5. Larry Rohter, "The Organ Trade: A Global Black Market; Tracking the Sale of a Kidney on a Path of Poverty and Hope," The New York Times, May 23, 2004, accessed March 2, 2016, http:// www . nytimes.com/2004/05/23/world/organ-trade-global-black-market-tracking-sale-kidney-path-poverty-hope.html?r=0.

6. Eli A. Friedman, "Ethical Stresses in Uremia Therapy: The Worst Is Yet to Come," ASAIO Journal 48, no. 3 (May/June 2002): 209–10.

7. Delicia Honan Yard, "Implantable Artifi cial Kidney Could Help Tens of Thousands: Interview with Shuvo Roy, Ph.D.," Renal & Urology News, accessed March 2, 2016, http://www.renalandurologynews.com/expert-qu/implantable-artificial-kidney-could-help-tens-of-thousands-interview-with-shuvo-roy-phd/article/272364/.

8. University of California, San Francisco, Schools of Pharmacy and Medicine, accessed July 15, 2014, http:// pharmacy.ucsf.edu/kidney-project/device.

9. Yard, "Implantable Artifi cial Kidney Could Help Tens of Thousands," 4.

10. Shuvo Roy and William Fissell, "The Kidney Proj ect FAQ, Version 2.0," accessed March 2, 2016, http://pharm.ucsf.edu/sites/pharm.ucsf.edu/files/kidney/media-browser/Pa-

tient%20FAQ%20-%20July%203%2C%202014.pdf.

11. "The Debate About Converging Technologies," Nanotechnology Spotlight, accessed November 15, 2013, http://www.nanowerk.com/spotlight/spotid=6569.php.

12. Mihail C. Roco and William Sims Bainbridge, eds., "Converging Technologies for Improving Human Per for mance: Nanotechnology, Biotechnology, Information Technology and Information Science," accessed August 19, 2013, http://www.wtec.org/Converging Technologies/Report/NBIC-report.pdf.

13. "The Debate About Converging Technologies."

14. Ibid.

15. Achilles A. Demetriou et al., "A Bioartifi cial Liver to Treat Severe Acute Liver Failure," Annals of Surgery 239 (2004): 660–70.

16. Sherwin B. Nuland, How We Die: Refl ections on Life's Final Chapter (New York: Alfred A. Knopf, 1993), 67.

17. Nathan Longtin, "MC3's BioLung," accessed October 19, 2013, http://www.ele.uri.edu/courses/bme181/F08/Nate1.pdf.

18. Francis Fukuyama, Our Posthuman Future: Consequences of the Biotechnology Revolution (New York: Farrar, Straus and Giroux, 2002), 9.

19. Ibid., 101.

5장 • 미군을 주목하라

1. Gali Halevi, "Military Medicine and Its Impact on Civilian Life," Research Trends, accessed March 17, 2015, http:// www.researchtrends.com/issue-34-september-2013/military-medicine-and-its-impact-on-civilian-life/.

2. Allison Lex, "Nine Things In ven ted for Military Use That You Now Encounter in Everyday Life," Mental Floss, accessed March 7, 2015, http://mentalfloss.com/articles/31510/9-things-invented-military-use-you-now-encounter-everyday-life.

3. Kenneth Chang, "Scotch Tape Unleashes X-Ray Power," The New York Times, October

23, 2008.

4. Roco and Bainbridge, eds., "Converging Technologies for Improving Human Per for mance."

5. Antonio Regalado, "Military Funds Brain- Computer Interfaces to Control Feelings," MIT Technology Review, accessed March 7, 2015, http://www.technologyreview.com/news/527561/military-funds-brain-computer-interfaces-to-control-feelings.

6. James Hughes, Citizen Cyborg: Why Demo cratic Socie ties Must Respond to the Redesigned Human of the Future (Cambridge, MA: Westview Press, 2004), 128.

7. Ibid., 129.

8. Ronald Bailey, "The Case for Enhancing People," The New Atlantis, summer 2011, accessed March 13, 2015, http://www.thenewatlantis.com/publications/the-case-for-enhancing-people.

9. American Psychiatric Association, "Paraphilic Disorders," in Diagnostic and Statistical Manual of Mental Disorders, Fifth Edition (Arlington, VA: APA, 2012), 685–705.

10. Ethan A. Huff , "The United States of Plastic Surgery: Americans Spent $11 Billion Last Year on Face Lifts, Botox, Breast Augmentations," Natural News, accessed March 2, 2016, http://www.naturalnews.com/040164_plastic_surgery_breast_augmentation_Botox.html.

11. Bruno Macaes, "Technology and Authenticity," The New Atlantis, accessed March 13, 2015, http://www.thenewatlantis.com/publications/technology-and-authenticity.

12. Ibid.

13. Ibid.

14. Ibid.

15. Bailey, "The Case for Enhancing People."

6장 • 보다 나은 뇌를 만들기 위해

1. Pam Belluck, "Dementia Care Cost Is Projected to Double by 2040," The New York

Times, accessed April 4, 2013, http://www.nytimes.com/2013/04/04/health/dementia-care-costs-are-soaring-study-finds.html.

2. Constantine G. Lyketsos et al., "Deep Brain Stimulation: A Novel Strategy for Treating Alzheimer's Disease," Innovation in Clinical Neuroscience 9, no. 11–12 (November–December 2012): 13.

3. Ibid., 12.

4. Todd Essig, "Scientists Call Foul on Brain Games Pseudo-Science," Forbes, accessed February 29, 2016, http://www.forbes.com/sites/toddessig/2014/10/29/scientists-call-foul-on-brain-games-pseudo-science/#be9e3665e1ad.

5. James Hughes, "Enhancing Virtues: Intelligence (Part 4): Brain Machines," Institute for Ethics and Emerging Technologies, September 22, 2014, accessed March 19, 2015, http://ieet.org/index.php/IEET/more/hughes20140922.

6. Ronald Bailey, "The Battle for Your Brain," Center for Cognitive Liberty & Ethics, 2003, accessed March 19, 2015, http://www.cognitiveliberty.org/neuro/bailey.html.

7. Ibid.

8. Ibid.

9. Ibid.

10. Ibid.

11. Ibid.

12. Margaret Talbot, "Brain Gain: The Underground world of 'Neuroenhancing' Drugs," The New Yorker, April 27, 2009, accessed April 4, 2015, http://www.newyorker.com/magazine/2009/04/27/brain-gain.

13. A. K. Brem et al., "Is Neuroenhancement by Noninvasive Brain Stimulation a Net Zero-Sum Proposition?" Neuroimage 85: 1058–68, doi:10.1016/jneuroimage.2013.07.038.

14. Ibid.

15. Helen S. Mayberg et al., "Deep Brain Stimulation for Treatment-Resistant Depression," Neuron 45 (March 3, 2005): 651–60.

16. Hughes, "Enhancing Virtues," 3.

17. Kenneth Hayworth, "Killed by Bad Philosophy: Why Brain Preservation Followed by Mind Uploading Is a Cure for Death," The Brain Preservation Foundation, January 2010, accessed March 18, 2015, http://brainpreservation.org/content/killed-bad-philosophy.

18. Michelle Croteau, "Less Than One in Three Americans Have a Living Will, Says New FindLaw.com Survey," PR Newswire, http://prnewswire.com/news-releases/less-than-one-in-three-americans-have-a-living-will-says-new-findlawcom-survey-190163891.html.

7장 • 늙지 않는 사회

1. American Society of Plastic Surgeons, "2014 Plastic Surgery Report," accessed March 1, 2016, http://www.plasticsurgery.org/Documents/news-resources/statistics/2014-statistics/plastic-surgery-statsitics-full-report.pdf.

2. Ibid.

3. Elizabeth O'Brien, "Ten Secrets of the Anti- Aging Industry," MarketWatch, 2014, accessed April 23, 2015, http://www.marketwatch.com/story/10-things-the-anti-aging-industry-wont-tell-you-2014-02-11.

4. Gregg Easterbrook, "What Happens When We All Live to 100?" The Atlantic, October 2014, accessed April 23, 2015, http://www.theatlantic.com/features/archive/2014/09/what-happens-when-we-all-live-to-100/379338/.

5. Ian Sample, "Harvard Scientists Reverse the Ageing Process in Mice," The Guardian, November 28, 2010, accessed April 23, 2015, http://www.theguardian.com/science/2010/nov/28/scientists-reverse-ageing-mice-humans.

6. Easterbrook, "What Happens When We All Live to 100?"

7. INSERM, "Erasing Signs of Aging in Human Cells Now a Reality," Science Daily, November 7, 2011, accessed July 24, 2012, http://www.sciencedaily.com/releases/2011/11/111103120605.htm.

8. NIH/National Heart, Lung and Blood Institute, "Single Gene Change Increases Mouse Lifespan by 20 Percent," Science Daily, August 29, 2013, accessed August 30, 2013, http://www.

sciencedaily.com/releases/2013/08/130829124011.htm?utmsource=feedburner+utm_medium=email+utm_campaign=Feed%3A+sciencedaily%Ftop-science+%28ScienceDaily%3A+Top+News+— +Top+Science%29.

9. Ed Regis and George Church, "The Recipe for Immortality: An Expert in Synthetic Biology Explains How People Could Soon Live for Centuries," Discover Magazine, October 17, 2012, accessed April 20, 2015, http://discovermagazine.com/2012/oct/20-the-recipe-for-immortality.

10. Bill Giff ord, "Does a Real Anti- Aging Pill Already Exist? Inside Novartis's Push to Produce the First Legitimate Anti- Aging Drug," Bloomberg Business, February 12, 2015, accessed March 2, 2016, http://www.bloomberg.com/news/features/2015-02-12/does-a-real-anti-aging-pill-already-exist-.

11. Ibid.

12. Bradley J. Fikes, "Anti- Aging Drugs Discovered," The San Diego Union- Tribune, March 9, 2015, accessed April 23, 2015, http://www.utsandiego.com/news/2015/mar/09/aging-scripps-mayo-senolytics/.

13. Gian Volpicelli, "Meet Aubrey de Grey, the Researcher Who Wants to Cure Old Age," Motherboard, May 23, 2014, accessed April 20, 2015, http://motherboard.vice.com/read/meet-aubrey-de-grey-the-researcher-who-wants-to-cure-old-age.

14. Ker Than, "Hang in There: The 25- Year Wait for Immortality," Live Science, April 11, 2005, accessed April 20, 2015, http://live science.com/6967-hang-25-year-wait-immortality.html.

15. Kathleen Caulderwood, "Big Pharma Makes Headway on 'Fountain of Youth' Drug, Pouring Money, Resources Into Anti- Aging," International Business Times, December 30, 2014.

16. K. Eric Drexler, "Engines of Creation: The Coming Era of Nanotechnology," chapter 7, accessed April 20, 2015, http://e-drexler.com/d/06/00/EOC_Chapter_7.html.

17. Ibid.

18. Pew Research Center, Religion and Public Life, "To Count Our Days: The Scientifi c

and Ethical Dimensions of Radical Life Extension," August 6, 2013, accessed December 20, 2013, http://www.pewforum.org/2013/08/06/to-count-our-days-the-scientific-and-ethical-dimensions.

19. Robert W. Fogel and Dora L. Costa, "A Theory of Technophysio Evolution, with Some Implications for Forecasting Population, Health Care Costs and Pension Costs," Demography 34, no. 1 (February 1997): 49–66.

20. Ibid.

21. Ibid.

22. Pew Research Center, Religion and Public Life, "Living to 120 and Beyond: Americans' Views on Aging, Medical Advances and Radical Life Extension," August 6, 2013, accessed October 8, 2013, http://www.pewforum.org/2013/08/06/living-to-120-and-beyond-americans-views-on-aging.

23. Harvard University, "Living Longer, Living Healthier: People Are Remaining Healthier Later in Life," Science Daily, accessed July 30, 2013, http://www.sciencedaily.com/releases/2013/07/130729083352.htm?utm_source=feedburner&utm_medium=email&utm_campaign-Feed%3A+sciencedaily%3A+Top+News+—+Top+Science%29.

24. Laura L. Carstensen, "Growing Old or Living Long: Take Your Pick," Issues in Science and Technology, accessed April 23, 2015, http://issues.org/23-2/carstensen/.

25. Ibid.

26. Ibid.

27. F. Schmiedek, M. Lovden, and U. Lindenberger, "Keeping It Steady: Older Adults Perform More Consistently on Cognitive Tests than Younger Adults," Psychological Science, 2013, doi:10.1177/0956797613479611.

28. Association for Psychological Science, "Young Versus Old: Who Performs More Consistently?" Science Daily, August 5, 2013, accessed August 6, 2013, http://sciencedaily.com/releases/2013/08/130805223438.htm?source=feedburner&utm_medium =email+utm_campaign=Feed%3A+sciencedaily%2Ftop_health+%28ScienceDaily%3A+top+News+—+Top+Health%29.

29. Michael Ramscar et al., "The Myth of Cognitive Decline: Nonlinear Dynamics of Lifelong Learning," Topics in Cognitive Science, 6 (January 2014): 5–42.
30. Easterbrook, "What Happens When We All Live to 100?"
31. S. Jay Olshansky et al., "In Pursuit of the Aging Dividend," The Scientist, March 2006, 31.
32. Easterbrook, "What Happens When We All Live to 100?"
33. John K. Davis, "Life Extension and the Malthusian Objection," Journal of Medicine and Philosophy 30 (2005): 27–44.
34. Cato Unbound, "Do We Need Death? The Consequences of Radical Life Extension," December 3, 2007, accessed April 24, 2015, http://www.cato-unbound.org/2007/12/03/aubrey-de-grey/old-people-are-people-too-why-it-our-duty-fight-aging-death.
35. Diana Schaub, "Ageless Mortals," Cato Unbound, accessed April 20, 2015, http://www.cato-unbound.org/2007/12/05/diana-schaub/ageless-mortals.
36. Ibid.
37. Ronald Bailey, "Do We Need Death?" Cato Unbound, accessed April 24, 2015, http://www.cato-unbound.org/2007/12/07/ronaldbailey/do-we-need-death.
38. Daniel Callahan, "Nature Knew What It Was Doing," Cato Unbound, accessed April 24, 2015, http://cato-unbound.org/2007/12/10/daniel-callahan/nature-knew-what-it-was-doing,
39. Bailey, "Do We Need Death?"
40. Callahan, "Nature Knew What It Was Doing."

8장 • 사회적 로봇의 시대

1. "Healthcare Robotics 2015–2020: Trends, Opportunities and Challenges," Robotics Business Review, accessed June 25, 2015, http://www.roboticsbusinessreview.com/research/report/healthcare_robotics_2015_2020_trends_opportunities_challenges.
2. Jonathan Cohn, "The Robot Will See You Now," The Atlantic, March 2013, accessed January 27, 2014, http://theatlantic.com/magazine/print/2013/03/the-robot-will-see-

you-now/309216/.

3. Ibid.

4. Bill Gates, "A Robot in Every Home," Scientific American, January 2007, accessed June 25, 2015, http://www.scientificamerican.com/article/a-robot-in-every-home/.

5. Alexis C. Madrigal, "Meet the Robotics Company Apple Just Annointed," The Atlantic, June 13, 2013, accessed July 2, 2015, http://www.theatlantic.com/technology/archive/2013/06/meet-the-robotic-company-apple-just-annointed/276860/.

6. Ibid.

7. Ibid.

8. Ibid.

9. Doug Cameron and Alistair Barr, "Google Snubs Robotics Rivals, Pentagon," The Wall Street Journal, March 5, 2015, accessed July 1, 2015, http:///www.wsj.com/articles/google-snubs-robotics-rivals-pentagon-1425580734.

10. Celeste LeCompte, "Inside Google's Latest Series of Acquisitions," Robotics Business Review, December 6, 2013, accessed March 2, 2016, http://www.roboticsbusinessreview.com/article/inside_googles_latest_series_of_acquisitions.

11. Georgia Institute of Technology, "Putting a Face on a Robot," Science Daily, October 1, 2013, accessed October 2, 2013, http://sciencedaily.com/releases/2013/10/131001104543.htm?utm_source=feed burner&utm_medium=email&utm_campaign=Feed%3A+Top+News+—+Top+Technology%29.

12. Jenay M. Beer et al., "The Domesticated Robot: Design Guidelines for Assisting Older Adults to Age in Place," Institute of Electrical and Electronics Engineers, Proceedings of the Seventh Annual ACM/IEEE Conference on Human-Robot Interaction, March 5–8, 2012, Boston, MA.

13. "Japan—Robots As Caregivers for Frail Parents?" Suite 101.com, September 29, 2009, accessed August 22, 2012, http://suite101.com/article/service-robots-as-caregivers-for-frail-elderly-a153372.

14. Ibid.

15. European Commission, CORDIS, "A Personalized Robot Companion for Older People," Science Daily, August 16, 2013, accessed August 19, 2013, http://sciencedaily.com/releases/2013/08/130816125631.htm?

16. Ibid.

17. Hari Kunzru, "You Are Cyborg," Wired, February 1, 1997, accessed July 22, 2013, http://www.wired.com/wired/archive/5.02/ffharaway_pr.html.

18. John Frank Weaver, "Robots Are People, Too," Slate, July 27, 2014, accessed June 17, 2015, http://www.slate.com/articles/technology/future_tense/2014/07/ai_drones_ethics_and_laws_if_corporations_are_people_so_are_robots.html.

19. Mark Goldfeder, "The Age of Robots Is Here," 2045 Strategic Social Initiative, March 2, 2016, http://2045.com/news/32949.html.

20. Patrick Tucker, "The Military Wants to Teach Robots Right from Wrong," The Atlantic, May 14, 2014, accessed June 17, 2015, http://www.theatlantic.com/technology/archive/2014/05/the-military-wants-to-teach-robots-right-from-wrong/370855.

9장 • 트랜스휴머니즘을 넘어

1. Francis Fukuyama, "Transhumanism," Foreign Policy, October 23, 2009, accessed April 11, 2016, http://foreignpolicy.com/2009/10/23/transhumanism/.

2. Ibid.

3. Leon Kass, "The Wisdom of Repugnance," The New Republic, June 2, 1997, 22.

4. Pew Research Center, Religion and Public Life, "Religious Leaders' Views on Radical Life Extension," August 6, 2013, accessed April 20, 2015, http://www.pewforum.org/2013/08/06/religious-leaders-views-on-radical-life-extension/.

5. Ibid.

6. Ibid.

7. Ibid.

8. Ibid.

9. Ari N. Schulman, "The Myth of Libertarian Enhancement," The New Atlantis, October 14, 2009, accessed March 13, 2015, http://futurisms.thenewatlantis.com/2009/10/myth-of-libertarian-enhancement.html.

10. Benjamin Storey, "Libertarian Biology, Lost in the Cosmos," The New Atlantis, summer 2011, accessed May 23, 2015, http://www.thenewatlantis.com/publications/liberation-biology-lost-in-the-cosmos.

11. Ibid.

12. Ibid.

13. Mihail C. Roco, "Possibilities for Global Governance of Converging Technologies," Journal of Nanoparticle Research, doi:10.007/s11051-007-9269-8.

14. Sandberg, "Morphological Freedom."

15. Ibid.

16. Ibid.

17. Ibid.

색인

도서 및 저널 등

《MIT 테크놀로지 리뷰(MIT Technology Review)》 • 140

《나노기술 스포트라이트(Nanotechnology Spotlight)》 • 95

《나노입자 연구저널(Journal of Nanoparticle Research)》 • 325

《노화와 질병(Fantastic Voyage: Live Long Enough to Live Forever)》 • 227

《노화의 종말(Ending Aging)》 • 228

《뉴 애틀랜티스(The New Atlantis)》 • 322, 323

《뉴런(Neuron)》 • 191

《뉴욕타임스》 • 85, 136

《로보틱스 비즈니스 리뷰(Robotics Business Review)》 • 286

《로봇도 인간이다(Robots Are People Too)》 • 296

《마더보드(Motherboard)》 • 227

《미국 인공장기학회저널(American Society for Artificial Internal Organs Journal)》 • 87

《미국간호학저널(American Journal of Nursing)》 • 67

《사람은 어떻게 죽음을 맞이하는가(How We Die)》 • 103

《사이언스—중개의학(Science Translational Medicine)》 • 224

《삶의 결정권(Life's Dominion)》 • 155

《순환: 부정맥 및 전기생리학(Circulation: Arrhythmia and Electrophysiology)》 • 73

《슬레이트(Slate)》 • 296

《시민 사이보그—민주사회가 재설계된 미래의 인류에 대응해야 하는 이유(Citizen Cyborg: Why Democratic Societies Must Respond to the Redesigned Human of the Future)》 • 146

《신을 흉내내기? 유전적 결정론과 인간의 자유(Playing God? Genetic Determinism and Human Freedom)》 • 312

《애틀랜틱(The Atlantic)》 • 251, 277, 281

《워싱턴 포스트》 • 67

《의학철학저널(Journal of Medicine and Philosophy)》 • 254

《인간 신경과학의 최전선(Frontiers in Human Neuroscience)》 • 187

《인간성의 종말(Humanity's End)》 • 332

《인류의 종말—왜 우리는 근본적 차원의 인간강화를 거부해야 하는가(Humanity's End: Why We Should Reject Radical Enhancement)》 • 329

《일반내과학저널(Journal of General Internal Medicine)》 • 68

《자율 로봇의 치명적 행동 관리(Governing Lethal Behavior in Autonomous Robots)》 • 301

《정신장애 진단 및 통계편람(Diagnostic and Statistical Manual of Mental Disorders, DSM)》 • 152

《창조의 엔진, 나노기술의 미래(Engines of Creation: The Coming Era of Nanotechnology)》 • 231

《특이점이 온다—기술이 인간을 초월하는 순간(The Singularity Is Near: When Humans Transcend Biology)》 • 197

《포브스(Forbes)》 • 170

《포스트휴먼의 미래(Our Posthuman Future)》 • 107

《하루 36시간(The 36-Hour Day)》 • 164, 353

《캠브리지 보건윤리 계간지(Cambridge Quarterly of Healthcare Ethics)》 • 39

논문 등

⟨과학기술 및 사회에서의 나노기술(Nanotechnology in Science, Technology and Society)⟩ • 142

⟨기술생리적 진화의 이론과 향후 인구, 건강 비용 및 연금 비용 예측에서의 의미(A Theory of Technophysio Evolution, with Some Implications for Forecasting Population, Health Costs, and Pension Costs)⟩ • 236

⟨나쁜 철학을 극복하라—마인드 업로딩에 의한 뇌 보존 기술은 어떻게 죽음을 극복하는가(Killed by Bad Philosophy: Why Brain Preservation Followed by Mind Uploading Is a Cure for Death)⟩ • 199

⟨늙지 않는 인간(Ageless Mortals)⟩ • 259

⟨당신의 안/당신의 밖: 생명공학, 존재론, 그리고 윤리학(Within You/Without You: Biotechnology, Ontology, and Ethics)⟩ • 73

⟨로봇 수용성의 이해(Understanding Robot Acceptance)⟩ • 288

⟨멜더스적 반대론(Malthusian objection)⟩ • 254

⟨심박동 이상에 대한 인공장치기반치료 가이드라인(Guidelines for Device-Based Therapy of Cardiac Rhythm Abnormalities)⟩ • 73

⟨우리 모두 백 세까지 산다면 어떤 일이 벌어질까?(What Happens When We All Live to 100?)⟩ • 251

⟨우리는 죽음이 필요한가? 근본적 차원의 수명 연장이 가져올 결과(Do We Need Death? The Consequences of Radical Life Extension)⟩ • 259

⟨인간 능력을 향상시키기 위한 융합기술—나노기술, 생명공학, 정보기술 및 인지과학(Converging Technologies for Improving Human Performance: Nanotechnology, Biotechnology, Information Technology and Cognitive Science)⟩ • 94

25번 영역 • 191, 191
C. S. 루이스(C. S. Lewis) • 149
DARPA 로봇경연대회(DARPA Robotics Challenge) • 284
DRC-허보(DRC-Hubo) • 285
H. G. 웰스(H. G. Wells) • 136
Y. J. 어든(Y. J. Erden) • 43

가교기술(bridge technology) • 51
간헐적 체외보조요법(extracorporeal interval support for organ retrieval, EISOR) • 86
감사 추적(audit trail) • 125
강박신경장애(OCD) • 167, 171
개브리얼 크레이먼(Gabriel Kreiman) • 173
건강보험 이전과 책임법(Health Insurance Portability and Accountability Act, HIPAA) • 125
경두개 자기자극술(transcranial magnetic stimulation, TMS) • 174
경두개 직류자극술(transcranial direct current stimulation, tDCS) • 171, 192
그레이 구(gray goo) • 34
그렉 이스터브룩(Gregg Easterbrook) • 251, 253
극저온냉동학(cryogenics) • 307
글루타르알데하이드(glutaraldehyde) • 200
기계적 순환보조장치(mechanical circulatory support) • 63
기능 강화 약물 • 46
기면발작(narcolepsy) • 89
기술 낙관론자 • 43
기술생리적 진화(technophysio evolution) • 236, 239, 240, 263, 316, 318, 337
나노과학 공학기술(Nanoscale Science, Engineering and Technology) • 325
나노기술 • 5, 18, 21, 24, 25, 34, 45, 90, 94, 95, 98, 105, 142-144, 217, 227, 230, 231, 325
나노로봇 • 14, 22, 33, 34, 232
나노봇 • 71, 72, 232-235
나노섬유 • 144
나노입자 • 18, 20, 143, 325
나후쉬 모카담(Nahush Mokadam) • 50, 51
낭성섬유증 • 103
낸시 메이스(Nancy Mace) • 164
네이선 골드스타인(Nathan Goldstein) • 68
노바티스(Novartis) • 223-225, 230
노엘 샤키(Noel Sharkey) • 302

노화억제제(senolytics) • 225
뇌-컴퓨터 인터페이스(brain-computer interfaces, BCI) • 193-197
뇌 박동조율기 • 165, 169
뇌보존재단(Brain Preservation Foundation) • 199
뇌전증 • 167, 169, 173, 206
뉴 노멀 • 43, 72, 176, 179, 317
니콜라스 아가(Nicholas Agar) • 329, 332, 333
닉 보스트롬(Nick Bostrom) • 44, 45, 307
다니엘 설마시(Daniel Sulmasy) • 73-75
다니엘 캘러핸(Daniel Callahan) • 246, 261-263
다사티닙(dasatinib) • 225
다이애너 쇼브(Diana Schaub) • 259-261
당뇨기술센터(Center for Diabetes Technology) • 118
당뇨병 비서(Diabetes Assistant) • 117
대동맥 내 풍선펌프(intraortic balloon pump) • 63
대체요법 • 73, 90
더글러스 샤리(Douglas Scharre) • 163, 165, 166, 168-170
데이비드 커틀러(David Cutler) • 242, 243
도나 해러웨이(Donna Haraway) • 294
도라 코스타(Dora L. Costa) • 236-239
딕 체니(Dick Cheney) • 63
라자다인(Razadyne) • 166
라파마이신(rapamycin) • 223-225
레이 커즈와일(Ray Kurzweil) • 6, 36, 155, 194, 198, 227, 234, 235, 284
로널드 드워킨(Ronald Dworkin) • 155
로널드 베일리(Ronald Bailey) • 23, 149, 159, 178-182, 261, 262, 323
로널드 아킨(Ronald Arkin) • 301
로드니 브룩스(Rodney Brooks) • 40
로라 카스텐슨(Laura L. Carstensen) • 244-246
로렌스 리버모어 국립연구소(Lawrence Livermore National Laboratory) • 174
로버트 바틀릿(Robert Bartlett) • 102, 104, 105
로버트 포겔(Robert W. Fogel) • 236-239
로봇공학 • 21, 24, 33, 231, 282, 284-288
로봇외골격 • 276

론 칸(Ron Kahn) • 23
루이 소체(Lewy body) 질환 • 158
루이스 와시칸스키(Louis Washkansky) • 56
리온 카스(Leon Kass) • 246, 310, 311
리처드 젤너(Richard Zellner) • 73
리탈린(Ritalin) • 170, 178, 181, 184, 187
린 잰슨(Lynn A. Jansen) • 63-65
마얀크 메타(Mayank Mehta) • 173
마이클 가자니가(Michael Gazzaniga) • 180
마인드 업로딩 • 198, 199, 200, 203-210, 217, 274, 299
마크 골드페더(Mark Goldfeder) • 298
마크 플런킷(Mark Plunkett) • 55, 56-61
만성폐쇄성폐질환(chronic obstructive pulmonary disease, COPD) • 103
말기신장질환(end-stage renal disease, ESRD) • 79, 82, 92
맥슬리피(McSleepy) • 276
메디케어(Medicare) • 243
메모리얼 슬론 케터링(Memorial Sloan Kettering) 병원 • 277
메카 로보틱스(Meka Robotics) • 286, 288
메트포르민(metformin) • 225
모비서브(Mobiserv) • 292, 293
무바이러스 돼지 • 99
미국 나노기술계획(National Nanotechnology Initiative) • 143
미국 심박동학회(Heart Rhythm Society) • 73
미국 심장학회(American College of Cardiology) • 73
미국 심장협회(American Heart Association) • 73
미국 장기기증 연합네트워크(United Network for Organ Sharing, UNOS) • 83
미국 정신의학협회(American Psychiatric Association, APA) • 152
미국 항공우주국(National Aeronautics and Space Administration, NASA) • 93
미국립 과학기술위원회(U.S. National Science and Technology Council, USNSTC) • 325
미국립과학재단(National Science Foundation, NSF) • 93, 131, 326

미국립보건원(National Institutes of Health, NIH)
• 93, 116, 120, 134, 135, 137
미국방 첨단과학기술연구소(Defense Advanced Research Projects Agency, DARPA) • 139, 140, 172
미국방부(Department of Defense, DoD) • 93, 129, 133-135, 143, 285
미국신경과학회(American Academy of Neurology) • 184
미세 전자기계공학 • 90
미셸 크레이그(Michelle Craig) • 115
미시간 크리티컬 케어 컨설턴츠(Michigan Critical Care Consultants, MC3) • 104
미육군의학연구소 및 군수사령부(Army Medical Research and Materiel Command) • 133
미하엘 람슈카어(Michael Ramscar) • 248
미하일 로코(Mihail Roco) • 94, 325-327
밀턴 헬퍼른(Milton Helpern) • 103
바이오렁(BioLung) • 102, 104, 105
배리 프룬델(Barry Freundel) • 314
벅 연구소(Buck Institute) • 219, 220
베타 아밀로이드(beta-amyloid) • 164
벤저민 스토리(Benjamin Storey) • 323
보리스 소프먼(Boris Sofman) • 281
보리스 코바체프(Boris Kovatchev) • 118
보스턴 다이내믹(Boston Dynamics, BD) • 284
보스턴 조슬린 당뇨센터(Joslin Diabetes Center) • 23
보충요법 • 73, 74, 215
본태성진전(本態性震顫) • 167
분배정의(distributive justice) • 88, 320
브루노 마체스(Bruno Macaes) • 154-157
비마그루맙(bimagrumab) • 225
빌 조이(Bill Joy) • 33, 34
사회정서적 선택이론(socioemotional selectivity theory, SST) • 244
산소 유리기(oxygen free radical) • 228
살균로봇 • 276
샌드 플리(Sand Flea) • 284
생명보수주의자 • 43, 109, 177, 180, 183, 194, 246, 262, 263, 308, 309, 312, 319, 321, 330, 333, 336, 337

생명연장술 • 254, 313-315
생명유지 장치 • 20, 68, 70, 75, 207, 316
생명윤리학 • 31, 32, 65, 175, 181
생물컴퓨터기술 • 143
생애주기별 동기부여이론(life span theory of motivation) • 244
생존 곡선의 직사각형화(rectangularization) • 243
생체분자모터 • 143
샤프트(Schaft) • 285, 286
서시 바이오메디컬(Circe Biomedical, Inc.) • 98, 99
선발번식(selective breeding) • 148
셀레스트 레콤트(Celeste LeCompte) • 286
세계 트랜스휴먼협회(World Transhumanist Association, WTA) • 28
세포 노쇠기(senescence) • 218, 220
세포생물반응장치(cell bioreactor) • 91
센스(SENS) 연구재단 • 228
셔윈 눌랜드(Sherwin Nuland) • 103
수렌 세갈(Suren Sehgal) • 223
수명연장 • 21, 107, 217, 218, 221, 230, 235, 236, 239-241, 243, 244, 250, 252, 254-259, 261-264, 308, 313, 320, 324, 333, 335
슈보 로이(Shuvo Roy) • 90, 92
슈퍼 사이즈 미(super-size-me) • 218
스마트 홈 • 292, 293
스마트 홈스(Smart Homes) • 292
스테이시 수만딕(Stacie Sumandig) • 49, 60, 86, 90, 311
스풀(spool) • 201, 202
스프라이셀(Sprycel) • 225
슬하대상피질(subgenual cingulate region) • 191
시더스 시나이 병원(Cedars-Sinai Medical Center) • 97
시바타 다카노리(柴田 崇德) • 290
신경강화 • 178, 185
신경변성질환 • 167
신경섬유매듭(neurofibrillary tangle) • 164, 205
신경이식 • 17, 24, 36, 72, 177
신장 프로젝트(The Kidney Project) • 90, 93, 120

신체기관(wetware) • 123
신카디아(SynCardia) • 50, 52, 54, 57
심리측정 • 248
심박동조율기 • 15, 62-65, 73, 74, 91, 121, 308, 316
심장보조장치 • 71, 72
썬 마이크로시스템즈(Sun Microsystems) • 33
아리 슐먼(Ari Schulman) • 322, 323
아리셉트(Aricept) • 166, 184
아밀로이드 판 • 205
아비오스(Arbios) • 99
아이샤 무사(Aisha Musa) • 315
아칸크샤 프라카쉬(Akanksha Prakash) • 288
아킬리스 데메트리우(Achilles Demetriou) • 97, 98, 101
악셀 뵈르슈-주판(Axel Börsch-Supan) • 247
안데르스 산드베리(Anders Sandberg) • 37, 46, 328, 330, 331
안키(Anki) • 281-283
안토니오 레갈라도(Antonio Regalado) • 140
알렉시 드 토크빌(Alexis de Tocqueville) • 323
알렉시스 마드리걸(Alexis Madrigal) • 281, 282
알리 레자이(Ali Rezai) • 163, 168, 169
알리쿠아 바이오메디컬(Alliqua Biomedical) • 101
알츠하이머병 • 17, 33, 40, 107, 163-171, 205, 220, 223, 225, 258, 323, 324
애더럴(Adderall) • 170
애브비(AbbVie) • 230
애플 세계개발자회의(Apple Worldwide Developers Conference) • 281
앨런 핸디사이즈(Allan Handysides) • 313
양심실 보조장치(biventricular assist device) • 63
어린이 당뇨연구재단(Juvenile Diabetes Research Foundation) • 120
에드 리지스(Ed Regis) • 221
에릭 드렉슬러(K. Eric Drexler) • 231, 232-234
에베롤리무스(everolimus) • 224
엑셀론(Exelon) • 166
연속혈당측정계(continuous glucose monitor, CGM) • 117, 118
오브리 디 그레이(Aubrey de Grey) • 227, 259

올더스 헉슬리(Aldous Huxley) • 28
와카마루(Wakamaru) • 291
완전인공심장(Total Artificial Heart, TAH) • 50, 57, 59, 61
왓슨(Watson) • 277, 278, 295
외르겐 알트만(Jürgen Altmann) • 142-144
우심실 보조장치 • 63
원격의료 및 첨단기술 연구센터(Telemedicine and Advanced Technology Research Center, TATRC) • 133
웨어러블 컴퓨터 • 42, 124
위장운동조율기(gastric pacer) • 121-123
윌로우 개러지(Willow Garage) • 288
윌리엄 심스 베인브리지(William Sims Bainbridge) • 94, 95
유기발광다이오드 • 143
유전자치료 • 21, 23, 41, 227, 240, 318, 326, 331
유전적 데이터 마이닝 • 221
윤리학과 첨단기술 연구소(Institute for Ethics and Emerging Technologies) • 171
융합기술(converging technologies, CT) • 6, 21, 26, 28, 31, 34, 35, 38, 43, 45, 93-96, 106, 126, 129, 131, 133, 142, 143, 146, 175, 176, 186, 196, 250, 252, 264, 274, 279, 282, 307, 316-318, 320, 321, 325, 326, 336, 337
의료화(medicalize) • 176
의사조력자살(physician-assisted suicide) • 66, 73
이식형 심박동회복 제세동기(implantable cardio-verter defibrillator, ICD) • 63, 65
이작 프리드(Itzhak Fried) • 173
인간-컴퓨터 인터페이스 • 46
인간 경험 인터넷 • 194
인간세포 조작기술 • 90
인공 간 • 5, 97, 98, 101
인공 뇌 • 30, 40
인공 대체물 • 22
인공부품(hardware) • 75, 121, 123, 319
인공심장 • 4, 13, 15, 16, 19, 20, 52-55, 57-62, 71, 86, 121, 311
인공와우 • 40, 331
인공장기 • 5, 6, 22, 24, 25, 36, 40, 44, 46, 56, 57, 72, 87, 88, 96, 97, 99, 106, 107, 121, 131, 239, 308, 317
인공지능 연구소(Artificial Intelligence Laboratory) • 40

356

인공지능(AI) • 5, 45, 95, 232, 234, 274, 277, 282, 294, 301, 310
인공췌장 • 13, 115-120
인공판막 • 63
인지기능 향상제 • 170
인지적 자유와 윤리학 센터(Center for Cognitive Liberty and Ethics) • 178
일라이 프리드먼(Eli Friedman) • 87
자빅(Jarvik) • 57
자성나노입자 • 143
잔 볼피첼리(Gian Volpicelli) • 227
장기 조달 및 이식 네트워크(Organ Procurement and Transplantation Network) • 82
전자건강기록(electronic health record, EHR) • 124, 132, 327
정신작용제 • 166
제이 올샨스키(S. Jay Olshansky) • 216
제임스 루소(James Russo) • 67, 70
제임스 휴즈(James Hughes) • 147, 171, 193, 315
제퍼디(Jeopardy) • 277
조너선 콘(Jonathan Cohn) • 277
조제로봇 • 276
조지 처치(George Church) • 221
존 데이비스(John K. Davis) • 254, 255, 257
존 뮬러(John Mueller) • 253
존 프랭크 위버(John Frank Weaver) • 296, 297
좌심실 보조장치 • 63
주의력결핍 과잉행동장애(ADHD) • 181
줄리언 헉슬리(Julian Huxley) • 28
집속이온빔(focused ion beam) • 202
착상 전 유전진단 • 45
체외막산소공급장치(extracorporeal membrane oxygenation, ECMO) • 52, 63, 102
카르마 렉쉬 소모(Karma Lekshe Tsomo) • 315
카토 언바운드(Cato Unbound) • 259
카토 연구소(Cato Institute) • 259
칼 프리들(Karl Friedl) • 133-136, 138, 139
캐런 앤 퀸란(Karen Ann Quinlan) • 62
캘리코 랩스(Calico Labs) • 230

케네스 헤이워스(Kenneth Hayworth) • 198, 199, 202
케플러 기도삽관 시스템(Kepler Intubation System, KIS) • 276
코트니 캠벨(Courtney Campbell) • 39
크리스티안 바나드(Christiaan Barnard) • 56
키스 쿡(Keith Cook) • 104
타우(tau) • 164
탄소 나노튜브 • 143
테리 샤이보(Terri Schiavo) • 62, 210
텔로머라아제(telomerase, 말단소체 복원효소) • 219
텔로미어(telomere) • 219
토드 기틀린(Todd Gitlin) • 147
토드 메이(Todd May) • 254
토렌 핀클(Toren Finkel) • 221 316
트랜스휴머니즘 • 27, 28, 29, 45, 307, 308, 312, 315, 318, 329, 330, 336
파로(Paro) • 290
파킨슨병 • 141, 142, 167, 171, 205
팍실(Paxil) • 150
폴 윈첼(Paul Winchell) • 57
퓨연구소(Pew Research Center) • 241, 313
프라임 센스(Prime Sense) • 280
프랜시스 후쿠야마(Francis Fukuyama) • 29, 107, 110, 111, 146, 180, 308, 309
프랭크 바우어스(Frank Bowers) • 79
프레더릭 브로디(Frederick Brody) • 122
프로작(Prozac) • 122, 123
프리덤 휴대용 구동기(Freedom portable driver) • 52
플로리안 슈미데크(Florian Schmiedek) • 247
피터 노빅(Peter Norvig) • 284
필립 로젠탈(Philip Rosenthal) • 99
한국과학기술연구원(KIST) • 285
한정된 치료(finite care) • 256
합성생물학 • 221
항노화의학 • 46, 217, 220, 229, 230, 250
해나 매슬렌(Hannah Maslen) • 187, 188
해마와 내후각피질(entorhinal cortex) • 172
헤파라이프 테크놀로지스(HepaLife Technologies) • 99-101

헤파메이트(HepaMate) • 100, 101
헤파타시스트(HepatAssist) • 97-100
헬렌 메이버그(Helen Mayberg) • 190
혈액가온장치 • 131, 132
혈액필터(hemofilter) • 91
형태학적 자유 • 328, 330-332
활력징후 • 42, 125, 144, 270-273, 278
활성기억회복(Restoring Active Memory, RAM) • 172
휴머노이드 로봇 애틀러스(Atlas) • 284

지은이 이브 헤롤드 Eve Herold

과학저술가. 첨단과학과 의학이 인간과 사회에 미치는 영향을 폭넓게 탐구해왔다. 미국 정신의학회와 줄기세포 연구재단을 비롯하여 다양한 기관에서 홍보 및 대중 교육 등 주로 대중과 소통하는 일을 맡아 활동했다. 월스트리트저널, 워싱턴포스트, 보스턴글로브, CNN 등에 생물학과 의학, 생명윤리, 노화와 임종, 인간과 사회와 기술의 관계에 대한 글을 쓰고, 인터뷰를 했다. 이 책은 《줄기세포 전쟁 Stem Cell Wars》에 이은 그녀의 두 번째 저서다.

옮긴이 강병철

서울대학교 의과대학을 졸업하고 같은 대학에서 소아과 전문의가 되었다. 현재 캐나다 밴쿠버에 거주하며 번역가이자 출판인으로 살고 있다. 도서출판 꿈꿀자유 서울의학서적의 대표이기도 하다. 《툭하면 아픈 아이, 흔들리지 않고 키우기》, 《이토록 불편한 바이러스》를 썼고, 《자폐의 거의 모든 역사》, 《인수공통 모든 전염병의 열쇠》, 《사랑하는 사람이 정신질환을 앓고 있을 때》, 《뉴로트라이브》, 《면역》, 《치명적 동반자, 미생물》 등을 우리말로 옮겼다. 《자폐의 거의 모든 역사》로 제62회 한국출판문화상 번역 부문, 《인수공통 모든 전염병의 열쇠》로 제4회 롯데출판문화대상 번역 부문을 수상했다.

아무도 죽지 않는 세상

1판 1쇄 발행 2020년 7월 30일
1판 2쇄 발행 2022년 7월 1일
1판 3쇄 발행 2023년 9월 15일

지은이 이브 헤롤드
옮긴이 강병철
발행인 원경란
편집 양현숙
디자인 노지혜
펴낸곳 꿈꿀자유 서울의학서적
주소 제주특별자치도 제주시 국기로 14 105-203
전화 편집부 010-5715-1155 ㅣ 마케팅부 070-8226-1678 ㅣ 팩스 0505-302-1678
이메일 smbookpub@gmail.com
등록 2012. 05. 01 제 2012-000016호

ISBN 979-11-87313-34-2 (03470)

* 이 책은 꿈꿀자유 서울의학서적이 저작권자와의 계약에 따라 발행한 것이므로 출판사의 서면 허락없이는 어떠한 형태나 수단으로도 이 책의 내용을 이용할 수 없습니다.
* 잘못된 책은 구입하신 서점에서 바꾸어드립니다.
* 값은 표지에 있습니다.